计算之魂

THE ESSENCE OF COMPUTING

吴军 著

人民邮电出版社

北京

图书在版编目（CIP）数据

计算之魂 / 吴军著. -- 北京：人民邮电出版社，
2022.1（2024.6重印）
ISBN 978-7-115-57617-0

Ⅰ．①计… Ⅱ．①吴… Ⅲ．①计算机科学 Ⅳ.
①TP3

中国版本图书馆CIP数据核字(2021)第206343号

内 容 提 要

对计算机科学的掌握程度，决定了一个计算机行业从业者能走多远。在本书中，作者将人文历史与计算机科学相结合，通过一些具体的例题，分 10 个主题系统地讲解了计算机科学的精髓。这些例题是作者面试求职者时用到的考题，或是头部计算机公司和金融企业的面试题。

作者在书中结合自己对计算机工程师的分级，详细讲解了每类题目不同层次的解决方法、不同水平的人大约能思考到什么样的深度，深度阐述了题目背后的计算机科学精髓。通过对比不同的解题思路，读者不仅可以衡量自己的水平，在职业的发展道路上走得更快，更可以深刻理解并掌握计算机科学和计算思维，逐渐把握计算机科学这门艺术，不断获得成功。

对于所有有志于了解或学习科技，特别是计算机科学的人来讲，本书不仅有助于了解计算机科学，更有助于了解 IT 产业的技术特点、培养一些特殊的思维方式、掌握信息时代特殊的做事方法，通过具体的例子，从"术"的层面获得"道"的层面的提升。

◆ 著　　　　　　吴　军
策划编辑　　俞　彬
责任编辑　　赵祥妮
责任印制　　陈　犇

◆ 人民邮电出版社出版发行　　北京市丰台区成寿寺路 11 号
邮编　100164　电子邮件　315@ptpress.com.cn
网址　https://www.ptpress.com.cn
三河市中晟雅豪印务有限公司印刷

◆ 开本：720×960　1/16
印张：26
字数：394 千字　　　　　　2022 年 1 月第 1 版
印数：48 201–58 200 册　　2024 年 6 月河北第 8 次印刷

定价：109.00 元

读者服务热线：(010)81055410　印装质量热线：(010)81055316
反盗版热线：(010)81055315
广告经营许可证：京东市监广登字 20170147 号

本书谨献给

郑纬民教授、王作英教授、桑吉夫·库胆普教授、埃里克·布莱尔博士、大卫·雅让斯基教授、弗莱德里克·贾里尼克教授、彼得·诺威格博士和阿米特·辛格博士

· 推荐序 ·

掌握计算思维，在边界内全力以赴

吴军博士是我国科技文化界最有影响力的作家之一，已出版了 10 多本畅销书，总销量超过 500 万册，并多次获得中华优秀出版物奖、文津图书奖、中国好书等国家级图书奖项。他早期出版的几本书，如《浪潮之巅》《数学之美》《文明之光》《硅谷之谜》等，我都认真拜读过。他的著作高屋建瓴、取材丰富、立意深远、深入浅出，融人文思想于科技论述之中，从"术"的层面升华到"道"的境界，受到广大读者的欢迎。

吴军博士曾担任过腾讯公司副总裁，是信息领域的知名专家。为了系统地讲解计算机与算法的精髓，提高计算机从业人员的科学品位，吴军博士最近写了一本新书《计算之魂》。这本书的重点是讲算法，但不同于一般的算法教科书和科普著作，它是一部通过算法例题来阐述计算思维之妙的大作。他将计算机从业人员（主要是软件工程师）分成七级，（数字从小到大）每一级工程师的能力是下一级的 10 倍。我国大多数软件工程师只是六级水平，如果能真正消化掌握这本书阐明的计算思维之"道"，就有可能上升到四级甚至三级水平。懂得算法精髓的工程师与"依葫芦画瓢"的工程师的区别如此之大，这就是计算思维的魔力！有上进心的工程师如能花时间用心研读并争取"吃透"这本书，并做完书中的思考题，相信一定会受益终身。

我读这本书最深的感受是，许多人讲"计算思维"是从概念到概念，令人难以理解其本质内涵，而这本书通过对"递归""分治"等案例的剖析，把计算思维讲透了。所谓"讲透了"是指讲明白了一个道理：所谓"计算思维"就是指不同于人的思维方式的计算机"思维"方式。人类习惯自底向上、从小到大的正向递推思维，而计算机往往采用自顶向下、先全局后局部的逆向递归思维。如果一个人能够站在计算机的角度想问题，就掌握了计算思维。计算机行业从业者，特别是软件开发人员一定要养成计算思维，善于逆向思考问题的解决方案。如果这一关过不了，就一辈子也出不了师。

近年来，深度学习技术蓬勃发展，DeepMind 公司的 AlphaFold2 成功预测了许多蛋白质的结构，对此我们不得不承认：人有人智，机有机"智"。过去我们把可以表达的知识叫作"明知识"或"显知识"，不可表达但可以感受的知识叫作"潜知识"或"默知识"，现在又多出了一类既不可表达又不可感受但机器能明白的知识，可称为"暗知识"。对人类而言，如何利用暗知识可能比弄明白暗物质与暗能量更重要、更紧迫。暗知识的出现使我们更加确信，机器擅长的"计算思维"是一种客观存在。机器学习是一种全新的、人类也无法真正理解，但能被实践检验的方法。这意味着在人工智能时代，人类获取知识的途径将发生根本性变革，我们在坚持"以人为本"的原则下，要善于换位思考，高度重视人机协同，构建和谐互补的人机命运共同体。

在《计算之魂》这本书中，作者将计算思维归纳成递归、编码、分类、组合、图论、分治、存储、并行、状态、随机等关键思想，虽然没有穷尽计算思维的全部内容，但计算机和算法的精髓都已涉及。计算机专业的学生大都见过这些术语，成绩较好的学生还会应用老师教过的算法。但是大多数学生只是"知其然"，真正知其所以然、明白这些算法背后的计算思维要义者寥寥无几。照亮计算机工程师前进方向的是计算机科学。对计算机科学的掌握程度，决定了一个计算机专业人员能走多远。以大家熟知的分治算法为例，人们常用分治算法将问题空间分解成较小的子问题空间，但有些问题分解成子问题并没有什么成效。我的导师华云生教授另辟蹊径，采用了分解限制条件的办法，这比传统的子问题分解在求解效率上高出上千倍。这说明掌握分治算法的本质何等重要。

在这本书中，吴军博士用来讲述算法背后的计算思维本质的例题，都是他在Google 和腾讯面试工程师候选人时的考题，以及美国顶级计算机公司和金融企业 [包括苹果、亚马逊、微软、Facebook（2021 年 10 月改名为 Meta）、领英、IBM、雅虎、优步、英特尔、甲骨文等] 的面试题。这些考题可以有效识别应聘者的计算思维能力，读者在阅读过程中也可以检查自己的不足。这些考题不能被当作一般的智力测验或脑筋急转弯，读者应反思自己的思维方式为什么与计算机的"思维"方式背道而驰。以面试考题为线索讲解算法是本书的特色，读者可以获得从其他算法教科书中得不到的启发。

图灵的计算模型是从研究计算不能做什么开始的。与其他学科不同，计算机科学特别关注做不到哪些事情，关注一个算法能解决的问题的边界。三四级工程师与五六级工程师的一个重要差别就是判断可解问题边界的能力更强。近几年人工智能很火，各行各业凡遇到不确定的动态变化的场景，或者个性化的需求，统统寄希望于人工智能，人工智能已不堪重负！人工智能能解决的问题的必要条件是应用场景的封闭性，但具体应用场景往往不满足封闭性的要求，需要进行场景裁剪，将应用场景中可能导致致命性失误的部分彻底封闭，将不可避免的错误限制在可容忍的范围之内。因此，人工智能技术在实际应用中往往起画龙点睛的作用，而不能解决一个行业的全部技术问题。人工智能现在是一种使能技术（enabling technology），还不是像电力一样的通用技术。新技术只有在条件成熟时才能大规模应用。可以正确判断在什么时间点发明什么技术是高水平人才的标志，这需要其具备掌握算法能力边界的真本事。

计算机领域许多未解决的问题都是 NP 困难（NP-hard）问题，在目前人类的知识范围内没有最优解，我们只能不断地改进算法，寻求比别人更好的解决方案。在计算机性能较低的年代，好算法与差算法的效率差别不明显，而现在计算机性能已高到每秒百亿亿次运算，可解决问题的规模已达到万亿级，好算法与差算法的性能可能相差数万倍。假设算法 Alg1 的计算复杂度为 N^2（N 是问题规模），算法 Alg2 的计算复杂度为 $N\log_2 N$，两个算法的性能比是 $N/\log_2 N$，N 越大，性能比就越大。对于解决的问题规模为 10 的低端计算机，两个算法的性能只相差 3 倍，但对于能解决的问题规模达 100 万的超级计算机，两者性能就相差 5 万倍！在超级计算机和大模型流行的今天，算法优化变得越来越重要。

算法的执行离不开计算机系统的支持。算法的效率高低与计算机系统结构密切相关。我的博士论文题目是《组合搜索问题的并行处理》(*Parallel Processing of Combinatorial Search Problems*),几十年来我做的研究工作沿袭了博士论文研究的内容,基本上都是与算法执行效率有关的系统结构研究。本书的重点是算法,但也有不少与系统结构有关的内容。由于摩尔定律接近极限,系统结构研究迎来"寒武纪大爆发"的黄金时期,应用—算法—软件—系统结构—芯片垂直整合成为计算机行业的主流。读者在关注算法的同时,也要关注与算法密切配合的特定领域系统结构(Domain Specific Architecture,DSA)。

现在,计算机科学技术不仅是其他领域的"工具",而且是认识未知世界的知识源泉之一。本书的读者对象不限于计算机领域的从业人员,其他领域的学者也需要了解和掌握算法背后的计算思维。要获得算法上的根本性突破,需要与真正懂算法的计算机科学家深度合作。最近这几年,我的老朋友、中国工程院外籍院士、普林斯顿大学教授李凯一直和脑科学家合作,解决脑科学的解剖成像等问题。过去脑科学家重构一只老鼠的大脑需要 7 000 年。现在采用他提出的新算法、新模型之后,数据分析时间缩短为原来的 1/200 000,可见计算思维对其他领域的科研效率有多么大的提升作用。

中国工程院院士

2021 年 10 月

把握计算机科学的精髓，成为计算机领域顶尖人才

计算机科学是 20 世纪 40 年代以来发展最快、影响力最大的学科之一，也是许多国家大学生首选的专业。一个计算机专业的学生，从大学生开始，到成为一般的从业人员，再到专家学者，最后能走多远，在很大程度上取决于他 / 她在计算机科学领域的素养。这些素养既包括对计算机科学本身的理解，也包括利用计算机软硬件知识来解决现实世界问题的能力。虽然今天有很多介绍计算机各个领域的优秀图书，但是依然缺乏一本全面论述计算机科学特色的图书，吴军的《计算之魂》一书在一定程度上填补了这个空白。

顾名思义，《计算之魂》讲述各种计算机理论和算法的灵魂，帮助读者全方位、深刻地了解计算机科学，培养一种善于利用计算机解决问题的新的思维方式，从而在计算机领域获得更大的成功。作者吴军把这种思维方式概括为计算思维。

计算思维和我们平时解决问题的思维方式有什么不同呢？在我看来主要有这样四点区别。

首先，人脑平时处理的问题，相比计算机要解决的问题，体量非常小，维度也很少。几千，几万，几百万，在我们常人看来已经很大了，但是这还不到计算机所要解决的问题之规模的零头。大脑通常只能考虑几个维度，而计算机动辄需要处理几十、几百个维度的问题。问题不同，解决问题的方法也需要有所不同。我们的大脑习惯了解决相对简单的日常问题，而在面对需要计算机解决的问题时，就需要换一种思维方式。计算机专家们在考虑问题时，通常都会把问题的规模设定为近乎无穷大，并且在此基础上考虑解决问题的方法。这时，在算法复杂程度上的任何一点改进，都会成百上千倍地提高计算机软硬件的效率。

其次，人们平时的思维方式通常是自底向上的，通过一些具体的例子总结出一些规律性的方法，这也被称为递推的思维方式。但是，采用计算机解决问题，通常需要自顶向下的思维方式，即先把一个复杂的大问题分解为小问题，在解决小问题之后，原先的大问题也就迎刃而解了。这种思维方式被称为递归的思维方式，它有利于我们找到复杂问题的答案。对于一个计算机行业从业者来讲，递归的思维方式是一道门槛，迈过这道门槛，自己的水平和能力就会有突飞猛进的提高。

再其次，人的思维活动通常是独立的行为，不同人彼此能够独立地做决定。而计算机在遇到复杂问题时，需要将各种计算资源整合到一起，通过协作来解决问题。很多时候，尽管每一台计算机只能处理一些简单任务，但是将它们放到一起，却能解决连我们人类也无法处理的高难度问题。这有点像蜜蜂或者蚂蚁的社会，个体智力水平和能力很有限，整个群体却显示出很高的智力水平。当然，将各种计算资源整合到一起，则是计算机行业从业者能力的体现。书中用了很大的篇幅讨论各种并行算法，并且通过一些实例向大家展示如何调动大量的计算资源来解决复杂问题。

最后，人们平时在追求卓越时，通常追求的是单一的指标。但是在应用计算机算法时，我们始终要考虑成本和效率之间的平衡，特别是在时间和空间上的平衡。任何一个资深的计算机行业从业者，都应对此有深刻的认识。

有了对计算机科学本质的认识，一个计算机专业的学生，通过一段时间的刻意练习和经验积累，就有可能成为计算机领域的专家。而练习则需要讲究方式方法，《计算之魂》就为广大的计算机行业从业者提供了许多提升能力的有效方法。这些方法来自作者在计算机领域多年的从业经验。

作者吴军是我过去的学生，在我的指导下完成了毕业设计。毕业之后他开始从事自然语言处理和机器学习领域的研究工作，并且在约翰·霍普金斯大学获得了博士学位。此后，他在 Google 和腾讯长期从事算法的研究和产品开发工作，而且都颇有建树。在理论方面，他曾经因为对机器学习算法的改进而获得欧洲语音大会的最佳论文奖，并且是 Google 中、日、韩文搜索算法的主要发明人。在实践方面，他在 Google

主持开发的多款产品和服务在全世界有超过 10 亿的使用者。

在《计算之魂》中，吴军将他 20 多年的研究和从业经验，以及他对计算机科学的深刻理解无私地分享给读者朋友。这些宝贵的经验有助于每一位从业者加深对计算机科学的理解，少走很多弯路，加快进步的速度。

《计算之魂》做到了专业性和趣味性相结合。在专业性方面，作者系统地讲述了计算机科学领域最重要的理论和知识。在趣味性方面，作者选择了很多跨国公司招聘中的实际问题作为案例进行分析和讲解，这些问题很有代表性和趣味性，作者希望读者朋友可以通过搞懂这些问题，举一反三，对计算机科学的精髓有更深刻的理解。

吴军在书中还专门强调了成为资深的计算机专业人才对于社会和个人的意义。我想这也是他写这本书的主要目的。吴军在书中引用了苏联著名物理学家朗道的一个观点，即高层次专业人士的贡献要比低层次的高出一个到几个数量级。吴军希望以此激励青年人专注于提高自身的技术水平。今天很多人热衷于在从事几年技术工作后很快转到管理岗位上，但是无论是从社会的需求还是从个人发展的前景来看，高级专业人才的发展前景更为广阔。当下我国正处在从追求数量向提高质量转变的过程中，急需大量高水平的计算机专业人才。相信《计算之魂》这本书能够帮助广大读者朋友在计算机领域更上一层楼，使个人取得更大的成就，并为社会做出更大的贡献。

郑纬民

中国工程院院士，清华大学计算机科学与技术系教授

2021 年 10 月

　　一个"码农"能走多远？如果不断努力而且方法得当，能走很远很远：能够获得图灵奖，成为工程院院士，也能成为改变世界的人物。

　　在 Google 最有名的几个"码农"中，肯尼思·汤普森（Kenneth Thompson）早年发明了 UNIX 操作系统，获得了图灵奖；杰夫·迪安（Jeff Dean，也译作杰夫·迪恩）、桑杰·戈马瓦特（Sanjay Ghemawat）和阿米特·辛格（Amit Singhal）很早就已经是美国工程院院士了，他们分别写了 Google 云计算、深度学习和网页搜索排序的主要代码；安迪·鲁宾（Andy Rubin）写了今天全世界几十亿人使用的安卓（Android）操作系统，事实上 Android 是由 Andrew（安德鲁）的字首"Andr-"和含义为"小东西"的后缀"-oid"组成的合成词，字面含义就是"安迪做的小东西"——虽然它还有另一层含义是"一个小机器人"。当然，大家更愿意称呼他们为"计算机工程师"或者"计算机科学家"，尽管有时这两个身份很难分清。据我的观察，汤普森至今仍在写代码，他从不担任任何管理职务，以琢磨计算机科学中的问题为乐趣。汤普森进入 Google 时已经 63 岁了，在 Google 期间他又开始琢磨自己比较陌生的大数据的问题，并随后发明了 Go 语言，专门处理海量日志。

　　"码农"和计算机工程师其实并没有明确的界限，他们每天都在和计算机代码打交道。只不过前者多少带点儿贬义，毕竟今天能写几行代码的人随处可见。计算机工程师在某种程度上是自己往自己脸上贴金，在外人眼里他们再普通不过了。

　　但是，同样是计算机工程师，不同人的水平、贡献和影响力可谓有天壤之别。有些读者读过我之前写的一些书，知道我喜欢用朗道的方法，将计算机工程师分为五级。一级工程师的贡献是二级的 10 倍，二级是三级的 10 倍，以此类推。当然，他们的贡献和收入常常存在指数上的差别。朗道给的是物理学家的划分原则，我在《见识》一书中提出了一个对计算机工程师和科学家的分级准则，大致是这样的。

五级：能够独立解决问题，完成工程工作。一个能够独立工作、很好完成任务的工程师，属于五级工程师，Google、微软和 Facebook 里面一半左右的工程师属于这一级。部分 IT 企业里写代码的人，很多还达不到五级工程师的要求，因此被称为"码农"也不算太过分。

四级：能够用已知的最优方法（state of the art）解决问题，并指导和带领其他人一同完成更有影响力的工作。很多公司里的所谓技术专家、技术大拿，大致就是这个水平。

三级：能够解决前人未解决的问题，并且能独立设计和实现产品，在市场上获得成功。目前普遍的情况是，在大部分 IT 企业中能够达到这个水平的人非常少，他们通常是企业里的总工程师或者总架构师。这个级别的工程师在 Google 或者微软里却不少见。

二级：能够提出重要的计算机理论和实践中的新问题，并解决它们，还能设计和实现别人做不出的产品，也就是说这一级的人的作用很难取代。

一级：能够开创一个产业，或者奠定一个学科的基础。

按照这个标准，杰夫·迪安、桑杰·戈马瓦特 [1]、阿米特·辛格 [2] 和安东尼·拉万道斯基（Anthony Levandowski）[3] 可能在 1.5 级，安迪·鲁宾或许能接近一级。而我们这本书中反复提及的高德纳才是真正的一级，因为他奠定了计算机算法的基础，我们今天所有和算法有关的工作都是以他为我们设置的平台为基础的，此外他还是排版软件 TeX 和字体设计系统 Metafont 的发明人。人类社会向来不缺乏聪明人，但是目前计算机工程师的水平达到一级的很少，这说明我们的聪明才智显然还有进一步发挥的潜力，这对"码农"和计算机工程师来讲是个好消息，因为可以自我提升的道路还长得很呢！

---

[1]　杰夫·迪安、桑杰·戈马瓦特是 Google 云计算工具和 Google 大脑的发明人。

[2]　阿米特·辛格是 Google 搜索算法的主要贡献者。

[3]　安东尼·拉万道斯基是 Google（Waymo 公司）无人驾驶汽车的发明人。

关于五级工程师的理论，我多年前就在很多场合讲过，在这个行业里很多人都知道。很多人毫不谦虚地把自己定在了四级或者三级，这其实是高估了自己，或许是因为过去给出的计算机工程师最低的一级是五级。一些刚毕业进入大计算机公司的人和我讲，我现在是五级，争取两年内达到四级的水平。我说，"不，你现在最多算是六级，先要达到五级的水平"，于是我在五级的下面又加入了两级。

六级：能在他人指导下完成计算机工程师的工作。那些水平还不错的大学的计算机专业硕士毕业生，或者在一流计算机公司里工作过半年、过了见习期的新人，大约就是这个水平。

七级：本科毕业自水平不错的大学的计算机专业，但没有参加过六个月以上实习的学生。也就是说课程的内容都学过了的人，就能达到这个水平。当然，从小就接触编程的计算机天才，他们可能在高中就达到了这个水平。

因此，从本科毕业到成为三级计算机工程师，中间要跨过四道坎。如何跨过前两道坎，不是我们这本书要讲述的内容，因为这两道坎绝大部分人很容易跨过去。我们把重点放在如何跨过后两道坎上，也就是通向三级计算机工程师之路。

我知道，我说我们在计算机领域优秀的专业人士不多，很多人会不同意，因为这些年中国的技术发展非常快。但是，大家只要看看我们所有上市的企业级软件公司的市值还无法与 Adobe 相匹敌，就知道我们的计算机软硬件水平还有巨大的发展空间。和大量的从业人员相比，目前优秀的专业人士的比例是极低的。

造成上述结果的主要原因有两个。首先是缺乏工程师文化。从大学毕业，到成为一个优秀的专业人士，大约需要 10 000 小时的训练，也就是整整四年从事专业工作的时间。事实上不少年轻人在公司里做技术活儿都不会有这么长时间，一旦转入管理层，他们就不再写代码了。而过去 30 年里，我们这种情况还特别多，于是在公司里干活儿的都是最没有经验的人，稍微有点经验的反而不干具体的活儿了。其次是对计算机科学的理解太肤浅，套用杨振宁教授的话讲，就是科学的品位（taste）不足，只满足于能够解决一般的工程问题。我们常常用"品位"来形容一道菜，其实计算机科学也是有"品位"一说的。同样做一件事，怎么能做得够艺术水平，里面很有讲究。

这要求从业者首先要能够理解计算机科学中的"大道"——它的本质，它的精髓和灵魂；其次要清楚计算机科学中的很多边界，知道哪些事情做不到，属于妄念；最后要理解计算机科学中的美感。做不到这些，境界就上不去，很快就会遇到职业发展的天花板，能达到我说的三级计算机工程师水平，已实属不易了。

怎样才能继续往上走呢？根据我的经验和我与上述计算机工程师的接触，若有志成为最好的计算机工程师要解决四个问题。

1. 判断什么事情能做，什么不能做。从事计算机科学行业的人，最重要的一点就是要明白做事情的边界，然后在边界内做改进。比如了解今天的人工智能能做什么、不能做什么就很重要，否则很多努力都花在了制造不可能实现的永动机上。在这本书中，我还会不断介绍计算机科学中的各种边界，从数学的边界，到图灵机的边界，再到计算机系统和各种算法的边界。

2. 任何重大发明都有预先要求（pre-requisites），比如要烧制瓷器，就要能将炉温长时间保持在 1 300 摄氏度，后者就是预先要求。在计算机领域也是如此，在尝试前人未做过的事情时，要知道预先要求是否已经满足。这一点在应用型的研究以及工程当中至关重要。

Google 的迪安等人最早开发云计算的时间是 2001 年，在他们之前其实类似的工具就有了，1997 年我在约翰·霍普金斯大学进行大规模计算时就用到了加州大学伯克利分校开发的一些并行处理的工具，它们从计算机科学的角度讲和今天的云计算很相似，但其操作是手动的。在那个年代互联网的速度不够快，以至于跨数据中心的并行计算完全不可行，让外行来使用上千台服务器的可能性也很小，因此开发云计算的条件不具备，需求也不强烈。但是，进入 21 世纪之后，互联网骨干网的网速使得异地并行计算成为可能，而大量信息处理的需求让很多非计算机专业的人士（比如生物领域的）需要一个自动调动计算资源的工具。Google 的云计算工具便应运而生了。Google 关于并行文件系统 GFS 的那篇论文，引用的数量超过了之前所有异地并行存储论文的总和，因此你可以认为这项工作是具有开创性的，而且异常成功。迪安和戈马瓦特当选美国工程院院士，那篇论文在一定程度上起了作用，但它并非同类论文的第一篇。迪安和戈马瓦特的成功之处在于，他们很清楚在什么时间点去发明什么技术。

3．对计算机科学的深刻理解。这种深刻理解包括空间上的和时间上的。所谓空间上的，就是知识的广度和深度。所谓时间上的，就是从计算机科学的过去、现在和未来看清楚它的发展变化规律。有了这样深刻的理解，才能在遇到复杂问题时找到最简单而有效的解决方法。我在《数学之美》中介绍了辛格博士，他能用很简单的方法解决很复杂的问题，这就如同一位米其林大厨，能够用很简单的食材做出美食一样，但这是建立在他对网页搜索以及整个计算机科学深刻理解基础之上的。辛格遇到问题时，能知道简单的答案在哪里，这是他在空间上全面理解计算机科学的结果。2010 年后，辛格开始越来越多地将机器学习用于 Google 的网页搜索，而在此之前，他很少这么做。他选择那个时间点，是因为清楚当时采用机器学习的条件（包括算法和数据）具备了。

4．掌握计算机科学的艺术。计算机科学发展到后来成为一门艺术，因此高德纳（Donald Knuth，高德纳是他的中文名）将自己的作品起名为《计算机程序设计艺术》是很有道理的。将计算机科学掌握到炉火纯青、运用之妙存乎一心的地步，需要体会出这门学科中的一种美感。也就是说对于从业者来讲，要完成从工匠到艺术家的升华。下围棋的人都有这样的体会，如果走了一步棋后，棋盘上的棋看上去很别扭，这通常不会是好棋；研究物理的人也会有类似的体会，一个理论的公式如果修修补补得很难看，通常这个理论是不完美的。在计算机科学领域也是如此，如果一个问题是靠一堆拼凑出来的、修修补补的程序勉强解决的，说明工程师对这个问题根本没有认识清楚。很多看似复杂的问题，其解法都非常漂亮。比如哈夫曼编码算法、网页排名（PageRank）的算法、图论中最短路径的算法以及图遍历的算法等，都是极为漂亮的。我在书中会大量列举这样的例子，向大家展示计算机科学的艺术。

因此，我写这本书的目的，就是要和大家分享我对计算机科学精髓和灵魂的理解，以便从业者能够突破这个领域的天花板，同时坚定在这个领域长期发展的信心。很多人讲，艺术这东西是学不会的，要靠悟道，这话有一定的道理，但只是讲述了艺术的一个侧面。其实，培养艺术水平，特别是计算机科学的艺术水平，是有章可循的，而不仅仅依靠感觉。我在书中把自己对计算机科学精髓和灵魂的理解，通过一些具体的例子拆解为 10 个主题。这些例子都是渐进深入的，也是可以举一反三的，通过它们大家可以逐渐把握计算机科学这门艺术，获得重复性成功。我过去在 Google 和腾讯指导过很多年轻人，他们在走出学校后不长的时间内，通过逐渐体会计算机科学的精髓，如今都成了很多知名 IT 企业的创始人和主要的技术负责人，这说明只要按照正确的方法做事情，不断训练自己，在这个领域的成功是可以复制的。

在书中，我用来讲述计算机科学艺术和精髓的例题，都是我在 Google 和腾讯面试工程师候选人的考题，以及美国顶级计算机公司（包括苹果、亚马逊、微软、Facebook、领英、IBM、雅虎、优步、英特尔、甲骨文等）和金融企业的面试题。我在长期的职业生涯中，面试了近千名优秀的计算机科学家和工程师的候选人，参与了对上百名员工录用的讨论，应该讲对全世界最优秀的计算机行业的求职者有比较全面的了解。当然，为了防止大家在准备面试时押题，我在书中隐去了这些问题的具体来源，代之以一些公司代号，这些代号只反映问题来自不同的地方。

对于每一道这样的面试题，我会指出它们的难度：从五颗星（最难）到一颗星（最容易）。即便是那些难度为一两颗星的问题，在各种面试刷题网站上也属于难题。而难度为四五颗星的问题，绝大部分面试者在解决时都会遇到一些困难，不过它们只占到书中面试样题的 10% ~ 20%，在实际的面试中这样难度的问题并不多见。难题之难，通常表现在三个地方。一是要求面试者对计算机科学有透彻的理解；二是要求他们考虑问题能够全面；三是要求他们懂得成本和效率之间的平衡，特别是那些开放式问题。每一个问题可能有不止一个正确答案，但是不同的答案有好坏之分。无论是 Google、微软或者 Facebook，还是国内顶级的计算机企业，面试时不会简单给予面试者一个对或者错的评判，而是根据他思考问题的方式以及给出的答案给予一个评分。因此一个面试者不能只满足于找到了答案，而需要尽力寻找更好的答案。每一个计算机行业的从业者都应该明确一件事：作为一门应用科学，计算机科学中的很多问题都没有标准答案，只有更好的答案，而寻找更好的答案是计算机科学家和工程师努力的目标。

在书中，我会讲解大约 40 道例题，它们大多是比较难的问题，此外我还会以思考题的形式提供大约 50 道面试题供大家参考。我可以非常肯定地讲，如果一个计算机工程师能够解决书中的大部分面试题，并且理解其中的道理，就完全可以被 Google、亚马逊、Facebook 或者微软这样的公司录用。当然，我不希望这本书变成求职者面试前刷题的参考书，而是希望读者朋友通过具体的例子，从"术"的层面获得"道"的层面的提升。因此，我会详细分析解决这些例题所用到的计算机科学的精髓，并且告之不同水平的人大约能思考到什么样的深度，这样大家如果有兴趣的话，可以衡量一下自己的水平，并且了解自己和前面各级之间的差距。

为了便于一些爱钻研的读者朋友深入思考，我会在每一章末尾出一些思考题和练习题。这一方面是为了帮助大家理解计算机科学本质的问题，另一方面则是方便大家评估自己的水平，并且得到一些实战的训练。虽然我把这些问题全部解了一遍，有所有的最佳答案，并且请了 Google、微软以及一些大学的朋友核实了答案，但是我不会给出。这一方面是不想用一个答案限制了大家的想象力，另一方面也不想让依然打算使用这些面试题的公司感觉面试者都知道了答案。不过，对难度较大的问题，我会给出提示，以免读者在一个问题上浪费太多时间。

这本书可能不太容易阅读，它要求读者朋友具有一定的计算机知识，熟悉高中数学的内容，并且有一点编程经验，但它会是一本有趣的书。我希望这本书能够帮助到三类读者。首先是计算机领域的从业者，无论是研究人员，还是在一线从事开发的工程师，我在书中给他们准备了一个提升的进阶，希望他们在读完这本书之后能够在职业的发展道路上走得更快。其次是准备进入计算机行业的年轻人，希望他们能够通过这本书悟出计算机科学的精髓，这样将来可以少走弯路。最后是那些对 IT 技术感兴趣的读者，我建议他们把重点放在计算机科学特殊的思维方式上，而略过一些技术细节，这样可以更好地了解 IT 产业的技术特点，并且体会一些信息时代特殊的做事方法。此外，对于那些 IT 领域的企业家和管理者，我希望通过本书对技术大势和边界的介绍，能够帮助他们理解各种技术之间的相关性和预先要求，以便更好地集中精力在边界内做事情。总之，对于所有有志于了解或学习科技，特别是计算机科学的人来讲，我希望这本书不仅能够帮助他们了解计算机科学，也能让他们掌握一些科学方法。

在本书的写作和出版过程中，我得到了很多朋友的帮助与鼓励。我要特别感谢著名的计算机科学家李国杰院士和郑纬民院士，他们长期以来给予了我很多的指导与帮助，并且为本书撰写了推荐序。卷积传媒（AirBook）的创始人高博先生和人民邮电出版社的赵祥妮女士仔细阅读、校对、审核了书稿，给出了许多珍贵的修改建议。人民邮电出版社分社社长俞彬先生长期以来支持我的图书创作，这一次他承担了本书的策划和出版工作。特约编辑李琳骁先生非常认真负责，花了大量时间核对书中数据并润色文字。此外，我还得到了孙英、张天怡、杜海岳、刘鑫等人的大力协助。感谢董志桢女士、刘哲先生为本书设计的数稿封面。在此，我向他们表示最真诚的谢意，没有他们的帮助，本书的出版不会如此顺利。

在创作本书的过程中，我得到了家人的支持和帮助。我的女儿、麻省理工学院（MIT）计算机专业的博士生吴梦华花了大量时间核对全书的算法部分；我的夫人张彦仔细校对了全书的内容，并且从一名硅谷老兵的视角出发给予了很多有价值的建议；我的小女儿吴梦馨提供了许多计算机算法的问题。在此，我对她们表示衷心的感谢。

由于计算机科学发展迅速，方法在不断改进，人们的认知也在持续提升，加上本人水平有限，书中难免存在疏漏和错误。希望读者朋友不吝赐教，也欢迎大家对书中的问题给出自己的思考，共同将这本书打造得更完美。

吴军

2021 年 10 月

扫码看视频
理解"计算行业的前景和五级工程师划分"

•—目录—•

·—目录—·

计算的本质——从机械到电子

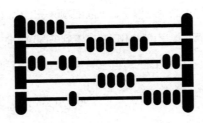

　　了解计算机基本原理的读者朋友可以跳过这个引子直接阅读第 1 章，因为本书其他章节并不依赖本章内容。不过，如果你愿意花上半小时读一读这一部分，相信会从数学和哲学层面对计算机以及计算的本质有更深刻的理解。

0.1　什么是计算机

　　如果你有机会到位于硅谷中心的计算机博物馆参观，一进门，你就会看到一个非常显眼的大展牌，上面写着"计算机 2 000 年的历史"。2007 年，我第一次在那里见到这个展牌时就有一个疑问：电子计算机明明是 1946 年才被发明出来的，就算把当年帕斯卡等人的机械计算机算进来，计算机也不过几百年的历史，怎么会有 2 000 年的历史？再往后看，博物馆给出了答案，因为科学史专家们将中国的算盘作为了最早的计算机。

　　算盘并非人类最早使用的辅助计算和计数的工具，在非洲发现的列彭波骨（Lebombo bone）和伊尚戈骨（Ishango bone）都有几万年的历史，但是它们并没有被视为计算机。即便是算盘，或者说类似算盘的计算工具，其实最早也是出现在美索不达米亚，而非中国。甚至古希腊的算盘（出现在公元前 5 世纪）也比中国的算盘发明得早，两者外观也颇为相似，如图 0.1 所示。只不过古希腊的算盘是铜质的——用铜珠而非中国算盘（见图 0.2）的木珠子，放置珠子的是铜槽而非穿着珠子的木杆。对比一下这两种算盘的细节，你就会发现它们的设计思想是一致的——珠子被分为了上下两部分，上面每一颗代表 5，下面每一颗代表 1。为什么中国的算盘上下都多出一颗珠子？这样设计既不是因为手感好，也不是因为可以打得快，而是因为中国古代质量的计量采用十六进制（一斤等于十六两，所以有成语"半斤八两"）。中国古代其实也有一些类似古希腊那种上面一颗珠子、下面四颗珠子的算盘，从计算功能上讲，两种算盘是等价的。中国算盘最早可能出现在东汉到三国这段时期，比古希腊算盘晚了大约七个世纪。实际上，英文里面的算盘一词"abacus"便是源于古希腊文。

图 0.1　古罗马时期仿制的古希腊算盘

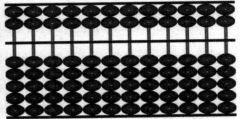

图 0.2　中国算盘

但是，古希腊的算盘不是计算机，而中国的是，这又是为什么呢？这就要说到辅助计算工具和计算机的差别了。

古希腊的算盘实际上是用一些小石珠（marbles）或者铜珠在计算过程中帮助计数，也就是说它有存储功能，但计算这个功能是靠人动脑筋、用手拨打算珠来实现的，这和做笔算用的纸没有本质区别，因此它只是辅助计算工具，而不是计算机。中国的算盘从外观上看和古希腊的没有太大的区别，但是，中国的算盘是靠一套珠算口诀来控制操作的，而不是心算。在中国，真正会打算盘的人，都不用动脑筋心算的，他们只是执行珠算口诀的指令而已。算盘打熟了，用的是肌肉记忆，就像一个职业乒乓球选手随手一挥拍就接住了球并且能够让球回到对方的球台上一样，根本不需要他刻意拿着球拍凑到球的位置，更不需要思考手该怎么动。也就是说，使用中国算盘，人所提供的不过是机械动能，而非头脑中的运算能力，算盘是在口诀指令的控制下完成机械运动的，而机械运动能得到计算结果，这和后来图灵所描绘的图灵机的计算原理很相似。

为了便于大家理解珠算口诀是如何控制运算的，我们不妨看一个实例。我们都知道一句俗话："三下五除二"。这其实来自一句珠算口诀，它是做加法时，"加上3"的一种操作指令，意思是说，加3时，可以先把算盘上面代表5的珠子落下来，再从下面扣除两颗珠子。从数学上讲，就是说加上3等于先加5再减去2。会打算盘的人并不需要熟悉数学运算，只要背下这些口诀，操作的时候别拨错珠子即可。换句话说，如果猴子能背下这些口诀，它照样能打算盘。这是中国算盘和古希腊算盘最大的不同之处，也是中国算盘能够算是计算机的原因。

从算盘的设计和使用上可以看出构成计算机的三个要素：计算单元、存储单元，再加上控制它的指令序列。没有指令序列，计算机就不完整，古希腊算盘和中国算盘的差异就在这里。这一点很多人，甚至一些计算机从业者常常会忘掉。但是，措辞向来严谨的美国专利律师们对计算机本质的描述总是很精确。这些律师在写专利文件时，不会直接采用"计算机"这个词，因为那样会限制专利的覆盖范围，他们会用下面这样一段话来描述专利的覆盖范围：

一个具有运算能力、可能还有一定存储能力的机器设备，受指令控制，包括但是不限于计算机、智能手机、平板电脑、电子个人助理、阅读器、程控交换机、智能传感器（含各种可穿戴式设备）、有处理器的医疗仪器、服务器、存储设备等。

从这段话中可以看出，任何能计算、有存储能力、受指令控制的机器都可以被算作计算机，即便它们在外观上和大家日常使用的台式计算机或者笔记本电脑不同，也不采用 Windows 这一类的操作系统。对于上述三个要素，人们习惯上把它们再分成硬件和软件。硬件就是计算单元、存储单元，以及在有了复杂计算机之后独立出来的控制单元，这些是大家看得见、摸得着的。软件则是指令序列。如果计算机只有硬件，它不过是一堆硅和铜线，可能还有点塑料、玻璃和铁皮，没有任何用途，就如同算盘本身不过是一堆木头而已。计算机只有通过里面的指令序列进行控制，才能完成一定的功能。今天，有些计算机显得比其他的聪明，它们的主要差别在软件上，而不在硬件上。因此，我们这本书中涉及的软件内容比硬件内容要多得多。

接下来的问题就是指令如何存储，又如何执行，它们如何控制计算机完成计算。这就要说到计算机的发展，特别是布尔和香农的贡献了。

要点

指令控制。

思考题 0.1

如何通过指令控制，将一副扑克牌变成一种简单的计算机？（★★★★☆）

0.2 机械计算机、布尔代数和开关电路

算盘的指令存储和执行很简单，它是由人来完成的。人使用算盘时不需要会算加减法，事实上过去很多打算盘的高手，比如几十年前各个单位的会计，他们的心算和笔算能力都不强。但是，学会使用算盘的技能并不容易，不仅要牢记口诀，而且要训练手的肌肉记忆。这便成了使用算盘这种"原始"计算机的门槛。因此，人们会自然而然地想到去发明不需要训练也能使用的计算机。

1642 年，法国数学家布莱兹·帕斯卡（Blaise Pascal）发明了最早的机械计算机，它可以进行加法和减法运算，使用者只需要拨动刻有数字的旋钮，然后摇动操纵杆，就能完成计算。相比算盘，帕斯卡机械计算机的优点在于使用者不需要训练。当然它也有不足之处：计算之前输入数据太慢，导致整个计算过程耗时太长。这个现象其实反映出计算机发展过程中一直存在的一个大问题，就是数据输入（和输出）的速度可能远远跟不上计算的速度。这一点是我们需要牢记的。

机械计算机中最复杂的是实现进位操作的部分。后来大数学家戈特弗里德·莱布尼茨（Gottfried Leibniz）发明了一种机械转轮（被称为莱布尼茨转轮），才很好地解决了逢十进一的操作问题。到了 19 世纪，能进行加、减、乘、除运算的机械计算机已经被发明出来了，但是它们既笨重，又昂贵，速度还慢，根本不可能商业化。它们唯一的用途就是编数学用表，经常做计算的工程师们需要通过查数学用表才能得到计算结果。不过，由于当时的计算机无法实现微积分的计算，因此编写的数学用表错误百出。

研制出能够进行微积分运算的机器的科学家是英国的查尔斯·巴贝奇（Charles Babbage，又译作巴比奇，1791—1871）。他在 20 岁时着手设计、制造计算机的工作，并于 1822 年研制出一台简单的差分机，可用它完成一些简单的微积分运算，并且具有 6 位小数的精度。随后，他试图制造一台精度为 20 位小数的差分机。在将近半个世纪的时间里，巴贝奇将自己的大部分精力和财富用于设计、制造这台庞大的机器，但是到他去世的时候他连一半都没有造完。巴贝奇显然低估了制造这台 20 位小数精

度差分机的难度。根据他的设计，这个庞然大物需要大大小小 25 000 个零件，而每个零件的误差不得超过 0.001 英寸（1 英寸≈2.54 厘米），这在 19 世纪几乎办不到。最终，他不仅花光了政府资助的 1.7 万英镑，自己还倒贴了 1.3 万英镑，这还不算洛芙莱斯伯爵夫人阿达（又译作埃达，诗人拜伦的女儿）投入的巨资。要知道当时制造一台蒸汽机车的费用还不到 800 英镑，因此人们都说他是骗子，包括英国皇家学会里的一些同事。最终，阿达和巴贝奇先后带着遗憾离开人世。所幸的是巴贝奇和阿达给后人留下了 30 种不同的设计方案、近 2 100 张组装图和 50 000 张零件图，清晰地告诉了后人他们的设计思想，而今天的人们根据他们的设计图制造出了能工作的差分机。这台差分机在完成之后重达 4 吨，它的一个复制品目前收藏在硅谷的计算机博物馆里。图 0.3 所示是它的一个局部，从里面密密麻麻的齿轮，我们可以看出它的复杂性。

图 0.3　巴贝奇差分机（局部）

　　值得一提的是，巴贝奇和阿达是最早想到用程序控制机械计算机的人。巴贝奇从法国人约瑟夫·雅卡尔（Joseph Jacquard）发明的提花织布机中受到了启发：既然人们能够按照设计的旨意控制织布机的运动，编织出各种图案，为什么不能用一种控制流程来控制机械计算机中齿轮的运动，从而计算出不同的函数值呢？和巴贝奇一道工作的阿达甚至写了一些算法流程，有人认为这应该算是最早的程序了。

　　巴贝奇和阿达的想法非常好，即采用程序控制物理运动实现计算，这其实就是计算机的本质。不过，他们在实现想法时陷入了一个误区，那就是用复杂的方法解决复杂的问题。从帕斯卡开始，机械计算机越做越精巧，内部结构越来越复杂，当然能够完成的功能也就越来越多。按照大家通常的思路，要想实现更复杂的功能，就需要设计和制造更复杂的机械，帕斯卡就是这么做的。但最终，机械（计算机）复杂到一定程度，就无法造出来了，巴贝奇本人最终成为这种想法的牺牲者。

巴贝奇的差分机发展到了死胡同，而带领大家走出死胡同的是英国数学家乔治·布尔（George Boole）、美国科学家克劳德·香农（Claude Shannon）和德国工程师康拉德·楚泽（Konrad Zuse）。布尔的贡献在于通过二进制将算术和简单的数理逻辑统一起来，并且为大家提供了一个工具，即布尔代数。楚泽通过自己的实践证明了使用布尔代数可以实现任何十进制的运算，并实现复杂的控制逻辑。香农则从理论上指出任何逻辑控制和计算都与开关电路等价，这奠定了今天数字电路设计的基础，今天的计算机实际上是一种特殊的数字电路。

我们知道现代计算机内部采用的是二进制而不是十进制。二进制相比十进制有两个明显的优点。首先，二进制很简单，而且可以和自然界的很多现象直接对应。比如用接通代表 1，断开代表 0；用高电压代表 1，低电压代表 0（香农的逻辑电路就是根据这个特性设计的）；或者长时间接触代表 1，短时间接触代表 0（莫尔斯码就是根据这个原理设计的）。其次，二进制除了是一种记数的方式外，它还天然地和逻辑判断对应，这第二个特性在计算机中非常有用，它可以把很多种复杂的情况进行分类，单独处理，这就给计算机的控制带来了巨大的灵活性。正是因为这种灵活性，今天的计算机才显得非常聪明。当然，十进制也可以和数理逻辑对应起来，但是太麻烦，而且十分浪费。

虽然讲到二进制时我们会联想到中国的八卦，但八卦其实不是一种数学上的进制，因为它没有包含记数方法和计算方法。从八卦（或者 64 卦）中受到启发，并因此发明出二进制的，是德国伟大的数学家莱布尼茨；而将二进制和逻辑演算对应起来，则是 19 世纪英国中学数学老师布尔的贡献。

布尔是和巴贝奇同时代的人。布尔虽然创办过一所中学，后来还在爱尔兰科克（Cork）郡的一所学院当教授，但是在他生前没有什么人认为他是数学家，而和主流科学界有着密切来往的巴贝奇也不知道他的工作，否则巴贝奇也许不会把差分机设计得那么复杂。布尔在工作之余，喜欢阅读数学论著，思考数学问题，并最终形成了他布尔代数的构想。1854 年，布尔的《思维规律的研究》（*An Investigation of the Laws of Thought, On Which Are Founded the Mathematical Theories of Logic and Probabilities*）一书出版，第一次向人们展示了如何用数学的方法解决逻辑问题。在此之前，人们普遍的认识是数学和逻辑是两个不同的学科，今天联合国教科文组织依然把它们严格区分开。

布尔代数简单得不能再简单了：运算的元素只有两个，即 1（TRUE，真）和 0（FALSE，假）；基本的运算只有"与"（AND）、"或"（OR）和"非"（NOT）三种 [这三种运算都可以由"与非"（AND-NOT）或者"或非"（OR-NOT）一种运算导出]，这些运算只用表 0.1 ~ 表 0.3 所示的真值表就能完全描述清楚。

表 0.1　布尔代数与运算真值表

输入 A	输入 B	
	TRUE	FALSE
TRUE	TRUE	FALSE
FALSE	FALSE	FALSE

表 0.2　布尔代数或运算真值表

输入 A	输入 B	
	TRUE	FALSE
TRUE	TRUE	TRUE
FALSE	TRUE	FALSE

表 0.3　布尔代数非运算真值表

输入	输出
TRUE	FALSE
FALSE	TRUE

布尔在世的时候并不知道自己发明的这种代数有什么好的应用场景，但是在 80 年之后，当模拟计算机的发明人万尼瓦尔·布什（Vannevar Bush）（发明了微分分析仪，这是一种模拟计算机）将改进这种计算机的任务交给 22 岁的香农时，布尔代数一下子派上了大用场。

在电子计算机被发明之前，布什发明的微分分析仪是世界上计算能力最强大的计算机，如图 0.4 所示。但是这种计算机有两个问题：首先，它是靠机械装置实现计算的；其次，它是模拟的，精度提高的空间有限。因此，到了 20 世纪 30 年代，它就难以再改进了，这种情景和当年巴贝奇难以改进机械计算机的情况很类似。

图 0.4　微分分析仪

　　香农没有像巴贝奇那样，试图依靠设计更复杂的计算机来解决更复杂的计算问题，而是在看到分析仪走到死胡同时，退回到计算这个问题的本原，开始寻找用简单方法解决复杂问题的路径。

　　香农发现世界上的很多现象和布尔代数的逻辑是对应的，比如电路的接通与断开、电压的高和低、数学上的 0 和 1 等。因此，他提出一个想法，用基于布尔代数的逻辑电路来控制分析仪的运转，这样可以让分析仪解决更复杂的问题。在此基础上，香农进一步发现，加、减、乘、除各种运算都是由很多个基本的逻辑电路"搭"出来的，就如同用乐高积木可以搭出一个复杂的房子一样。也就是说，香农在布尔代数和算术运算之间搭起来一座桥梁，这座桥梁就是简单的逻辑电路。

　　1937 年香农完成硕士论文后，布什专门安排他到华盛顿去做了论文答辩，这篇题为《继电器和开关电路的符号分析》的论文第二年在电气电子工程师学会（IEEE）的学报上发表了，它被誉为 20 世纪最重要的硕士论文 [1]。就是这么一篇薄薄的，甚至略带稚气的论文，奠定了今天所有数字电路设计的基础，可谓彪炳千秋。

---

[1]　这篇论文被麻省理工学院图书馆收藏是 1940 年的事情。

香农的电路设计思想可以被总结为"模块化"和"等价性"。

所谓模块化就是用少量简单的模块搭建出各种复杂的功能单元，这是今天计算机行业的核心指导思想。比如，我们要设计一台功能非常强大的程控交换机，其中基本的模块是非常简单的。要设计一台超级计算机（即媒体上所说的"超算"），用大量相同的模块搭就可以了。很多学者讲，超算其实从计算机科学角度来看水平并不高，更多的是工程的成就，就是这个道理。

模块化的思想使得计算机产业和其他工业相比有很大的不同。一般的工业产品有大量形状和功能各不同的组成部分，比如一辆汽车里的上万个零件，形状各异，就连一台钢琴也有上千个不同的零件。但是在计算机产品中，常常是大量相同模块的复制，这就是 IT 产业能够发展很快、后来摩尔定律能够成立的重要原因。

当然，计算机和 IT 产品容易通过模块化实现的背后还有一个原因是等价性，即再复杂的计算都可以等价成很多加、减、乘、除的运算，再进而等价成开关电路的逻辑运算。也就是说，只要实现了后者，就可以间接地实现前者。在计算机科学中，我们常常会遇到这样一种情况：某个问题很难解决，不过存在一个容易解决的等价问题，于是我们会先解决那个等价问题，等到它被解决后，原来的问题也就迎刃而解了。这就好比在几何里，虽然两个三角形全等的定义是三条边和三个角都相等，但是我们不需要直接从这些方面证明，只需要证明两个角相等、另外有一条边相等即可，后者的难度要比原先定义中的难度低很多。在计算机科学上也是如此，计算机科学家常常要证明两件事情是等价的，而计算机工程师的工作则是要实现等价的桥梁。我们在后面会专门讲如何通过等价性来解决一个复杂的问题，并且如何找到等价关系。比如我们会讲到一个卡特兰（Catalan，又译作卡塔兰）数的概念，然后会向大家展示很多看似不相关的问题都可以与之等价起来。

讲回早期计算机的发展历程，像巴贝奇那样直接实现微积分的计算是一件非常困难的事情。但如果把微积分计算变成加、减、乘、除运算，再变成更为简单的二进制逻辑运算，事情就变得容易多了。当然，把复杂的计算问题变为一系列二进制的运算，就是今天的软件工程师要做的事情了。当然，在 20 世纪早期，并没有什么专职的软件工程师，计算机的设计者需要自己解决这个问题。

有意思的是，世界上第一个用模块化原理实现可编程计算机的并不是香农，也不是他论文的读者，而是德国的力学工程师楚泽。作为精通力学的工程师，楚泽的数学功底非常深厚。他大学毕业时正值德国准备发动第二次世界大战，因此他到了一家飞机制造厂从事飞机的设计工作。这项工作涉及大量烦琐的计算，而当时的计算工具只有计算尺。很快楚泽就发现其实很多计算使用的公式是相同的，只是代入不同的数据而已，比如，计算飞机机翼的宽度从 10 米到 11 米每变化 1 厘米时飞机的升力。这种重复的工作完全应该交给机器去完成，而不是动用大量的专业人才。有了这个想法后，楚泽于 1936 年辞职回（到父母）家，开始研究这种能够计算的机器了。

在此之前，楚泽对计算机一无所知。同年（指 1936 年），图灵博士已经提出了可计算性理论，香农正在写那篇改变世界的硕士论文，但由于楚泽并不属于科学家的圈子，因此直到第二次世界大战结束他都不知道图灵和香农等人的理论，甚至不知道一个世纪前的巴贝奇的工作。当时，楚泽只有 26 岁，完全是凭着一腔热情，加上良好的数学基础，独自一人在家研制能够计算的机器。所幸的是，由于有了几年从事工程计算的经验，楚泽深知能计算的机器不应该只服务于一种或者几种特定的计算，而是应该能做各种计算，至于怎么算，应该有一些指令序列来控制这种机器。更幸运的是，楚泽知道布尔代数，懂得用二进制来实现运算和控制机械计算机。当然他还需要实现十进制和二进制的转换，这也可以通过简单的机械模块来实现。至于为什么要多此一举进行十进制到二进制再到十进制的两次转换，其实很简单，因为 0 和 1（或者开和关）这两个操作在机械上容易实现，而要用机械实现十进制的运算则很难。和香农等人所不同的是，楚泽不是理论家，完全是从一个工程师的经验出发发现了和香农开关电路类似的规律，遗憾的是他虽然做出了实物，却不能像香农一样提出一整套理论。

楚泽最终采用简单方法实现了复杂的计算功能，他发明了人类第一台可编程的计算机 Z1，Z 是楚泽名字（Zuse）的首字母。

　　Z1 是一台机械计算机，由电动机提供动力，驱动一大堆齿轮组工作。如果你单纯数一数，会发现 Z1 中的零件个数并不比巴贝奇设计（而没有实现）的计算机的少，但是 Z1 里面的设计逻辑非常简单，只是简单模块的大量复制，因此楚泽才能以一己之力完成它。虽然 Z1 可以用程序控制，但是它并不能实现后来图灵机的全部功能，比如它不能比较两个数值的大小。此外，这台计算机是纯机械的，计算速度受限于机械运动，自然就很慢，每秒只能完成一次计算。

　　楚泽在成功地研制出 Z1 之后，得到了德国政府的资助，还有了助手，这让他的工作进展顺利了许多，很快他将计算机由机械的改成了继电器的，取名 Z2，速度达到每秒五次计算。随后他又在计算机的逻辑控制上做了重大改进，研制出了第三个版本的 Z3 计算机。这台使用了 2 000 多个继电器的计算机实际上实现了图灵机所描绘的功能，尽管楚泽当时依然不知道图灵的工作。

　　楚泽的成功有很大的偶然性，但在偶然性的背后也蕴藏着很多必然的因素。

　　首先，楚泽没有重复巴贝奇的失败经历，去研制一台非常复杂的计算机，他找到了一条解决复杂问题的正确道路，即先实现一种（或者几种）最基本的简单模块，然后大量复制那些简单模块实现各种复杂的功能。在 Z1 到 Z3 的具体设计过程中，楚泽巧妙地利用了等价性原则，通过实现二进制计算间接地实现了十进制运算。

　　今天一些媒体在报道量子计算时犯的一个共同的错误，就是认为量子计算的优势在于突破了二进制，因此可以让计算机完成现在不能够完成的事情。这显然是外行话，因为无论计算采用几进制，它们在数学上都是等价的，采用二进制办不到的事情，使用四进制、八进制或者十进制同样办不到。量子计算在解决特定问题时的确效率会很高，但这和是否采用二进制无关。

　　其次，楚泽生逢其时。人的命运通常受到大环境的影响，计算机在第二次世界大战前后在大西洋两岸都获得了突破性的进展，这是大环境使然。在巴贝奇所处的时代，计算机最大的用途是计算数学用表，而到了第二次世界大战前，武器设计和加密 /

解密中有大量的计算要用的计算机。这时政府对计算机的研究支持就变成大强度、持续性的了。我在《全球科技通史》中讲到，很多重大发明最后一步的完成，或者说临门一脚，要靠集中很高的能量密度才能实现。楚泽所处的正是那样一个时代。

不过由于楚泽的工作缺乏理论基础，是很难在此基础上将计算机科学快速推进的。自工业革命之后，各种发明能够不断涌现，一项技术能够不断改进，新版本的产品能够不断出现，都离不开理论的指导，在计算机领域也是如此。在第二次世界大战之前，在这个领域贡献最大的理论家当数图灵了，他从数学上奠定了可计算问题的理论基础，或者说他提出了计算机的数学模型——图灵机。

要点

等价性、模块化，以及通过它们化繁为简。

思考题 0.2

利用"与非"（AND-NOT）运算实现布尔代数中的与、或、非三种运算。（★★☆☆☆）

0.3　图灵机：计算的本质是机械运动

世界上有两种思维方式。其中一种是从生活的经验出发一点点地认识更大的世界，比如人认识数字的时候便是如此，从1、2、3一直数到100。今天我们所说的"迭代式进步""小步快跑"其实都是这种方式的别称而已。在科学史上，这种方式有一个更正式的名称，叫作"工匠式的进步"。在计算机发展的历史上，是需要这种工匠式进步的，比如摩尔定律所带来的进步其实就是工匠式的。虽然每18个月翻一番的速度看上去不算太惊人，但是持续10年就能得到100倍的进步。直到图灵之前，人类造计算机时也是按照这种方式做的：先从研制能解决简单问题的计算机开始，再越做越复杂。

不过，在历史上时不时地会出现思维超越时空的天才，比如牛顿和爱因斯坦。在计算机领域也有这样的人物，首推后来被誉为"计算机科学之父"的图灵。图灵博士在真正了解计算机的人中，被看成神一样的人。在 20 世纪，全世界智力上可以和爱因斯坦平起平坐的人恐怕只有图灵和冯·诺依曼（von Neumann，又译作冯·诺伊曼）两个人了（而后者被认为智力甚至超过了爱因斯坦）。"神人"自然有超越常人的地方，图灵在思考和计算机相关的问题时，会回到这个问题的本原，抛开具体的技术，从计算的本质来寻找计算机的极限。

在 20 世纪 30 年代中期，图灵就开始思考下面三个非常根本的问题。

1. 数学问题是否都有明确的答案。

2. 如果有明确的答案，是否可以通过有限步的计算得到答案。

3. 对于那些有可能在有限步计算出来的数学问题，能否有一种假想的机器，它不断地运动，最后当它停下来的时候，那个数学问题就解决了。

这些问题在我们很多人看来更像是哲学家思考的问题，因此我们普通人是无法像图灵那样直奔主题的。当然"神人"也有导师，图灵也不例外。他的两个导师（其实是精神导师）一个是当时普林斯顿大学教授兼普林斯顿高等研究所所长冯·诺依曼，另一个是更早一些的大数学家希尔伯特（Hilbert）。图灵当时是普林斯顿大学的学生，虽然冯·诺依曼并非他的论文导师，但是对他的影响很大。图灵在读了冯·诺依曼的《量子力学的数学基础》一书后很受启发，他认为人的意识基于不确定性原理，但是计算则基于机械的运动（电子的运动可以被认为是等价于机械运动）。今天我们知道，前者代表不确定性，后者代表确定性，它们都是这个世界固有的特性。图灵很懂得在边界里做事情，他把注意力放到了解决那些能够通过机械运动解决的问题，即可计算问题上。

那么什么问题是可计算的？图灵从著名数学家希尔伯特那里得到了启发。

希尔伯特是一位了不起的数学家。今天人们了解希尔伯特，通常是因为他的名字和 23 个著名的数学问题（即所谓的希尔伯特问题）联系在一起，但他对数学的贡献远不止于此。希尔伯特一方面像他的前辈勒内·笛卡儿（René Descartes）、艾萨克·牛顿（Isaac Newton）和奥古斯丁·柯西（Augustin Cauchy）以及他的后辈安德烈·柯尔莫哥洛夫（Andrey Kolmogorov）那样构建出完整的数学分支[1]；另一方面从最根本之处出发，将数学作为一个整体思考。希尔伯特一直在思考这样三个问题。

1. 数学是完备的（complete）吗？所谓完备性，就是说对于任意一个命题，要么可以证明它是对的，要么可以证明它是错的。

2. 数学是一致的（consistent）吗？所谓一致性，就是说一个命题不能既是真的，又是假的。

3. 数学是可判定的（decisive）吗？所谓可判定性，就是说一个具体的问题，你能否判断它是否有答案。

希尔伯特的这三个问题从本质上划定了数学的边界。因为数学只能解决那些在数学上是完备的问题，而数学的一致性则能保证它没有似是而非的答案。当然，对于这三个问题，希尔伯特自己也不知道答案，不过他希望数学既是完备的，也是一致的。后来著名数学家哥德尔解决了前两个问题，他指出数学不可能既是完备的，又是一致的，这就是数学中著名的哥德尔不完全性定理。哥德尔的理论告诉我们，世界上有很多问题我们无法判定它们的对错，因此它们不是数学问题。对于第三个问题，希尔伯特引申出一个具体的问题，也就是希尔伯特第十问题（简称第十问题）。第十问题是这样说的：对于任意多个未知数的整系数不定方程，要求给出一个可行的算法[2]，使得借助于它，通过有限次运算，可以判定该方程有无整数解。

为了更好地理解这个问题，我们不妨看三个例子。

1. $x^2+y^2=z^2$

---

[1] 希尔伯特定义了欧几里得几何中所有缺失的基本概念，将它变成了数学中最严格的建立在逻辑基础之上的数学分支。

[2] 希尔伯特在德语中使用的是"das Verfahren"一词，对应于英语中的"algorithm"（算法）。

这个方程显然有整数解，它们就是勾股数。

2. $x^3+y^3=z^3$

这其实就是费马大定理的一个特例，这个问题在困惑了人类几百年后，由安德鲁·怀尔斯（Andrew Wiles）最后证明它无解。这个问题和上一个问题不论是有解还是无解，都是可判定的。

3. $3x^3+2x^2+y^3=z^3$

它有没有整数解呢？对于这个方程是否成立，希尔伯特也不清楚，因此他把问题提出来。1970 年，苏联杰出的数学家尤里·马季亚谢维奇（Yuri Matiyasevich）证明，对于这个方程，以及绝大多数不定方程，我们既不能证明它们有整数解，也无法证明解不存在。

我们对比希尔伯特的三个疑问和图灵的三个疑问就可以看出：前者关心的是一个问题是否是数学问题，如果是，能否判定它有答案；而后者关心的则是，如果已经判定它是数学问题，能否在有限的步骤内通过机械的方法找到答案。特别要说的是，第十问题就是图灵前两个疑问的特例，如果对第十问题的答案是否定的，就等于图灵前两个疑问的答案也是否定的。当然，图灵不可能在 1936 年就知道第十问题的答案，因此他也不清楚自己的前两个问题的答案是什么，但他隐隐约约地感觉到答案应该是否定的，即很多数学问题没有明确的答案，即使有也无法在有限步内找到。于是，图灵将精力集中在那些能够在有限步内计算出来的数学问题上。为此，他设计了一种后来被称为图灵机的数学模型，这个模型的全部定义一共只有四条，用通俗的语言讲是这样的。

1. 要有一条（无限长的）被分成一个个格子的纸带，每个格子里记录着符号或数字。为了清楚起见，可以为这些格子编上号：1,2,3,…这就相当于人们计算数学题时使用的纸张。

2. 有一个读写头（可以想象成铅笔），在纸带上左右移动，它停在哪里就可以改变哪里的符号或者数字，这就相当于人们算题时写写画画的过程。

3. 有一套规则表，根据图灵机当前的状态和读写头所指格子中的符号或数字，人们查表后就能知道下一步该做什么。当然完成这步操作后，图灵机也就进入了新的状态。这张表就相当于老师教的算题方法，或者珠算口诀。图 0.5 显示了图灵机中状态改变的过程。

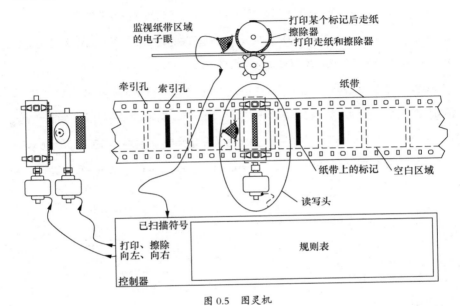

图 0.5 图灵机

4. 当然，图灵机的状态需要记录在一个地方，即寄存器（里面的内容就相当于我们算题时的中间结果）。图灵机的状态数量是有限的，其中有一个特殊的状态是停机，一旦进入这个状态则表示计算完成。

图灵认为这种机器能模拟任何具体计算的过程，但并未指出如何实现这样一台计算机。图灵机的意义至少有这样三个。

首先，它将世界上的数学问题分为两类：一类是可以用上述机器在有限步内完成计算的，当然这个"有限"可以非常长；另一类是不可以的。今天我们在计算机科学中说一个问题可不可以计算，不是指在数学上能否计算，而是指能否用图灵机这样一个简单的逻辑来计算。从这中间可以看出来，能用图灵机计算的问题，其实只是可计算数学问题的一小部分。

其次，图灵机虽然是虚构的，但是它给后人设计计算机制定了一个行之有效的原则，特别是图灵提出了存储地址、计算机状态、规则表（即今天我们说的指令集）和当前位置读写头这四个重要概念。今天我们应用的真实的计算机，依然建立在这些概念的基础之上。

最后，图灵机求解数学问题的过程和机械运动对应起来了。今天的电子计算机可以被理解成由很多能够被控制的开关构成，这些开关的运动和计算过程是对应的。也就是说，今天计算机计算的本质其实就是机械运动。

图灵是超越时代的人，他不是跟在别人后面来观察一件事情发展的规律，而是在前面等着大家，告诉大家什么问题能解决、什么不能，然后对那些可以解决的问题给出一个大方向。至于有了方向之后该怎么办，就是大家要考虑的问题了。1946 年出现的电子计算机 ENIAC（Electronic Numerical Integrator and Computer，直译为电子数字积分计算机）其实就是一种实用的图灵机。

要点

图灵机、可计算问题。

思考题 0.3

如果计算的本质是机械运动，那么信息处理和能量就存在一个对应关系。比如，我们可以计算一下 1946 年的 ENIAC 消耗 1 度（1 千瓦时）电能完成多少次计算，今天的华为 P30 手机消耗 1 度电能完成多少次计算。（★★☆☆☆）

0.4　人工智能的极限

2016 年，当 Google 的 AlphaGo 战胜李世石之后，很多人就开始担心世界上所有的事情是不是计算机都能做得比人好。这种担心多少有点杞人忧天，因为无论是什么样的计算机，只能解决世界上很少的一部分问题。

　　我们在前面讲到，世界上的很多问题都不是数学问题，这一点希尔伯特和库尔特·哥德尔（Kurt Gödel）等人已经证实了。因此，如果我们画一个大圈代表所有问题（假定是集合 S_1）的话，那么所有的数学问题（集合 S_2）只是这个大圈中的一个小圈而已。

　　在数学领域，只有一部分问题我们能够判断是否存在答案，大部分问题是无法判断答案是否存在的。

　　1970 年马季亚谢维奇最终解决了第十问题，对人类来讲，不知道这算是一个福音，还是一个诅咒。从积极的方面来讲，人类又解决了一个难题，而且把数学的边界，特别是可计算的边界划得更准确了。从消极的方面讲，就连形式简单的不定方程我们都无法判定答案存在与否，更不要说那些复杂的数学问题了。如果那么多的数学问题我们无法知道是否存在答案，那就更不可能用逻辑的方法推导出答案了。因此，我们可以将数学问题中的一小部分看成可判定（是否有答案）的问题（集合 S_3），而真正有答案的问题（集合 S_4）的数量则更少，如图 0.6 所示。

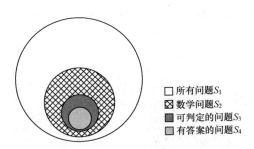

　　□ 所有问题 S_1
　　⊠ 数学问题 S_2
　　▨ 可判定的问题 S_3
　　▢ 有答案的问题 S_4

图 0.6　有答案的问题只是所有问题中很少的一部分

　　在有答案的问题中，有一些是可以通过图灵机解决的问题（集合 S_5），就是我们在前面说到的可计算问题。当然，图灵机是一种理想状态的计算机，它所说的有限时间可以非常长，比如一万亿年，超过宇宙的年龄，因此现实生活中的计算机能解决的问题（即工程可解问题，集合 S_6）是可计算问题的一个小的子集。比如说那些计算复杂度等于或者超过指数函数的问题，都属于在工程上无法解决的问题。有人会问：计算机再快一万倍怎么样？一万倍也没有用，因为计算机多算不了几步，就把这一万倍的提升给耗尽了。2018 年，Google 宣布在量子计算上获得了突破，可将一些密码的破解速度提升上亿倍。从表面上看，似乎我们使用的加密方法今后会变得不安全，但是，即使计算机的计算能力提升了，只要我们把密码的长度加长一倍，计算机破解它的计算量可能就需要增加万亿倍。

对于这种从理论上讲有解，但是计算时间特别长的问题，如果能够有近似的方法将其变成多项式复杂度的问题，比如我在《数学之美》中介绍的条件随机场（Conditional Random Field）的问题，那么就被认为在工程上是有解的，否则它们在工程上依然无解。

今天的人工智能主要是指基于大数据的深度学习。我们可以把一个人工智能系统理解为由特定程序（控制指令序列）控制的、能够解决某一类问题的计算机。这一类问题，比如语音和图像识别、无人驾驶、计算机自动翻译、下围棋或者象棋等，我们通常称之为人工智能可解问题，并没有超出图灵机可计算问题的范畴。事实上，它们只是工程可解问题的一个子集 S_7，如图 0.7 所示。

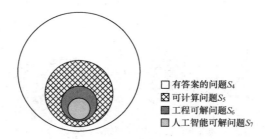

□ 有答案的问题S_4
⊠ 可计算问题S_5
■ 工程可解问题S_6
■ 人工智能可解问题S_7

图 0.7　人工智能可解问题只是有答案的问题中很少的一部分

人工智能的计算机之所以显得很聪明，能做越来越多的事情，只是因为很多问题过去大家没有找到转变为数学问题的桥梁，现在找到了而已。也就是说集合 S_7 沿着某个维度扩大了一些范畴，如图 0.8 所示。但是无论怎么扩展，它都不可能超出可计算这个范畴。

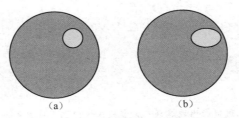

图 0.8 利用人工智能技术已经解决的问题（大圆内的小圆和椭圆）
只是工程可解问题中的一小部分

今天，很多计算机领域的从业者（特别是做出了一些具体贡献的人）会从自己的角度出发放大这种作用，因为在很多人眼里，人工智能所解决的问题放大的范围已经占到了工程可解问题，乃至所有问题很大的一部分（图中浅色部分），如图 0.9 所示。

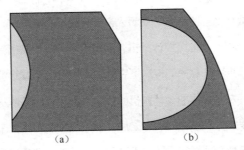

图 0.9 很多人只看到局部的进步，就误认为人工智能技术已经解决大部分问题了

迄今为止，计算机相关理论和技术的发展都没有超越图灵机的范畴。也就是说 80 多年前图灵为计算机所能解决的问题画的那条线，至今还没有被逾越。这也说明理论对工程的影响有多么深远。为什么在学术界，大家急于试着越过图灵画的红线呢？这其实没有必要。

今天，世界上需要用计算机、用人工智能来解决的问题实在太多，因此将注意力放在利用它们解决现有的问题上，而不是杞人忧天，或者异想天开，更有意义。未来是否会有能够解决非数学问题的机器？或许会有，但不是我们今天所谈论的计算机。

要点

人工智能的边界。

思考题 0.4

在数字计算机出现之前曾经出现过模拟计算机，如何证明后者等价于前者的某个子集？

（★★★☆☆）

●— 结束语 —●

一台计算机应该包括计算、存储和控制三个部分。人们通常注意到的其实是前两个部分，忽视的是控制部分。计算机从本质上来讲是在不断地做机械运动，能够进行什么样的计算、完成什么样的任务，就看人们如何控制计算机了。当然，我们今天不会像使用算盘那样一步一步地操控计算机，而是将所有的控制指令以程序的形式输入计算机中，这样计算机就在程序的控制下完成了人们想让它做的事情。

在计算机早期的发展过程中，计算机的复杂程度和它能够解决的问题的复杂程度是同步增加的。但是当问题越来越复杂之后，就无法制造出更复杂的计算机了，也就是说用复杂方法解决复杂问题的思路走不通了。于是香农和楚泽等人改变了思路，用简单的方法解决复杂的问题，具体讲，就是使用开关电路实现各种计算，而开关电路的基础是布尔代数。香农和楚泽解决复杂问题的方法论，依然是今天我们学习计算机科学理论和使用计算机时必须牢记的最根本的原则。

在这个世界上，并非所有的问题都是数学问题，即便是数学问题，也并非都可以通过计算机来解决。图灵的超越时代之处在于，他在还没有电子计算机的时候，就划定了可计算问题的边界。

第 1 章

毫厘千里之差——大 O 概念

如果要问图灵和冯·诺依曼之后对计算机科学贡献最大的人是谁，可能要算是高德纳了。图灵提出了计算机的数学模型，冯·诺依曼确定了计算机通用的系统结构，而高德纳则奠定了计算机算法的基础。我们在前面讲了，没有控制程序，只有计算和存储部分的硬件算不上计算机。因此，程序对计算机来讲是必不可少的，而程序的灵魂在于算法。这一章就从算法的规范化讲起。

1.1　算法的规范化和量化度量

在早期的计算机中，哪些控制功能要通过开关电路做成硬件（虽然当时还没有硬件的提法）、哪些由程序控制，这个边界很不清晰。事实上直到 20 世纪 40 年代约翰·莫奇利（John William Mauchly）和约翰·埃克特（John Presper Eckert，又译作约翰·埃克脱）开始研制人类第一台电子计算机 ENIAC 时，这个问题还没有搞清楚。这样导致的后果是，ENIAC 实际上是一种专用计算机，专门用于解决研制长程火炮过程中的计算问题。后来发现这个缺陷的是冯·诺依曼，他当时负责美国氢弹工程，需要进行大量的计算，听说有人正在研制电子计算机，就跑去看看能否也解决氢弹计算的问题。

冯·诺依曼的见识和莫奇利、埃克特两人不在同一个档次上。打个比方，两个正在练剑的高手，自己的破绽不自知，旁边一个过路人一眼就能看出来，这个过路的旁观者显然是高手中的高手了。冯·诺依曼发现他们的问题时，已经为时过晚了。美国军方问冯·诺依曼有什么补救的办法，面对已经造了一半的 ENIAC，他也没有办法，只能让它继续造下去。不过，冯·诺依曼留下一句话：如果将来要让它计算其他问题，也并非完全不可能，修改线路就可以了，但是会特别麻烦。后来虽然 ENIAC 也被用于进行其他计算，但是每一次改线路实在是太麻烦。图 1.1 所示是 20 世纪 60 年代一台计算机的接线图，ENIAC 的线路要比它复杂得多。于是当时人们使用计算机时，常常是先花个好几天甚至几个月改线路，而算题本身只要几分钟，效率之低可想而知。

图 1.1　20 世纪 60 年代计算机的接线图

　　所幸的是，军方在 ENIAC 研制成功前了解了这个情况，并且在 1944 年决定再造一台新的、通用的计算机。于是冯·诺依曼和莫奇利、埃克特一起提出一种全新的设计方案，称为 EDVAC（音译为艾迪瓦克，英文全称 Electronic Discrete Variable Automatic Computer，离散变量自动电子计算机）。其实 EDVAC 才是世界上第一台程序控制的通用电子计算机，并且可以说是今天所有计算机的鼻祖。ENIAC 则是一个孤版，因为它不通用。

　　冯·诺依曼把报告交上去之后，军方的负责人在上面写上了"冯·诺依曼体系结构"（von Neumann Architecture）几个字。这个标记原本只是为了好辨认，但是以后大家就将这种新计算机的发明权全部算在了冯·诺依曼的头上，以至于莫奇利和埃克特一直觉得他们在这份报告中所做的贡献被埋没了，当然这不是冯·诺依曼的本意。EDVAC 的意义在于它涵盖了一种通用的计算机的体系结构，并且告诉后人计算机这东西是需要顶层设计的。我之前在讲到管理和企业文化时常说顶层设计不如自底向上的结构灵活，但是在计算机科学中，更多时候是需要顶层设计的，而不是从经验出发归纳总结。

冯·诺依曼在客观上将计算机分为了软硬件两部分。在随后的 10 多年里，整个行业关注比较多的是硬件。由于冯·诺依曼体系结构非常具有前瞻性，因此到了 20 世纪 60 年代，尽管计算机已经从电子管的、晶体管的，进入第三代集成电路的了，但是体系结构还是在冯·诺依曼设定的框架之中。不过计算机软件从一开始就没有这样良好的基础，早期软件算法简单，而且大多数是用来进行科学计算而非用于商业的，很多程序编写完成之后用不了几次，因此没有人重视它们的质量。到了 60 年代，计算机在商业上开始普及，一个商业程序是要提供给很多用户反复使用的，程序设计得是否合理、效率的高低、占用资源的多少，就需要认真考虑了。这时，在计算机算法理论方面的缺失，就需要有人来弥补了。而奠定计算机算法基础的人正是我们这一节的主角——高德纳。

高德纳在大学时就在计算机领域显示出超凡的才能。他当时就读于凯斯理工学院（Case Institute of Technology，今天的凯斯西储大学，由凯斯理工学院和西储大学于 1967 年合并而成），是校篮球队队员。他写了个程序，分析大学篮球联赛中球员在每场比赛中的得分、助攻、抢断、篮板球、盖帽等数据，该校篮球队教练据此挑选球员，带领球队赢得了当时的全美大学生篮球联赛冠军。这可能是最早的大数据在体育行业的成功应用了。这件事情引来了当时的哥伦比亚广播公司（CBS）电视台进行报道，而高德纳所在的球队和他所用的计算机——IBM 650 的合影被 IBM 公司印到了产品宣传册上。

和很多全才科学家一样，高德纳一生中做出了很多贡献，以至于有人怀疑他是一个人，还是同名同姓的几个人。简单地讲，高德纳以五件事闻名于世。

第一件，他是计算机算法分析的鼻祖，提出了评估计算机算法的标准。这是我们接下来要详细介绍的。

第二件，他编写了计算机科学领域的"圣经"——《计算机程序设计艺术》一书。当时出版社是在他获得博士学位前一年向他约稿的，四年后他还没有交稿。出版社着急了，就去催稿，他说才写完 3 000 页，正题还没有谈完。后来出版社不得不分卷出版。其中第一卷是《基本算法》，后来比尔·盖茨花了很大精力学通了这一卷，然后就一辈子都在向人推荐这套书。盖茨讲，如果你想成为一个优秀的程序员，那就去读这卷《基本算法》吧。高德纳本人的说法更狠："要是这一卷都看不懂，就别当程序员了。"

第三件，他是迄今为止最年轻的图灵奖获得者。高德纳 35 岁那一年（1973 年）完成了《计算机程序设计艺术》的第三卷。次年，图灵奖评选委员会根据他在算法上的贡献，尤其是创作了这套不朽的著作，直接给了他图灵奖。这套书目前出版了四卷（原本打算写七卷），每卷都是六七百页的大部头。全套书售价高达几百美元，居然在出版后的几年里发行超过一百万套。

第四件，高德纳写书时，苦于没有好的编辑排版软件，干脆就自己写了一个排版软件，这就是著名的 TeX（后来被人做成了更方便使用的 LaTeX）。TeX 是一场出版界的革命，直到现在它仍是全球学术排版的不二规范。TeX 被称为全世界错误（bug）最少的软件。高德纳出资悬赏找到 bug 的人，金额从 2.56 美元开始（用高德纳自己的话说这是"十六进制的 1 美元"），呈指数式增加（2.56,5.12,10.24,20.48,40.96,81.92,…）。他写到第三张支票后，就再也没有人找到错误了。事实上，如果这个软件的错误超过 18 个，高德纳就要破产了。他敢冒着破产的危险开出这个条件，说明他对自己的代码质量是很有信心的。因此，高德纳是一个集优秀计算机科学家和软件工程师特质于一体的人。

第五件，高德纳是硅谷地区众多图灵奖获得者中名气最大、最会编程的人。硅谷地区聚集了很多图灵奖获得者，有一段时间他们每年要进行编程比赛。参加比赛的除了高德纳，还有视窗真正的发明人艾伦·凯（Alan Kay，乔布斯受到他的启发发明了苹果电脑和移动图形界面操作系统）以及和马文·明斯基（Marvin Minsky）一同提出人工智能理论的艾伦·纽厄尔（Allen Newell）等人，高德纳总是用一台最慢的计算机获得第一名。为什么会是这样一个结果呢？高德纳讲，在他学习编程时，因为计算机太慢，内存太小，来回编译和改错太花时间，所以他总是力争一次全对，没有错误，而且算法在设计时就达到最佳。这让我想起很多优秀摄影师，拿着一个老式的徕卡旁轴相机，依然能拍出最棒的照片；而很多人拿着最新款单反相机，只能简单记录影像。

相比高德纳，今天的所有所谓计算机"大咖"只能算小学生，他也让我们相信有天才的存在。如果我们真要找一级的工程师，那么就应当是高德纳。

冯·诺依曼发明计算机体系结构和高德纳编写 TeX 程序似乎都是偶然为之的结果。冯·诺依曼原本不想发明计算机，他只想算题；高德纳也不想发明排版软件，他只想写书。为什么这些大师们偶然为之的工作比二流人才穷其一生的发现有时还有影响力呢？因为除了能力的差异外，他们还有着遇到问题时解决问题的积极态度。任何人在前进的过程中都会遇到问题，但是对待问题的态度决定了个人的命运。

关于高德纳，再说一下他这个正式中文名字的来历，因为它和英文名字的读音差别非常大，一些科技报道甚至不知道这个名字而直接音译，那是不对的。1977 年，高德纳作为最早受到中国邀请讲学的专家来中国访问，临行前他想给自己起一个中文名字，姚期智（图灵奖获得者）的夫人储枫便给他起了这个名字。另外，她也顺带给高德纳的夫人起了一个中文名字，叫高精兰（英文名 Jill Knuth）。

要点

体系结构，软件从计算机科学中分离出来。

思考题 1.1

世界上还有什么产品类似于计算机，是软硬件分离的？（★☆☆☆☆）

1.2 大数和数量级的概念

苏联著名的物理学家、诺贝尔奖获得者列夫·达维多维奇·朗道（Lev

Davidovich Laudau，又译作郎道）把物理学家分为了五级。一级的能力和贡献是二级的 10 倍，二级又是三级的 10 倍，就这样，每一级之间差一个数量级。朗道的这个划分方法适用于各类专业人士，比如史蒂夫·乔布斯（Steve Jobs）就说他的合伙人斯蒂芬·沃兹尼亚克（Stephen Wozniak）一个人能顶 50 个工程师。人和人水平的差别、东西和东西质量的差别，常常是呈数量级的。不过，一个数量级的差别，即 10 倍，固然不小，但是相对于计算机算法最终造成的差异可以忽略不计，因为算法的优劣相差一点，最后计算机运行的时间就很容易差出千万倍。这个道理虽然书上都讲了，但是不亲身经历一两次教训是很难有深刻体会的。而我对它的体会来自大学四年级暑假的实习。

> 那一年我和几个同学到宁波的一个工厂实习，为对方开发一个财务软件。开发完成后，我们教会了工厂里的会计使用它，并且看着他用我们的软件把一个月的财务数据管理起来，一切都运行得非常好，这才放心地回北京了。一年后，对方反映软件中的对账功能变得越来越慢，我就询问了在项目中开发这个模块的同学怎么回事。一问才知道，他在编写对账程序时用了一个笨办法，以至于当数据量大 10 倍之后，对账时间比原来要多出好几十倍。最初对一次账几秒就完成了，后来就变成了半小时，工厂的会计觉得这个软件慢得难以忍受，才又找到我们。最后，我们不得不委托一位家在当地的同学帮忙去修改，一共改了十几行代码，问题就解决了。从这以后，我在计算机算法上就非常在意效率，这让我从清华大学，到约翰·霍普金斯大学，再到 Google 都非常受益。在约翰·霍普金斯大学时，正是因为将最大熵模型的算法速度提高了上百倍，我才完成了论文工作。

人其实本能地对大数没有什么概念，毕竟我们生活在一个小数的世界里。同样，我们对很快的速度也是没有概念的，因为我们生活在一个很慢的世界里。

著名物理学家乔治·伽莫夫（George Gamow）[1] 在他的科普书《从一到无穷大》中举了这样一个例子：两个原始部落的酋长比赛谁说的数字大，第一个酋长说了三，

---

[1] 宇宙大爆炸学说以及核聚变理论的提出者。

第二个酋长想了半天，然后说你赢了。我们会觉得这两个人真可笑，至少说出四，岂不就赢了？但是对这两位酋长来讲，他们所拥有的东西很少超过三个，比三个多他们就觉得没有必要数清楚，就用"许多"来形容了。也就是说，他们生活的环境限制了他们的认知。

其实今天人们直接来自环境的认知水平比过去那两个酋长好不到哪里去。2016年王健林半开玩笑地建议大家将"个人的小目标定在一个亿"，被全社会吐槽，因为即便是在今天的美国，也很少有人能用一辈子挣一亿元人民币，即 1 500 万美元左右。在美国一辈子能挣 1 500 万美元的人不到该国总人口的 1%。对大部分人来讲，一亿元人民币等于财富自由，等于无穷大。正是由于不知道一个亿是多少，才会有很多人在媒体上惊呼，"美国将 5 年投资 20 亿美元开发下一代人工智能技术"。就美国的经济体量而言，20 亿美元可谓九牛一毛。为什么这种事情也会成为新闻？因为大家数不清大数。

今天的人们对计算机的高速度也是无感的。我们有时也把计算机叫作电脑，这个形象的比喻来自蒙巴顿（Louis Mountbatten）元帅。1946 年 ENIAC 诞生后，科学家们用它进行了计算长程火炮弹道轨迹的演示——这其实是发明电子计算机的初衷，炮弹还没有落地，计算机就算出了轨迹，以至于在场观摩的蒙巴顿元帅看得目瞪口呆，说："真快啊，简直是电的脑。""电脑"一词就是这么来的。其实当时计算机每秒只能计算 5 000 次左右。到了 60 年代末阿波罗号载人登月时，主控计算机的速度比 ENIAC 快了几千倍。对此大家只是感觉快了很多，至于几千倍是怎么一个快法，其实是无感的。今天的智能手机的速度又比当年阿波罗号载人登月时的计算机快了很多，但是大家还是无感。今天如果有两台计算机，处理一件事情一台需要 1 毫秒，另一台需要 1 微秒，绝大多数人的感觉是，二者都足够快了，都比一眨眼快得多，但是后者可比前者快了 1 000 倍。如果运行一个大任务，一台可能几分钟就能完成，另一台可能需要大半天时间。

由于人们天生对计算机资源没有直观的概念，总觉得它的速度无穷大，内存用不完，因此很多人会无端浪费很多资源。即使在 Google 和微软这样的公司里，个别软件工程师因为水平不行，无意中多用掉几十倍的计算资源也是常有的事情。不过这样的人很难在行业内出人头地，五级工程师就是他们的职业天花板了。

今天，虽然计算机硬件性能的提升速度并不慢，大约是每 10 年提升 100 倍，但是在做产品的那一段特定时间里，硬件性能几乎是一个常数。这时产品性能的差异就看软件了，而它又由里面的算法决定。要衡量算法的好坏，就必须先明确算法的衡量标准以及测试的方法，这和任何其他科学的工作方法都一样。那么什么是好算法呢？很多人首先会想到"速度快"，占用内存空间小。这两个标准的大方向都没有错，关键在于用多少数据来测试算法的速度和空间，因为用不同数量的数据测试时，两种算法的相对表现可能会完全不一样。我们不妨看看以下两个场景中 A、B 两种算法的速度。

场景 1：使用 1 万个数据进行测试，算法 A 运行 1 毫秒，算法 B 则需要运行 10 毫秒。

场景 2：使用 100 万个数据进行测试，算法 A 运行 10 000 毫秒，算法 B 运行 6 000 毫秒。

那么到底哪种算法更好一些呢？如果单纯从场景 1 做判断，显然是算法 A 好，而单看场景 2，似乎算法 B 更优。按照普通人的思维，他可能会说，数据少的时候算法 A 好，数据多的时候算法 B 好，然后还津津乐道自己懂得辩证法，懂得具体问题具体分析。但计算机科学比较认死理，不搞变通，不玩辩证法，它要求我们制定一个明确的、一致的标准，不要一会儿这样，一会儿那样。那么问题就来了，我们应该怎样制定这个标准呢？

在计算机科学发展的早期，科学家们对这个问题没有明确的答案，看法也不统一。直到 1965 年尤里斯·哈特马尼斯（Juris Hartmanis）和理查德·斯特恩斯（Richard Stearns）提出了算法复杂度的概念（二人后来因此获得了图灵奖），计算机科学家才开始考虑用一种公平、一致的评判方法来对比不同算法的性能。最早将算法复杂度严格量化衡量的就是高德纳，他也因此被誉为"算法分析之父"。今天，全世界的计算机领域都以高德纳的思想为准。

高德纳的思想主要包括以下三个部分。

1. 在比较算法的快慢时，只需要考虑数据量特别大，大到近乎无穷大时的情况。为什么要比大数的情况，而不比小数的情况呢？因为计算机的发明就是为了处理大量数据的，而且数据越处理越多。比如我和同学们做砸的那个对账功能，就是没有考虑数据量会剧增。

2. 决定算法快慢的因素虽然可能有很多，但是所有的因素都可以被分为两类：第一类是不随数据量变化的因素，第二类是随数据量变化的因素。

比如说有两种算法：第一种的运算次数是 $3N^2$，其中 N 是处理的数据量；第二种则是 $100N\log N$[1]。前面的那个 3 也好，这里的 100 也罢，都是常数，和 N 的大小显然没有关系，处理 10 个、100 个、1 亿个数，都是如此。但是后面和 N 有关的部分则不同，当 N 很大时，N^2 要比 $N\log N$ 大得多。在处理几千，甚至几万个数字的时候，这两种算法差异不明显，但是高德纳认为，我们衡量算法好坏时，只需要考虑 N 近乎无穷大的情况。为什么这么考虑问题呢？因为计算机的任务是处理远远超出我们想象的规模的数据量，而我们的认知其实很难想象那样规模的数据有多少。为了说明这一点我们不妨看下面几个例子。

例题 1.1 ★☆☆☆☆

围棋有多复杂？

任何一个职业围棋选手都说不清楚围棋的棋局变化数量有多少，因为这个数量太大，以至于他们常用"千变万化"来形容，甚至干脆把它归结为棋道和文化。当 AlphaGo 颠覆了所有顶级棋手对所谓"棋文化"的理解之后，大家才承认这其实依然是一个有限的数学问题。虽然所谓"千变万化"看似无边际，但其实还是有个上限的，

---

[1] $\log N$ 表示以 2 为底数，后文同。

只是这个上限很大而已。学习过排列组合的人很容易算出来，棋盘上的每一个点最终可以是黑子、白子或者空位三种情况，而棋盘有 361 个交叉点，因此围棋的变化最多可以有 $3^{361} \approx 2 \times 10^{172}$ 种情况。这个数当然相当大，大约是 2 后面跟 172 个零，这是一个什么概念，人类其实对它无感，但是我打一个比方你就有所感受了。

整个宇宙中不过才有 $10^{79} \sim 10^{83}$ 个基本粒子 [1]。也就是说，如果把每一个基本粒子都变成一个宇宙，再把那么多宇宙中的基本粒子数一遍，数量也没有围棋棋盘上各种棋局变化的总数大。而这个在人类看来是无穷无尽的数，却是计算机要面对的。

例题 1.2 一句有 20 个单词的英语语句可以有多少种组合？ ★★★☆☆

英语的单词数在 10 万个以上，这里就算是 10 万个，20 个单词不受限制的组合数是 10^{100}。这个数就是古戈尔（Googol），也比宇宙中基本粒子的数量要多得多。如果随便一句话从理论上讲都有这么多的可能性，那么语音识别就是一个在巨大的多维空间中搜索一个点的问题。

当然，上面两个数尽管很大，但是还能描述清楚，不过葛立恒数 [2] 就大到描述不清楚了，而且它又是一个实实在在的有限的数，而不是无穷大。

由于计算机面对的常常是上述问题，因此讨论算法复杂度时，只考虑 N 趋近于无穷大时和 N 相关的那部分。我们可以把一种算法的计算量或者占用空间的大小写成 N 的一个函数 $f(N)$。这个函数的边界（上界或者下界）可以用数学上的大 O 概念来限制。根据数学上对大 O 概念的定义，如果两个函数 $f(N)$ 和 $g(N)$，在 N 趋近于无穷大时比值只是一个常数，那么它们就被看成同一个数量级的函数。而在计算机科学中相应的算法，也就被认为是具有相同的复杂度。

---

[1] 质子、中子或者电子等，当然也有人用原子来衡量，那样就是 $10^{78} \sim 10^{82}$ 个原子，不过宇宙中的大多数物质并非以原子的形式存在。

[2] 葛立恒数是由美国数学家葛立恒（Ronald Graham）提出的，它大得无法用科学记数法来表示，1980 年被吉尼斯世界纪录确认为当时数学上可以证明存在的最大的数。

3. 两种算法在复杂度上相差哪怕只有一点点，N 很大之后，效率可能就差出万亿倍了。比如用非常容易想到的选择排序或插入排序和专业人士常用的快速排序对 10 多亿个 QQ 号排一次序，计算量分别是大约 100 亿亿次和 30 亿次。对今天的大数据处理来讲，对 10 亿个 QQ 号排序并非一件大事，但是从这件事可以看出，如果选择的算法在复杂度的数量级上相差那么一点点，代码执行的效率就有天壤之别。

我常常用芝麻、西瓜、火车、大山、地球……来形容算法复杂度的数量级之差，其实复杂度的差异会更大。相比之下，算法复杂度函数中差出个不受 N 影响的常数，哪怕是千百倍，也没有什么了不得的。这就好比 1 粒芝麻和 10 粒芝麻都是芝麻数量级的东西，在西瓜面前，大家就不要比了。事实上在计算机科学领域，如果谁在论文中说自己把目前最好的算法的速度提升了一倍，这样的论文是无法发表的。

另外，如果一个算法的复杂度由一高一低的两部分 $f(N)$ 和 $g(N)$ 组成，即 $f(N)+g(N)$，后面数量级低的那部分可以直接省略，也就是说 $O(f(N)+g(N))=O(f(N))$。这在数学上显然不成立，但是在计算机算法上是被认可的。这等于说一个西瓜加上两粒芝麻还等于原来的西瓜，其目的是让计算机科学家们能够把注意力放在数量级的差异上。

要点

复杂度、数量级、大 O 的概念。

思考题 1.2

如果一个程序只运行一次，在编写它的时候，你是采用最直观但是效率较低的算法，还是依然寻找复杂度最优的算法？（★★☆☆☆）

1.3　怎样寻找最好的算法

这一节，我们用一道例题来说明好算法和坏算法的差异。

例题 1.3　总和最大区间问题　　★★★☆☆

给定一个实数序列，设计一个最有效的算法，找到一个总和最大的区间。

比如在下面的序列中：

1.5, −12.3, 3.2, −5.5, 23.2, 3.2, −1.4, −12.2, 34.2, 5.4, −7.8, 1.1, −4.9

总和最大的区间是从第 5 个数（23.2）到第 10 个数（5.4）。

这个问题我还见过另一种表述，即寻找一只股票最长的有效增长期。研究股票投资的人都想了解一只股票最长的有效增长期是哪一个时间段，即从哪天开始买进到哪天卖出的收益最大。当然，很多股票只要你持有不卖，长期来讲总是收益不断增加的。但是，如果扣除整个市场（大盘）对股票价格的影响，任何一只股票都有一个时间点，过了那个时间点，再持有它就不如买指数基金了。美国早期的道琼斯指数的成分股，今天都被淘汰出局了。也就是说，即便是那些明星公司，也有"衰老"到不值得持有的时候。如果我们把一只股票每天价格的变化，扣除当天大盘的影响，也会得到一系列正、负的实数，正表示涨幅超过大盘，负则表示不如大盘。比如上面那一组数可以认为是一只股票每天的涨跌幅（扣除大盘影响后）。当然在股市上没有人能预言未来该在哪一天抛售股票，因此这个理论上最大的收益，只是一个参考标准，它可以用来衡量交易者的绝对水平。

解决这个问题有四种可行的方法，下面根据计算复杂度从高到低的次序逐一介绍。

方法 1，做一次三重循环，其实就是中学里学的排列组合的方法。

我们假设这个序列有 K 个数，依次是 $a_1,a_2,a_3,\cdots,a_K$。假定区间起始的数字序号为 p，结束的数字序号为 q，这些数字的总和为 $S(p,q)$，则 $S(p,q)=a_p+a_{p+1}+\cdots+a_q$。

p 可以从 1 一直到 K，q 可以从 p 一直到 K，这是两重循环了，因此区间一头一尾的组合有 $O(K^2)$ 种。在每一种组合中，计算 $S(p,q)$ 平均要做 $K/4$ 次加法，这是又一重循环。因此这种算法的复杂度是 $O(K^3)$。

这种方法虽然完成了任务，但是做了太多的无用功。如果遇上通用电气（GE）

这样的百年老店，即使只考虑每天的收盘数据，也有几万个数据点，几万的三次方可是几十万亿，计算量非常大。如果你只能想出这种方法，那还没有达到五级工程师的要求，因为你还完全没有计算机科学的概念。当然，这种方法稍加改进就能快很多，于是就有了下面的方法2。

方法2，做两重循环。

方法1效率不高的原因是做了太多的无用功，比如当我们把区间的起点定在了位置 p 之后，如果已经计算了从 p 到 q 之间的数字的总和 $S(p,q)$，下次再计算从 p 到 $q+1$ 之间的数字的总和 $S(p,q+1)$ 时，只需要在原来的基础上再做一次加法，而不需要再来一次循环。当然有人可能会担心，这样是否需要占用额外的存储空间来保留所有的中间结果 $S(p,q)$。其实这种担心是不必要的，因为我们只需要记录这样三个中间值。

第一个值是从 p 开始到当前位置 q 为止的总和 $S(p,q)$，因为我们接下来计算 $S(p,q+1)$ 时要用到它。

第二个值则是从 p 开始到当前位置 q 为止所有总和中最大的那个值，我们假定为 Max。有了这个值之后，如果 $S(p,q+1) \leqslant Max$，则 Max 维持不变；如果 $S(p,q+1)>Max$，则要更新 Max，当然，我们也要记录下来 Max 是在区间 $[p,q+1]$ 取得的。

因此，第三个要记录的值就是区间结束的位置，我们不妨以 r 来表示。如果 Max 的值更新了，相应的区间结束位置也要更新为 $q+1$。

我们不妨看这样一个具体的例子。

假定区间的起始点是 $p=500$，这时 $S(500,500)=a_{500}$，$Max=a_{500}$，$r=500$。接下来，遇到了第 501 个数字，如果 $a_{501} > 0$，显然 $S(500,501) > S(500,500)$，于是记下到当前为止最大的区间总和 $Max=S(500,501)$，$r=501$；如果 $a_{501} \leqslant 0$，我们知道到当前为止最大的区间总和依然是 $Max=S(500,500)$，不需要做任何改变。再往后，遇到第 502 个数字时，我们只需算出 $S(500,502)$，如果 $S(500,502) > Max$，则更新 Max，并且记录下 $r=502$，否则维持原来的 Max 和 r，然后继续往

后扫描。

对于给定的 p，需要从头到尾试 $K-p$ 次，也就是 $O(K)$ 的复杂度。而 p 可以从 1 到 K，有 K 种可能性。二者的组合就是 $O(K^2)$。如果 K 有好几万，计算量是十几亿，而方法 1 的计算量是它的上万倍。如果你能想到这种方法，那就基本上达到了五级工程师的要求，因为你已经搞清楚哪些计算是重复计算了。

当然，$O(K^2)$ 的答案远非最优，这个问题还有复杂度更低的解法。

方法 3，利用分治（Divide-and-Conquer）算法。

关于分治算法，后面会详细介绍，这里先简单介绍一下如何在这个问题中应用分治算法。

首先，将序列一分为二，分成从 1 到 $K/2$[1]，以及从 $K/2+1$ 到 K 两个子序列。

然后，我们对这两个子序列分别求它们的总和最大区间。接下来有两种情况。

1. 前后两个子序列的总和最大区间中间没有间隔，也就是说，前一个子序列的总和最大区间是 $[p,K/2]$，后一个总和最大区间恰好是 $[K/2+1,q]$。如果两个区间各自的和均为正整数，这时，整个序列的总和最大区间就是 $[p, q]$；否则，就选取两个子序列的总和最大区间中大的一个。

2. 前后两个子序列的总和最大区间中间有间隔，我们假定这两个子序列的总和最大区间分别是 $[p_1,q_1]$ 和 $[p_2,q_2]$。这时，整个序列的总和最大区间是下面三者中最大的那一个：

（1）$[p_1,q_1]$；

（2）$[p_2,q_2]$；

（3）$[p_1,q_2]$。

至于为什么，这是本节的思考题。

上述三个区间的总和，前两个是已经计算出的，第三个其实是对从 q_1+1 到 p_2-1

---

[1] 如果 K 是奇数，在计算机中计算出的 $K/2$ 其实是 $(K-1)/2$。

之间的数字求和，复杂度为 $O(K)$。有了上面三个值，挑出最大的一个即可。

至于每个子序列的总和最大区间如何求，可以用到我们后面讲的递归算法，具体的细节我们先省略过去，大家可以存疑，有计算机科学基础的读者朋友可以自己思考。这里我们把结论先告诉大家，这种算法的耗时为 $O(K\log K)$。对于几万个数据的序列，计算量为百万级，这比方法 2 的十几亿又小了不少（是方法 2 的千分之几）。如果你能够想出这种方法，那在计算机科学的理论上就具备了成为四级工程师的条件，因为你已经掌握了计算机科学的一个精髓——分治算法。当然，一个工程师合格与否要看这个人能否做出实际的产品。也就是说，除了理解算法，他还需要在实际工作中历练。不过上述方法依然不是最好的。

方法 4，正、反两遍扫描的方法。

这种方法也是在方法 2 基础上的改进。在方法 2 中，我们是先设定区间的左边界 p，在此条件下确定总和最大区间的右边界 q。然后再改变左边界，测试所有的可能性。但实际上，这种方法在无形中已经找到了总和最大区间的右边界。我们从这个想法出发，来寻找一下线性复杂度，即 $O(K)$ 的算法，步骤如下。

步骤 1，先在序列中扫描找到第一个大于零的数，假定这个数不存在（即所有的数字非零即负），那么整个序列中最大的那个数就是所要找的区间。这时算法的复杂度是 $O(K)$。因此，我们可以不失一般性地假设第一个数字是正数，如果这个数小于或等于零，则从序列头部删除，如此反复，最终删除序列头部连续排列的负数或零。

步骤 2，我们用类似于方法 2 中的做法，先把左边界固定在第一个数，然后让 $q=2,3,\cdots,K$，计算 $S(1,q)$，以及到目前为止的最大值 $Maxf$ 和达到最大值的右边界 r。

步骤 3，如果对于所有的 q，都有 $S(1,q) \geqslant 0$，或者存在某个 q_0，当 $q > q_0$，上述条件满足，这个情况比较简单。当扫描到最后，即 $q=K$ 时，所保留的那个 $Maxf$ 所对应的 r 就是我们要找的区间的右边界。为什么呢？因为从第 $r+1$ 个数往后加，无论怎么加，都是负数（或者零），所以右边界不可能往后延长了。为了便于大家理解，我们使用例题 1.3 中的数据，从前往后一步步累加计算一遍，计算结果放在了表 1.1 中。从算得的结果可知 $Maxf$=39.3，相应的 r=10。在相应的图 1.2 中，就是前向累计之和曲线上用圆圈表示的位置。

表 1.1　序列中的元素、前向累计之和和后向累计之和

序号	1	2	3	4	5	6	7	8	9	10	11	12	13
元素	1.5	−12.3	3.2	−5.5	23.2	3.2	−1.4	−12.2	34.2	5.4	−7.8	1.1	−4.9
前向累计	1.5	−10.8	−7.6	−13.1	10.1	13.3	11.9	−0.3	33.9	39.3	31.5	32.6	27.7
后向累计	27.7	26.2	38.5	35.3	40.8	17.6	14.4	15.8	28	−6.2	−11.6	−3.8	−4.9

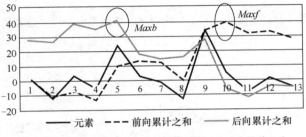

图 1.2　序列中元素的值、前向累计之和以及后向累计之和

这时候，我们还不知道左边界在哪里。其实只要把这个问题倒过来看就可以了。我们从后往前计算后向累计之和，结果见表 1.1 的第四行。用同样的方法，我们可以计算出后向累计的最大值（$Maxb$=40.8），以及达到这个数值的位置（l=5），它就是左边界，如图 1.2 所示。这样整个总和最大的区间就是 $[l,r]$ =[5, 10]。

如果一个工程师能够想出这种方法，就具有成为三级工程师的潜力了，因为他能完全理解在解决问题时哪些计算是必需的、不能省略的，哪些则是多余的。所谓提高一台计算机软硬件的效率，就是将多余的计算全部挑出来省掉。

在这个问题中，如果 $S(1,q)$ 在某个地方小于零，然后就一直小于零，这件事情就变得比较麻烦了。比如我们将上面的那组数据改动两个，如表 1.2 所示，这时如果我们直接采用前面步骤 3 的方法就会出现问题。

表 1.2　改动后的元素、前向累计之和和后向累计之和

序号	1	2	3	4	5	6	7	8	9	10	11	12	13
元素	1.5	−12.3	3.2	−5.5	23.2	3.2	−1.4	−62.2	44.2	5.4	−7.8	1.1	−4.9
前向累计	1.5	−10.8	−7.6	−13.1	10.1	13.3	11.9	−50.3	−6.1	−0.7	−8.5	−7.4	−12.3
后向累计	−12.3	−13.8	−1.5	−4.7	0.8	−22.4	−25.6	−24.2	38	−6.2	−11.6	−3.8	−4.9

从表 1.2 中可以看出，从前往后累加最大值出现在 r=6 的位置，而反过来从后往前累加，最大值出现在 l=9 的位置。右边界反而在左边界的左边，上述算法显然要出错。造成这个问题的原因是从一开始累加的总和在遇到第八个元素时下跌到零以下，然后一直在零以下。这样一来，原本区间 [9, 10] 的元素之和为 49.6，它应该是总和最大区间，但是在累加了前八个元素之后和依然小于零，因此我们找不到，如图 1.3 所示。

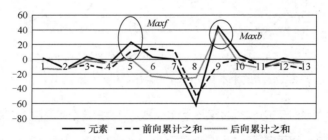

图 1.3　前向累计之和在某个位置之后就一直小于零的情况，其峰值在后向累计之和峰值之前

为了解决这个问题，我们需要对步骤 2 和步骤 3 稍作改进。

步骤 2′，我们先把左边界固定在第一个大于零的位置，假设为 p，然后让 $q=p,p+1,\cdots,K$，计算 $S(p,q)$，以及到目前为止的最大值 Max 和达到最大值的右边界 r。如果我们算到某一步时，发现 $S(p,q)<0$，这时，我们需要从位置 q 开始，反向计算 $Maxb$，并且可以确定从第 1 个数到第 q 个数之间和最大的区间，我们假定它为 $[l_1,r_1]$，这个区间的和为 Max_1。

特别值得指出的是，l_1 其实等于 p。为什么呢？如果 $l_1 \neq p$，根据我们对这种情

况的假设，$S(p,l_1-1) \geq 0$，于是就有 $S(p,r_1)=S(p,l_1-1)+S(l_1,r_1) \geq S(l_1,r_1)=Max_1$，这就与 $[l_1,r_1]$ 是到 q 为止和最大的区间相矛盾了。

步骤 3'，我们从 $q+1$ 开始往后扫描，重复上述过程。先是找到第一个大于 0 的元素，从那里开始做累加操作，可能在遇到某个 q' 时，又出现 $S(q+1,q')<0$ 的情况了，这时我们得到第二个局部和最大区间 $[l_2,r_2]$，相应的区间之和为 Max_2。

现在，我们需要确定，从头开始到 q' 时和最大的区间。我们只需要比较一下 Max_1、Max_2 和 $Max_1+Max_2+S(r_1+1,l_2-1)$［也就是 $S(l_1,r_2)$］这三个数值，最大的区间和必然在这三者之间。

我们先否定掉 $S(l_1,r_2)$ 的可能性。

由于 $S(q+1,r_2)=S(q+1,l_2-1)+S(l_2,r_2)<S(l_2,r_2)$，故

$$S(q+1,l_2-1)<0 \tag{1.1}$$

也就是说从第一次累加结束，到第二个局部和最大区间开始之前，中间所有的元素之和小于 0。同时，由于

$$S(l_1,r_1)+S(r_1+1,q)=S(p,r_1)+S(r_1+1,q)=S(p,q)<0 \tag{1.2}$$

综合不等式（1.1）和不等式（1.2），我们就得到

$$Max_1+S(r_1+1,l_2-1)=S(l_1,r_1)+S(r_1+1,q)+S(q+1,l_2-1)<0 \tag{1.3}$$

也就是说

$$S(l_1,r_2)=Max_1+Max_2+S(r_1+1,l_2-1)<Max_2 \tag{1.4}$$

这样一来，从序列头开始到 q' 时和最大的区间要么是 $[l_1,r_1]$，要么是 $[l_2,r_2]$，不可能在这两段之间，我们只要将二者之中更大的区间保留到中间变量 Max 和 $[l,r]$ 中即可。

步骤 4，采用与步骤 3' 同样的方法，不断往后扫描整个序列，得到一个个局部和最大的区间 $[l_i,r_i]$ 和相应的部分和 Max_i，然后比较 Max_i 和 Max，决定是否更新 Max。

最后，这样得到的局部和最大区间 $[l,r]$，就是整个序列的总和最大区间。

为了让大家对简单情况和复杂情况有更直观的印象，下面再用两个极端一点的例子来说明。

在图 1.4 中，第一个序列 [见图 1.4 (a)] 从前往后的累计之和虽然是上下波动的，但是总大于 0，因此我们从头扫到尾就能确定总和最大区间的右边界。在第二个序列中 [见图 1.4 (b)]，中间有一次或者若干次累计之和跌到了零以下，这实际上把整个序列分成了几段，每一段（子序列）都符合简单的情况。我们只需要对比一下每一段的总和最大区间就可以了。那么为什么整个序列的总和最大区间不会跨在两个子序列之间呢？因为当每一次累计总和跌到零以下时，说明在两个局部总和最大区间之间的元素加进来只会让总和变小，而不是变大。

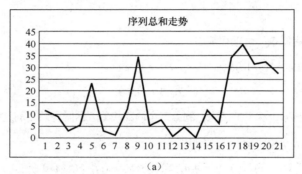

(a)

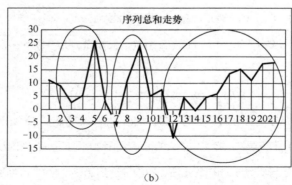

(b)

图 1.4　序列在累计求和时出现的简单情况和复杂情况的对比

无论是简单的情况还是复杂的情况，这个算法只需要扫描整个序列两遍（从头到尾，再从尾到头），因此它的复杂度只有 $O(K)$。对于几万个数字，它的计算量只有几万次而已，比方法 3 又快了几十倍。

从方法 1 到方法 4，我们将一个问题的计算量从几十万亿降低到几万。在计算机科学中有时没有标准答案或者最佳答案，却有好的方法和平庸的方法之分。虽然它们有些时候看似差不太多，但是在计算机上运行的效率差距常常是巨大的，大到很多个数量级。由此可见，从业者在水平上微小的差异，会导致他们采用不同的方法做事情，而结果就有天壤之别了。这就是为什么一级工程师的贡献会是二级工程师的 10 倍。因此，如果你想在计算机行业中往上走，要不断提升自己才有出路。

这道例题是 AB、MS 等公司的面试题。我把所有被问到这个问题的面试者的情况做一个简单的总结，大家拿自己的情况做一个对比，可以大致评估自己的水平。

大约 30% 的面试者只想出了方法 1，如果面试 AB 公司，这个问题会得到 0 分。

大约 40% 的面试者能想出方法 2，按照 AB 公司的标准（按 4 分制），可以得到 2 分。2 分是不及格。

15% ~ 20% 的面试者能想出方法 3，或者复杂度为 $O(M\log N)$ 的类似方法，可以得 3 分左右。在 AB 公司，如果其他问题的表现也是 3 分，可能依然无法通过面试。如果只有一两个面试官给 3 分，其他面试官打分在 3 分以上，大致可以通过面试。

大约 10% 的面试者能够想出线性复杂度的解法，而其中大约有一半的面试者能够想出复杂情况的算法，另一半只能想清楚简单情况。不过，即便只能想清楚简单情况，能够将算法表述清楚，也可以得 3.3 ~ 3.5 分。如果面试者在所有面试官那里都得了这个成绩，就直接被录用了。当然，能够把这个问题的复杂情况想清楚的人，具有其他人所不具备的两个长处：首先，他考虑问题很周全，当好科学家有时可以靠聪明和灵感，但是当好工程师，还需要考虑问题周全；其次，他有一个非常清晰的头脑，能够把复杂的问题想清楚。这样的人具有成为 2.5 级工程师的潜力。当然，能否走到那一步，还需要很多其他条件。

我一直觉得这个问题对学习计算机的人来讲是一个很好的练习题。它不仅可以帮助大家理解不同算法在复杂度上的差异，而且可以让大家不断深入思考和寻找更好的答案并且想清楚各种细节。很多人靠刷题学习计算机算法的原理，这种办法只对解决那些有明确而简单答案的问题有效。真正能够将计算机算法灵活应用的人，都需要领悟计算机科学的精妙之处，而这道例题则能够帮助大家领悟计算机科学的精髓。

在计算机科学领域，一位从业者从能够解决问题，上升到能找到最佳解决方案，需要培养对计算机科学的感觉。对于这个问题，有经验的从业者一开始就能够大致判断出它一定有优于平方复杂度 [即 $O(N^2)$] 的解法。这样，他们才会直接朝这个方向努力。这样的感觉如何建立呢？就这个问题，下面分享三点个人体会。

首先是对一个问题边界的认识。在这道例题中，我们知道至少要扫描整个序列一次，因此最优解法的下界不可能低于线性复杂度。

其次，在计算机科学中，优化算法最常用的方法就是检查一种算法是否在做大量无用功。在上述问题中，$O(N^2)$ 复杂度的算法会把每一个元素扫描 N 次，并且做 N 次加法，这显然是无用功，比如加第 i 个元素，加多少次结果都是同样的。而线性复杂度的算法，确定区间的一个边界只需要对每一个元素做一次加法，这就省去了无用功。

最后，我们需要逆向思维。在这个问题中，如果我们已知总和最大区间的左边界，只需要寻找右边界，很容易通过一次扫描完成。事实上，在面试 AB 公司的人中，一多半人能够做到这一点。绝大部分人卡壳是卡在不知道该如何确定总和最大区间的左边界。这个问题其实我们只要把给定的序列倒过来，从后往前看，就迎刃而解了。

关于逆向思维，我们在后面还会多次讲到，因为它对于计算机行业的从业者非常重要。人通常是喜欢从前到后顺着想问题，不喜欢反过来从后往前思考；喜欢做加法、做乘法，而不喜欢做减法、做除法；喜欢从小到大看、从下往上归纳，而不喜欢从大往小看、从上往下演绎。有些很简单的问题，正向思维难以找到答案，而逆向思维却马上迎刃而解。人的思维很多时候和计算机科学应有的思维是矛盾的，要成为一流的计算机科学家或工程师，需要有意识地改变自己的思维方式，突破常规。

要点

分治算法、递归、少做无用功、逆向思维、复杂度巨大的差异。

思考题 1.3

Q1. 将例题 1.3 的线性复杂度算法写成伪代码。（★★☆☆☆）

Q2. 在一个数组中寻找一个区间，使得区间内的数字之和等于某个事先给定的数字。

（AB、FB、LK 等公司的面试题，后面会解答。★★★☆☆）

Q3. 在一个二维矩阵中，寻找一个矩形的区域，使其中的数字之和达到最大值。

（例题 1.3 的变种，硅谷公司真实的面试题。★★★★☆）

1.4 关于排序的讨论

排序算法在计算机算法中占有重要的位置。在历史上，它们也曾经是人们研究最多的一类算法；而今天，虽然人们觉得大部分算法问题已经解决，但是它们依然是最基础的、在程序中使用频率最高的算法之一。当然在工业界，依然有人试图针对特定问题，特别是大量数据的排序问题，不断改进算法。对于学习计算机科学的人来讲，排序算法是打开计算机科学之门的一把钥匙。因此，这一节我们就讨论一些和排序算法相关的问题。通过这些问题，我们可以看出一些让计算机少做无用功的门道。

根据时间复杂度，排序算法大致可以分为两类，即复杂度为 $O(N^2)$ 的算法，以及复杂度为 $O(N\log N)$ 的算法。前者大多比较直观，而且不需要太多的计算机科学知识就能想到；后者执行的效率自然高，但是通常也就不那么直观了，因为要找出并移除那些做无用功的步骤。要理解它们，关键是要掌握两个计算机科学的精髓——递归和分治，而这两者与我们日常的经验略有不同，因此不少人跨不过直觉这道坎，理解计算机算法就非常费脑筋。其实，只要换一种思维方式，在考虑计算机问题时用计算思维，那些算法很容易理解。

先说说几种常见的复杂度为 $O(N^2)$ 的排序算法，我们会重点分析这类算法的时间浪费在哪里了。拥有了找出无用功的能力，你就能做成他人做不到的事情。不失一般性，我们在这本书中都假设做从小到大的排序，除非在某些场合要做相反的排序，那时我们会特别说明。

1.4.1　直观的排序算法时间到底浪费在哪里

假定序列有 N 个元素，存于一个数组 $a[N]$ 中。

我们要讲的第一种排序算法是选择排序（Selection Sort），它每一次从序列中挑出一个最大值，放在序列的最后，这样重复多次扫描序列后，整个序列就排序完毕，具体做法如下。

步骤 1，从头到尾（即 $i=1 \sim N$）比较相邻的两个元素 $a[i]$ 和 $a[i+1]$。如果 $a[i] \leqslant a[i+1]$，不做任何处理；反之，将 $a[i]$ 和 $a[i+1]$ 元素值互换，也就是说，小的放前面，大的放后面。这样一个一个互换，到了数组的末尾时，最后一个一定是最大的。这个元素就如同水中的气泡一样，不断上升，直到冒出头。这一遍从头到尾的扫描，进行了 $N-1$ 次的比较和少于 $N-1$ 次的互换。

步骤 2，我们再从头到倒数第二个元素，即第 $N-1$ 个元素，重复上述过程。每一次扫描，会从剩余的元素中找到其中最大的。当我们完成第 K 次扫描时，最后 K 个元素已经排好序了。因此，对于有 N 个元素的数组，我们只需要扫描 N 次，每一次比之前少一个元素。

这样整个算法的复杂度就是 $(N-1)+(N-2)+(N-3)+\cdots+1 = \dfrac{N(N-1)}{2} = O(N^2)$。

选择排序给人的直观感觉是非常笨，我们甚至可以讲它是"最坏"的排序算法。因为在 N 个元素中选出最大的（或者最小的）至多进行 $O(N)$ 次操作，而整个数组最多这样操作 N 次，也必然排好序了。因此 $O(N^2)$ 是排序算法的上界了。那么接下来的问题是如何改进排序算法。

很多人直观的感觉是，"如果让我来排序，不需要做那么多无用的工作，我直接将小的数字插入数组的前面，大的插入后面，因此扫描完一遍数组，就应该能够排好序了。这就好比打扑克牌时的抓牌过程，一边抓牌，一边将新抓起的牌插入相应的位置。排序的次数和抓牌的次数相同"。这种直觉其实正好对应于一种计算机的排序算法，即我们要介绍的第二种排序算法——插入排序（Insert Sort）。

插入排序的过程和抓牌、插牌很相似。对于未排序数组，我们不断从后向前扫描，这就相当于从后向前摸牌，对于每一个拿到手上的元素，我们找到相应的位置插入。最后所有的元素扫描一遍，全部插入相应的位置，也就实现了排序。这种算法看上去只扫描了一遍数据，但是复杂度依然是 $O(N^2)$，完全没有降下来。为什么会是这个结果呢？我们不妨看看一个规范化后的插入排序过程。

首先，我们把最后一个元素 $a[N]$ 拿出来，和第一个元素 $a[1]$ 比较，比 $a[1]$ 小就放在 $a[1]$ 的前面，比 $a[1]$ 大就放在 $a[1]$ 的后面，成为数组中的第二个元素。这时，这两个元素排好了序。不过，上述操作在完成之前需要做一个准备工作，就是在 $a[1]$ 之前，或者 $a[1]$ 和 $a[2]$ 之间给新插进来的元素 $a[N]$ 留一个空位。摸扑克牌、插扑克牌没有这个问题，直接把牌插入即可，但是数组中的元素是一个连着一个存放的，中间没有空位。因此，要给新来的元素腾地方，就要把所有的元素往后挪。于是，这样一来插入一个元素的操作就不是一次了，而是 $O(N)$ 次。

接下来插入第二个元素，也就是元素 $a[N-1]$。我们知道经过上一步之后，前两个元素已经排好序了，于是我们就用 $a[N-1]$ 和排好序后的两个元素做对比，找到它的位置（有三种可能性，要么在最前面，要么在两个元素之间，要么在两个元素之后），然后再将自 $a[3]$ 往后所有的元素向后平移一个位置，腾出地方插入 $a[N-1]$。这个步骤还是 $O(N)$ 次操作。此后，我们不断重复上述过程，每一次可以排好一个数，直到整个序列都变得有序。很显然，这个算法的复杂度就是 $O(N^2)$，不比选择排序更好。虽然在上述过程中，找到插入的位置可以采用二分查找，在 $\log N$ 的时间内完成，但是挪动元素的时间省不了，最糟糕的情况是插入一个元素，要挪动 $N-1$ 个元素。关于二分查找，我们后面会讲，这里大家只要记住它在一个排好序的序列中找到一个数,只需要 $\log N$ 次即可。

上述这两种排序算法的问题是做了很多次无谓的比较和数据的移动(选择排序中位置的互换也是一种数据移动)。我们不妨以选择排序为例,看看哪些操作是在做无用功。

首先,选择排序将所有的数字都两两比较了一次,这其实没有必要,因为如果已经比较出 $X<Y$、$Y<Z$,就没有必要再比较 X 和 Z 了。

其次,选择排序做了很多无谓的位置互换。举一个极端的例子,如果数组 a 已经逆序排好了,也就是说 $a[1]$ 最大,$a[2]$ 次之,$a[N]$ 最小,$a[1]$ 和 $a[2]$ 的有效移动都应该是往后移。但是,第一遍扫描时,先将 $a[2]$ 往前移到了第一个位置,这是个无用功。在一个序列一开始次序是完全随机的状态下,排序时这种无用的位置互换非常多。

我们介绍选择排序和插入排序这两种低效率的排序算法,绝不是让大家在任何程序中都使用它们,它们在今天其实毫无意义。分析这两种算法,只是为了说明效率不高的算法的主要问题是存在大量的甚至重复的无用功,而提高算法效率,就需要分析哪些计算是不可或缺的、哪些是无用功。

1.4.2 有效的排序算法效率来自哪里

接下来,我们就来看看如何改进排序算法。今天常用的排序算法有三种,它们分别是归并排序(Merge Sort)、快速排序(Quick Sort)和堆排序(Heap Sort)。这三种算法的共同特点是平均时间复杂度均为 $O(N\log N)$。

我们先来看看归并排序,这个算法的发明人是大名鼎鼎的冯·诺依曼,时间是在 1945 年,而当时还没有电子计算机。归并排序是分治算法和递归的典型应用。要理解归并排序算法,我们就需要摆脱常人的思维方式,倒过来想问题。

首先我们假设序列 $a[1\cdots N]$ 前后两部分都是排好序的,它们分别存在于 B 和 C 两个子序列中,每个子序列都有 $N/2$ 个元素,也就是说 $b[1],b[2],\cdots,b[N/2]$ 和 $c[1],c[2],\cdots,c[N/2]$ 都是有序的,但是这两个子序列无法直接比较。于是,我们就采用一步归并操作，把这两个有序的子序列合并起来。具体方法如下。

如果 $b[1]<c[1]$，就把 $b[1]$ 送回 A 序列中，即 $a[1]=b[1]$，否则就让 $a[1]=c[1]$，这样就确定了最小的元素。那么第二小的元素应该是哪一个呢？我们不失一般性地假定一开始 $a[1]=b[1]$，这时第二小的元素必定是 $b[2]$ 和 $c[1]$ 中的一个，我们只要做一次对比，将小的一个送到 A 序列中，即 $a[2]=min(b[2],c[1])$，其中函数 $min()$ 表示二者中较小的一个。如果被送进 A 序列的元素来自 B 序列，我们下一次就要比较 $b[3]$ 和 $c[1]$ 谁小了，否则就比较 $b[2]$ 和 $c[2]$ 谁小。

假定对于 A、B、C 这三个序列各有三个指针 p、q 和 r，分别指向各自序列当前元素的位置，比如我们最近一次确定的是 A 序列中第 p 个元素的值 $a[p]$，B、C 子序列被拿走一些值之后，剩下的元素则是从 q 和 r 开始的。在这种状态下，下一步要确定 $a[p+1]$，它必定来自 $b[q]$ 或者 $c[r]$。也就是说，要让 $a[p+1]=min(b[q],c[r])$。不失一般性，假定 $b[q]$ 小，于是下一次就把指针 q 向下挪一个位置，变成 $q+1$，当然，指针 p 也要随后往下挪一个位置。这个过程如图 1.5（a）所示。

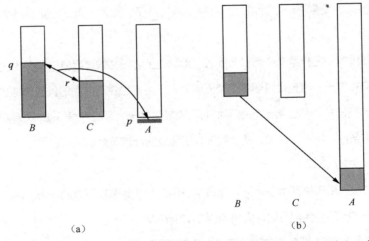

（a）　　　　　　　　　　　　　　（b）

图 1.5　归并排序的合并过程：（a）两个序列当前最小的值相比较，更小的一个加入合并后的序列中；（b）当一个序列被合并完，另一个序列的剩余部分直接加入合并后的序列中

经过这样两两元素的比较，一步步地就将 B 或者 C 子序列中某一个子序列的元

素都放进了 A 序列中，我们假定 C 子序列的元素先放完了，B 子序列里面还剩一点。显而易见的是，B 子序列中所剩的元素已经排好了序，而且都比已经放到 A 序列中的元素大，于是我们直接将它们放到 A 序列的末尾即可，如图 1.5（b）所示。这样，我们便将两个排好序的子序列合并成一个大的序列。在这个过程中，最多会进行 N 次的比较，移动 N 个数字，时间复杂度为 $O(N)$。

接下来就又产生了一个新的问题：B 和 C 这两个子序列是怎样完成排序的？答案非常有趣——重复上述过程，也就是我们只要先假定 B 子序列的前一半和后一半都分别排好了序，C 子序列也是如此。这种做法让我想起了世界各国都给孩子讲的一个古老的故事：

从前有座山，山里有个庙，庙里有个老和尚在给小和尚讲故事，讲的是什么呢？

从前有座山，山里有个庙，庙里有个老和尚在给小和尚讲故事……

上面所描述的算法就是这样一种思路，这在计算机科学上被称为递归。关于递归后面会专门讲，但是在这里我要强调一下递归和那个古老的故事之间不同的地方，即上面的故事会永远循环下去，而递归有一个结束的条件。具体到归并排序，当最后的子序列中只剩下一个元素时，它就不用排序了，然后一层层递进就将整个问题解决了。

归并排序中还有第二个问题要回答，那就是上述归并的过程要进行多少次。

我们知道当子序列中只剩下一个元素时，上述逐级往下递归的过程就结束了，而每一次递归循环，都会将当前序列中的元素数量减半，那么只要 $\log N$ 次递归，就遇到了结束条件。每一次递归，从上到下，所需要的计算量分析如下。

第一次，$O(N)$。

第二次，由于有两个子序列，而每个子序列的计算量是原来的一半，因此总计算量和第一次相同，我们可以认为是 $O(N/2 \times 2) = O(N)$。

第三次，有了四个子序列，每一个子序列的计算量是原始序列的 1/4，因此总计算量和第一次相同。

最后，到了第 $K = \log N$ 次，有了 N 个子序列，每一个子序列的计算量是原始序列的 1/N，总计算量依然等于第一次的 $O(N)$。

这也就是说，整个归并排序的计算复杂度是 $O(N\log N)$。我们在前面用实例说明了，$O(N\log N)$ 和 $O(N^2)$ 复杂度的差异是巨大的。这就是说归并排序的计算量比直观的排序算法都少了很多，或者说省去了大量重复的计算。那么归并排序为什么能把不必要的计算去掉呢？我们还是回过来看看归并的第一步，即将 B 和 C 这两个子序列合并为 A 序列的过程。

在那个合并的过程中，获得当前最小的元素只需要让两个可能的最小元素进行一次比较，因为我们利用了 $X<Y$、$Y<Z$，则一定有 $X<Z$ 这样的逻辑。而在选择排序中，则需要让一个元素和几乎所有的元素比较，即便那些比较是显而易见不用进行的。这便是归并排序省时间的根本原因。从这个例子可以看出，寻找更优化的算法的精髓就在于少做无用功。

归并排序中将序列两两合并的做法，即归并排序算法，在计算机领域以及很多其他领域还有更广泛的应用，这一点我们后面还会讲到。

当然，归并排序有一个问题，就是它需要使用额外的存储空间保留中间结果，因为当我们把 B 和 C 这两个子序列合并为 A 序列时，需要额外的 $O(N)$ 大小的存储空间。当然，在对 B、C 子序列进行归并排序时不需要有这种担心，因为在整个计算过程中只需要保留一份完整的数据即可，A 序列的空间可以拿来做存储。也就是说每一次归并，归并前的数据使用一组 $O(N)$ 大小的存储空间，归并后的数据使用同样大小的另一组空间，两组存储空间来回替换使用。

在计算机科学中很难有绝对的最好，因为衡量好的标准有很多维度，归并排序算法在使用空间的维度上就不算太经济，因此也就会有人试图寻找一种计算时间复杂度是 $O(N\log N)$，同时又不占用额外空间的排序算法。于是在 1964 年，加拿大计算机科学家约翰·威廉斯（John W. J. Williams）就提出了堆排序算法。这种算法满足我们前面说的两个要求，即 $O(N\log N)$ 的时间复杂度，以及不占用额外的空间。后一种特性又被称为就地特征（in place characteristic）。

在找到时间复杂度为 $O(M\log N)$ 的排序算法后，照说在数量级上不可能再有更好的排序算法了（这一点我们会在本章的附录里证明），但是毕竟相同数量级的算法仍可能有常数倍的差异。因此虽然在算法复杂度上寻找同数量级算法是一件没有意义的事情，但是如果在工程上能保证某个算法的实际运行时间总是比其他算法少一些还是有人愿意研究的。在这样的指导思想下，英国计算机科学家托尼·霍尔（Tony Hoare）发明了一种比归并排序算法和（后来的）堆排序算法快两三倍的算法，他称之为快速排序算法。此外，快速排序算法只需要 $O(\log N)$ 的额外空间，虽然这让它不满足就地特征的要求，但是这个空间需求足够小，小到可以忽略。

关于堆排序和快速排序，我们后面会讲到，这里只介绍它们和其他排序算法相比所具有的特点。

快速排序和堆排序看似都比归并排序完美，但是它们还是存在自己的问题。在排序中，我们有时还期望一种算法满足所谓稳定性要求，也就是说，两个相同的元素在排序前后相对位置维持原有的次序。比如说，在排序前第 35 个元素和第 44 个元素的值都是 150，那么排序后我们还希望原先的第 35 个元素仍在第 44 个元素之前。这样的性质会给具有多列数值的表格在排序时带来方便。比如说布朗（Brown）和弗朗兹（Franz）体重都是 150 斤（1 斤 = 0.5 千克），我们要把所有的人根据体重排序，相同体重的人，根据姓名字母顺序排序，因此布朗在弗朗兹前面。一个简单的做法就是先按照姓名排序，之后再按照体重排序。第一次排序后，布朗就在弗朗兹之前了，在第二次排序后，体重 149 斤或者更轻的都在他们前面，151 斤或者更重的都在他们后面，而他们两人则维持原先的排序。但是，这件事能够做到的前提是，第二次按照体重排序时，要保证布朗和弗朗兹的相对位置不变，如果他们因为同是 150 斤，位置随机改变了，那么这件事就做不成了。因此维持稳定性，也是排序算法所要考虑的一个重要因素，否则那些算法在很多场合就不适用。非常遗憾的是，不同于归并排序算法，快速排序和堆排序本身不具有稳定性，因此保留归并排序有时还是有意义的。

此外，快速排序还有一个明显的缺点，那就是虽然它的平均时间复杂度是 $O(M\log N)$，但是在极端的情况下时间复杂度是 $O(N^2)$。虽然后来不少计算机科学家通过改进让它的最坏时间复杂度也能达到 $O(M\log N)$，但是效率就有所下降。可见，在计算机领域，任何改进其实都是有代价的。

在这一节的最后，我们对比一下上述三种时间复杂度为 $O(M\log N)$ 的排序算法，如表 1.3 所示。

表 1.3　常见的几种高效排序算法的对比

算法	平均时间复杂度	最坏时间复杂度	额外空间复杂度	稳定性
归并排序	$O(N\log N)$	$O(N\log N)$	$O(N)$	✔
堆排序	$O(N\log N)$	$O(N\log N)$	$O(1)$	X
快速排序	$O(N\log N)$	$O(N^2)$	$O(\log N)$	X

从表 1.3 的对比中，我们可以看出这三种排序算法各有千秋，这里体现出在计算机科学领域做事的两个原则：首先，要尽可能地避免那些做了大量无用功的算法，比如选择排序和插入排序，一旦不小心采用了那样的算法，带来的危害有时是灾难性的；其次，接近理论最佳值的算法可能有很多种，除了单纯考量计算时间外，可能还有很多考量的维度，因此有时不存在一种算法就比另一种绝对好的情况，只是在设定的边界条件下，某些算法比其他的更适合罢了。

1.4.3　针对特殊情况，我们是否还有更好的答案

归并排序、堆排序和快速排序被使用了大半个世纪，至今人们仍在使用。应该讲它们反映出计算机科学家们对排序这个问题的深入理解，也满足了今天大部分情况下应用的要求。但是上述三种排序算法都不圆满也是事实，特别是使用最多的快速排序，由于不能满足稳定性的要求，在处理多列表格时就比较麻烦。比如在实现 Excel 表格的排序时就不能使用它。因此，科学家们依然在考虑在某个特定的应用中寻找一些更好的排序算法，当然使用一种排序算法可能难以兼顾前面讲到的各个维度的多种需求。因此，今天人们对排序算法的改进大多是结合几种排序算法的思想，形成混合排序算法（Hybrid Sorting Algorithm），比如：将快速排序和堆排序结合起来的内省排

序（Introspective Sort，简称 Introsort），它成为如今大多数标准函数库（STL）中的排序函数使用的算法；还有接下来要介绍的蒂姆排序（Timsort），它是今天 Java 和安卓（Android）操作系统内部使用的排序算法。

蒂姆排序这个名字来源于该算法的发明人蒂姆·彼得斯（Tim Peters）。他在 2002 年发明了一种将两种排序算法的特点相结合（插入排序节省内存、归并排序节省时间），最坏时间复杂度控制在 $O(M\log N)$ 量级，同时还能够保证排序稳定性这样一举三得的混合排序算法。蒂姆排序最初是在 Python 程序语言中实现的，今天它依然是这种程序语言默认的排序算法。

蒂姆排序可以被看成是以块（它在算法中被称为 run）为单位的归并排序，而这些块内部的元素是排好序的（无论是从小到大，还是从大到小排序均可）。我们回顾一下前面的例题 1.3，任何一个随机序列内部通常都有很多递增（从小到大）的子序列或者递减（从大到小）的子序列，比如表 1.4 所示的一个数组。

表 1.4　数组

序号	1	2	3	4	5	6	7	8	9	10	11	12	13	14	15	16	17	18	19	20	21
元素	12	9	3	6	7	14	−6	13	24	7	6	−9	5	0	5	6	14	16	12	18	18

相邻两个数总是一大一小交替出现的情况并不多，如果我们将表 1.4 用图的方式表示，如图 1.6 所示，就会发现这个数组中的元素总是连续几个数值下降，然后连续几个上升。

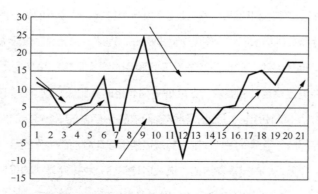

图 1.6　随机序列内部可能含有多个递增或者递减的子序列

蒂姆排序就是利用了数据的这个特性来减少排序中的比较和数据移动的，它的大致思想如下。

步骤 1，找出序列中各个递增和递减的子序列。如果这样的子序列太短，小于一个预先设定的常数（通常是 32 或者 64），则用简单的插入排序将它们整理为有序的子序列（也称块，run）。在寻找插入位置时，该算法采用了二分查找。随后将这些有序子序列一个一个放入一个临时的存储空间（堆栈）中，如图 1.7 所示。关于堆栈这种数据结构，我们后面会再讲到，这里大家把它理解为额外的临时存储空间即可。在图 1.7 中，X、Y、Z、W 都是块，显示的长度可以理解为它们各自的长度。

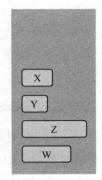

图 1.7　将一个序列变成块后放到一个堆栈中

步骤 2，按照规则合并这些块。合并的过程是先合并两个最短的，而不是一长一短地合并，可以证明这样效率会高些。合并的方法从原理上讲和归并排序中两个子序列的合并是相同的，但是为了提高效率，算法中所说的块，其实都可以通过批处理的方式进行归并，而不需要一个个地进行。例如图 1.8 所展示的两个子序列在合并时，可以直接将 X 序列中的前四个数（7，9，13，16）一次加到 Y 序列的 3 之后；类似的，可以把 Y 序列中的三个数（33，36，37）直接归并到 X 序列的 19 之后。这样成组归并的数字在图中用 [ ] 表示。当然，能够成批归并的前提是知道这些组的边界。比如当 Y 序列中的 3 首先进入归并后的序列之后，接下来不仅要比较 X 中的 7 和 Y 中的 17，而且需要知道在 X 序列中大于 17 的数字的位置（第五个，19）。如果一个个顺序扫描，就和传统的归并排序算法没有区别了。蒂姆排序中采用的是一种跳跃式（galloping）预测的方式，至于具体怎么跳跃，有兴趣的读者可以参看参考资料[1]。

---

[1]　https://github.com/python/cpython/blob/master/Objects/listsort.txt。

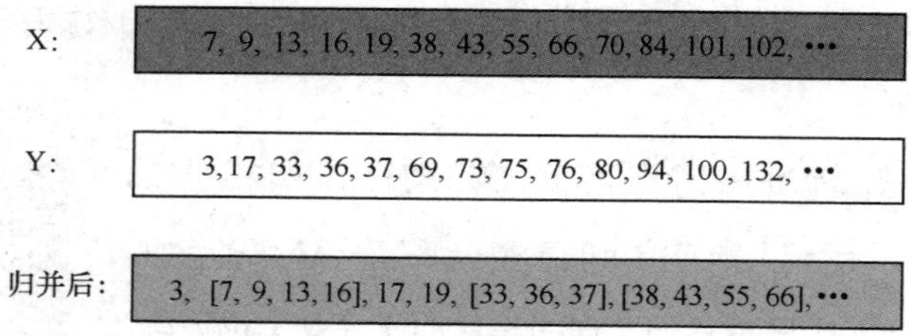

图 1.8 蒂姆排序成块插入

显然，蒂姆排序的时间复杂度不会比归并排序更高，因此它的上限是 $O(M\log N)$。但是在实际运行时蒂姆排序要比归并排序快几倍。不少人使用了完全随机的序列对蒂姆排序进行测试，结论是它的速度和快速排序基本相当。由于它是一种稳定的排序算法，便于多列列表的排序，因此今天应用非常广泛。

作为一个计算机从业者，其实是否了解蒂姆排序的细节不是很重要，重要的是通过它理解如何掌握计算机科学的精髓，对各种算法做到运用之妙，存乎一心。蒂姆排序的妙处在于，它非常灵活地利用了插入排序简单直观以及归并排序效率高的特点，并且找到了归并排序的一些可以进一步提高的地方，即归并过程中过多地一对一比较大小。如果我们回顾一下前面所说的少做无用功这个原则，就能慢慢摸到算法设计的窍门了。**能够在解决实际问题时自觉应用蒂姆排序的那些原则，就有了成为 3 ~ 2.5 级工程师的潜力。**

要点

归并排序、堆排序、快速排序、递归、分治、平均时间复杂度、最坏时间复杂度、就地特征、排序的稳定性。

思考题 1.4

Q1. 赛跑问题。（GS）

假定有 25 名短跑选手比赛争夺前三名，赛场上有五条赛道，一次可以有五名选手同时比赛。比赛并不计时，只看相应的名次。假设选手的发挥是稳定的，也就是说如果约翰比张三跑得快，张三比凯利跑得快，约翰一定比凯利跑得快。最少需要几次比赛才能决出前三名？（在第 6 章给出了这一问题的解答。★★★☆☆）

Q2. 区间排序。

如果有 N 个区间 $[l_1,r_1],[l_2,r_2],\cdots,[l_N,r_N]$，只要满足下面的条件我们就说这些区间是有序的：存在 $x_i\in[l_i,r_i]$，其中 $i=1,2,\cdots,N$。

比如，[1, 4]、[2, 3] 和 [1.5, 2.5] 是有序的，因为我们可以从这三个区间中选择 1.1、2.1 和 2.2 三个数。同时 [2, 3]、[1, 4] 和 [1.5, 2.5] 也是有序的，因为我们可以选择 2.1、2.2 和 2.4。但是 [1, 2]、[2.7, 3.5] 和 [1.5, 2.5] 不是有序的。

对于任意一组区间，如何将它们进行排序？（★★★☆☆）

● 结束语 ●

对于同一个问题，可以使用不同的计算机算法。不同算法之间效率的差异可谓天差地别，因此在计算机领域很大一部分工作就是在各种应用中寻找效率更高的算法。当然不同的算法在处理不同规模的问题时所表现的效率可能会有很大的差异，因此在衡量计算机算法的效率时，我们假定要处理的问题规模都非常巨大，近乎无穷。然后，我们需要找到计算量和问题规模 N 之间的函数关系。在计算机科学中，通常我们感兴趣的不是具体的计算量函数，而是它的上界，这个上界可以采用数学中关于函数上界的概念，也就是大 O 的概念来描述。

附录 为什么排序算法的复杂度不可能小于 $O(N\log N)$

对于这个问题，我们需要换一种思路来思考。假定一个数组有 N 个元素，我们来看看对它排序最少需要做多少次的比较。显然排序耗时一定会超过这些比较所花的时间。

假定有两个序列 $a_1,a_2,\cdots,a_i,\cdots,a_n$ 和 $b_1,b_2,\cdots,b_i,\cdots,b_N$，我们需要对它们的大小进行比较。规则是这样确定的：假如 a_i 和 b_i 是第一对不同的元素，且 $a_i \leqslant b_i$，而它们前面的元素都相同，即 $a_1=b_1,a_2=b_2,\cdots,a_{i-1}=b_{i-1}$，那么我们就说第一个序列小于第二个序列。

对于任意一个序列 $a_1,a_2,\cdots,a_N$，假如随意排列其中的元素，可以排出很多个不同序列，则这些序列中，最小的是将其中每一个元素从小到大排好序的那个序列。在所有可能的排列组合中，通过元素的比较挑出最小的一个，就是排序。

接下来，我们来看看比较 M 个序列的大小需要做多少次元素之间的比较。

假定有两个序列，它们除了在第 i 个和第 j 个位置上的元素彼此互换，其中 $i<j$，其他元素都相同，即这两个序列可以写为 $a_1,a_2,\cdots,a_i,\cdots,a_j,\cdots,a_N$ 和 $a_1,a_2,\cdots,a_j,\cdots,a_i,\cdots,a_N$。如果 $a_i \leqslant a_j$，第一个序列就小于第二个序列；反之，如果 $a_i>a_j$，则第二个序列小于第一个序列。也就是说，将两个元素 a_i 和 a_j 做一次比较，我们最多能区分出两个不同序列的大小。

如果我们进行两次比较，最多能够区分出多少个序列的大小呢？显然最多是四个。类似地，假如我们做 k 次比较，最多能区分出 2^k 个不同序列的大小。反过来，如果我们有 M 个序列，要区分出它们的大小，需要 $\log M$ 次比较。

接下来我们思考一下，N 个元素的数组能排出多少个可能的不同序列呢？显然是 $N!$ 个。因此要区分出这么多个不同序列的大小，挑出最小的一个，至少需要 $\log N!$ 次比较，如图 1.9 所示。

计算 $\log N!$ 需要使用斯特林（Stirling）公式，即 $\ln N!=N\ln N-N+O(\ln N)$。因此我们可以得出 $\log N!=O(N\log N)$ 的结论。注意，我们现在估算出的是排序所需要进行比较的次数的下限。也就是说，任何排序算法的复杂度不会低于 $O(N\log N)$。

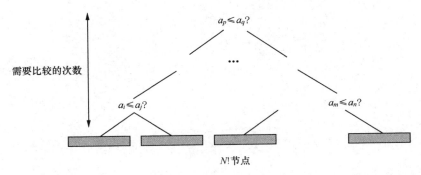

图 1.9　区分出 $N!$ 个不同序列的大小所需要的比较次数，不能少于包含 $N!$ 个叶节点的
二叉树的高度（从根节点到最远的叶节点的节点数）

第 2 章

逆向思考——从递推到递归

人类其实生活在一个并不算大的空间中，因此对这个世界的认识是由近及远、从少到多，一点点扩展开来的，这就是人类固有的认知和思维方式，根植于我们的基因中。这样的认知和思维方式让我们很容易理解具体事物，但是限制了我们的想象力和大局观。当需要思维触达那些远离我们生活经验的地方时，我们就会出现理解障碍。比如，至今很多人很难理解相对论，怎么也想不通为什么光速是恒定的。

和人不同，计算机在一开始就被设计用来处理规模大得多的问题，因此计算机有条件采用与常人完全不同的方式来解决问题。如果一个人能够站在计算机的角度想问题，我认为他具有"计算思维"，这就如同我们说某个人具有科学思维或者工程思维一样。如果一个人在做事情的时候，采用的是计算机解决问题的方法，我认为他具有了计算机的方法论。在计算思维中，最重要的是一种自顶向下、先全局后局部的逆向思维，它被称为递归（Recursive）。与之相对应的，是人类所采用的自底向上、从小到大的正向思维，它被称为递推（Iterative）。这一字之差，思维和行事的方式就截然不同了。对于计算机从业者来讲，想成为高级人才，无论是顶级的科学家还是杰出的工程师，在工作中都需要换一种思维方式，换成计算思维，当然最重要的就是掌握递归的思想。

2.1 递归：计算思维的核心

要讲什么是递归，就要讲什么是递推。

递推是人类本能的正向思维，我们小时候学习数数，从 1、2、3 一直数到 100，就是典型的递推。递推我们容易理解，从小到大，由易到难，由局部到整体。到了中学，我们所学习的数学归纳法也是递推的思维方式。所谓数学归纳法，就是假定一个数学规律对于 N 能够成立，只要证明它对于 $N+1$ 也能成立，则它对所有的自然数都能成立。这种方法的本质是将我们对小世界的理解推广到相同形式的大世界中。

如果用递推的方法计算一个整数的阶乘，比如 5 的阶乘，要从小到大一个个乘起来，即 5!=1×2×3×4×5。当我们学会计算 5! 之后，举一反三，就会算 100! 了，即从 1 乘到 100。在生活中这种想法和做法非常自然、合理，我们从来不觉得有什么问题。那么如果用递归的思维怎样计算阶乘呢？它要把上述过程倒过来。比如要算 5!，先假定 4! 是已知的，再乘 5 即可。当然，大家会问，那 4! 怎么算呢？很简单，采用同样的方法，把它变成 3!×4。至于 3!，则用同样的方法处理。最后做到 1! 时，我们知道它就等于 1，至此不再往下扩展了。接下来，就是倒推回所有的结果，从 1!、2! 一直倒推回 5!。

递归的思想有两个明显的妙处。第一个妙处是只要解决当前一步的问题，就能解决全部的问题。比如计算阶乘 $N!$ 时，只要关心 N 乘某一个数就可以了，所乘的那个数字，则是 $N-1$ 的阶乘 $(N-1)!$。至于 $(N-1)!$ 怎么计算，复制同一个过程即可，这便是它的第二个妙处。当然，这里面有两个前提条件：首先，每一个问题在形式上都是相同的，否则无法通过同一个过程完成不同阶段的计算；其次，必须确定好结束条件，否则就像"从前有座山"那个故事里的情节，永远结束不了。

很多人在学计算机课程时非常不喜欢递归这种不直观的逆向思维，觉得像阶乘运算这种从小到大一个个相乘就可以了，何必那么复杂地倒着计算呢？原因很简单，很多问题只有倒着才能想清楚。这一关如果过不了，在计算机领域做一辈子技术也出不了师，这就如同开车的人不会使用后视镜永远拿不到驾照一样。为了进一步说明这种逆向思维的重要性，我们不妨再来看一个例子。

2.1.1 看似简单的递推公式

例题 2.1　抢 20（AB）　★★★★★

你和一位对手来做一个游戏。你们其中的一个人先从 1 和 2 中挑一个数字，另一个人则在对方的基础上选择加 1 或者加 2。然后又轮到先前的人，你或者他可以再次选择加 1 或者加 2。之后双方交替地选择加 1 或者加 2，谁正好加到 20，谁就赢了。你用什么策略保证一定能赢？

这个问题如果从小往大去考虑，多少有点难度。如果改成抢 5，那就非常简单了，因为我们可以把各种可能性考虑清楚。如果是抢 10，从小往大一步步推，那就有点复杂了。对于抢 20，情况就更复杂了。因此，这一类问题很难通过列举各种情况来解决。

但是，如果我们倒过来想这个问题，它就变得非常简单了。要想抢到 20，就需要抢到 17，因为抢到了 17 之后，无论对方是加 1 还是加 2，你都可以加到 20。而要想抢到 17，就要抢到 14，以此类推，就必须抢到 11、8、5 和 2。因此对于这道题，只要你先说出 2，你就赢定了。这便是递归的思想。顺着这个思路想问题，无论是抢 30 还是抢 50，都可以这样处理。这里面最核心的地方在于，要看清楚无论对方选择 1 还是 2，你都可以控制每一轮两人喊出的数字总和为 3，从而就可以牢牢控制整个过程了。

我的一些同事和朋友用这个问题做过面试题，让我们吃惊的是，面试 Google 的人居然有三成答不上来。那些答不上这个问题的人，无一例外地还在用从小到大递推归纳的方式想问题，他们会先从抢 2、抢 3、抢 4 开始，逐一列举各种情况，试图找到一个递推的公式。透过这种做法，能看出他们即便能够使用编程的手段解决一些问题，但完全没有领会计算机科学的精髓。他们如果在思维方式上过不了这一关，只能在五级工程师的水平徘徊，从业时间再长，层级都提升不上去。

当然，上面这道例题还太简单，以至于还是有人可能从小往大一点点总结经验把它做出来，但我们把它稍微变一下就会复杂不少。接下来我们来看看例题 2.1 的变种。

例题 2.2　上台阶问题（AB、FB 等）　★★★☆☆

按照例题 2.1 的方法，从 1 开始（以 1 为起点）加到 20，每次可以增加 1 或者 2，有多少种不同的增加方法？比如 1,4,7,10,12,15,18,20 是一种，1,2,5,8,11,14,17,20 又是一种（列举的数字为其中的关键步，非每次增加后的台阶数）。我们想知道这样不同的过程有多少种。

这个问题也被称为上台阶问题，也就是每次登一级或者两级台阶，登到 20 级有多少种走法。我和我的一些同事在面试时问过面试者这个问题，大约有一半的人答不上来。

答不上来的人无一例外地试图通过从 $n=1,2,3$ 这几个特例，推导出一般性的规律。他们会把它当成一个简单的排列组合问题，试图寻找台阶数量 n 和走法数量 $F(n)$ 之间的递推公式。然后代入 $n=20$，就能求出登到 20 级台阶的走法数量了。遗憾的是，沿着这样的思路想问题的人几乎没有成功的，因为这个以 n 为变量的函数虽然存在，但形式如下

$$F(n) = \frac{1}{\sqrt{5}}\left[\left(\frac{1+\sqrt{5}}{2}\right)^n - \left(\frac{1-\sqrt{5}}{2}\right)^n\right] \tag{2.1}$$

这个公式大家是否觉得很容易用数学归纳法总结出来？显然不容易。但是，如果我们倒过来想这个问题，就变得容易了。当然，其中的技巧还是递归。

我们假定到 20 有 $F(20)$ 种不同的路径，到 20 这个数字，前一步只有两种可能的情况，即从 18 直接跳到 20（18+2=20），或者从 19 到 20。由于这两种情况完全没有重合，因此到 20 的走法数量，其实就是到 18 的走法数量，加上到 19 的走法数量，即 $F(20)=F(18)+F(19)$，与此类似，$F(19)=F(17)+F(18)$。这些就是递归公式，它的普遍形式是

$$F(n)=F(n-1)+F(n-2) \tag{2.2}$$

最后还需要有结束条件，$F(1)$ 只有一种可能性，即 $F(1)=1$，类似地，$F(2)$ 有两种可能性，即 $F(2)=2$。知道了 $F(1)$ 和 $F(2)$，就可以知道 $F(3)$，然后再倒推回去，一直到 $F(20)$。

上面这个序列其实就是著名的斐波那契数列，其中 $F(20)=10\ 946$，就人类的想象力来讲，这并不是一个小数字，几乎无法靠穷举法把所有情况想清楚。

这个问题有很多等价的问题，它们的解都是斐波那契数列。一方面，在计算机科学中，等价的问题扮演着很重要的角色，解决了其中的一个，就解决了一批。在后面介绍卡特兰数时，我们还会谈到等价问题。另一方面，如果我们发现某个问题等价于一个长期以来都没有解决的问题时，最好把这个问题放一放。事实上所有 NP 完全（NP-complete）问题都是等价的，我们不要看到其中的一个表述似乎很简单，就试图去解决它们。

至于如何从斐波那契数列的递归公式得到式（2.1）的解析解，大家可以参阅本章的附录一。

2.1.2　汉诺塔和九连环：用递归表述的问题

在计算机科学中，更多的复杂问题不是上述计算数值的问题，而是要通过一系列操作完成一个过程，比如对一个序列进行排序、分析自然语言、规划行驶路径、实现两类集合之间的匹配等。这些问题常常要用到递归的思想。这里我们先从一个相对简单的问题入手——汉诺塔问题（也称为梵塔问题），看看一个复杂的过程如何通过递归的方式一步步完成。

例题 2.3　汉诺塔问题　★☆☆☆☆

有三根柱子，A、B 和 T。A 柱上摞着 64 个盘子（更有普遍意义的是假定有 N 个盘子），小的放在大的上面（上面的最小，下面的最大）。接下来要按照下列规则将所有盘子从 A 柱移到 B 柱：

1. 每次只能移动一个盘子；

2. 任何时候小盘子不能放在大盘子的下面；

3. T 柱可以用于临时摆放盘子，但盘子的次序也不能违反第 2 条规则。

最后的问题是，如何将这 64 个盘子从 A 柱移到 B 柱。

这个问题比前两个都抽象一些，我们不妨先看 $N=1,2,3$ 这几种简单的情况。

$N=1$ 的时候比较简单，直接将唯一的那个盘子从 A 柱移到 B 柱即可，记作 A1 → B1。

$N=2$ 的时候也比较直观，我们先将 A 柱上的小盘子移到临时存放盘子的 T 柱上，再将 A 柱上下面那个大盘子（此时它在最上面）移到 B 柱上，最后将 T 柱上的那个小盘子移到 B 柱上，图 2.1 显示了这个过程。

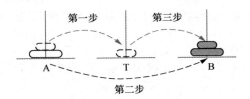

图 2.1　将两个盘子从 A 柱移到 B 柱

我们将上述过程总结为三步：

1. A1 → T1；

2. A2 → B2；

3. T1 → B1。

N=3 的情况就复杂得多了，但是依然可以通过不断试错找到移动方法。

首先，A 柱最上面的那个盘子有两种放法，即放到 T 柱上，或者放到 B 柱上。接下来，A 柱中间的那个盘子只有一种放法，就是放到还没有盘子的那个柱子上。这样一步步下来，要么会把 3 个盘子按照规定的顺序放到 B 柱上，要么会放到 T 柱上，这取决于第一步怎么走。这种情况不动手摆一摆，还真不容易搞清楚。

如果 *N* 更大，这个问题就更不好解决了，大到 64 就很难想清楚了，因为要移动的步骤实在太多了。不过如果倒过来想，这个过程就变得非常简单。

我们要想把最底下的第 64 个盘子从 A 柱挪到 B 柱，先要把上面的 63 个盘子移走放到 T 柱上，然后把最底下的盘子放到 B 柱上，再把 T 柱上的所有盘子搬到 B 柱上。这个想法思路清晰，操作简单。只是它把一个问题悬在了空中—— 那 63 个盘子如何移动？因为规则不允许一次把这 63 个盘子移走。在递归的算法中，这个问题我们不用管，因为它只需要复制一次针对 64 个盘子问题的解法。如果将从 A 柱到 B 柱移动 64 个盘子的算法过程表示为 Hanoi(64, 起始点 , 目的地 , 中间临时存放位置)，那么移动 63 个盘子的过程则是 Hanoi(63, 起始点 , 目的地 , 中间临时存放位置)。

当然我们可以同样定义 62,61,60,…直到一个盘子的情况，它们拥有不同的数量参数，但是操作的方式没有什么不同。

有了对这个过程统一的描述，我们知道汉诺塔问题其实就是 Hanoi(64,A,B,T)，并且可以分解为三步。

1. Hanoi(63,A,T,B)：将 A 柱上的 63 个盘子挪到 T 柱，用 B 柱做中间临时摆放的空间。

2. 将 A 柱上的第一个盘子（现在也就剩下这唯一一个盘子了）移到 B 柱。

3. Hanoi(63,T,B,A)：将 T 柱上的 63 个盘子移到 B 柱，用 A 柱做中间临时摆放的空间。

当然上述过程需要有一个结束条件，那就是当起始柱子上只剩下一个盘子时，直接将它移到目标柱子上。或者说，Hanoi(1, 起始点 , 目的地 , 中间临时存放位置) 的算法是"将盘子从起始点移到目的地"。

如果我们再分解一下上述移动 64 个盘子的过程，可以用图 2.2 概括每一层操作过程调用的嵌套关系。

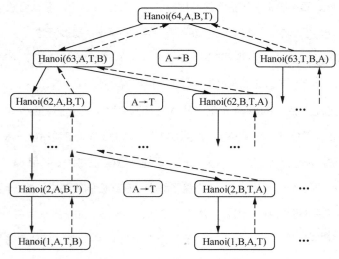

图 2.2　汉诺塔问题递归解法中过程调用示意图

从图 2.2 中可以看出，移动 64 个盘子的过程，调用了两次移动 63 个盘子的过程，而后者每一次又调用了两次移动 62 个盘子的过程。当这样不断递归嵌套的过程一步步走到最下面一层时，又开始往回走，一直回到最顶端。整个过程是一个典型的完全二叉树（Complete Binary Tree）遍历的过程：先遍历最左边的，再完成中间一步的移动，最后遍历最右边的。

我是在阅读乔治·伽莫夫的《从一到无穷大》时初次了解这个问题的。书上讲，这个问题出自越南河内的某个寺院。寺院里有三根银柱，其中一根银柱自底向上从大到小摆放了 64 个金盘，僧侣之间流传着一个预言：如果按照上述规则将这 64 个盘子移动完毕，世界的末日就到了。由于河内的英语拼写是 Hanoi，读音接近于汉诺伊，这个问题也被称为汉诺塔问题。根据伽莫夫的讲解，完成这 64 个盘子的移动需要 $2^{64}-1$ 次操作，因为为了移动最下面的第 64 个盘子，需要先把上面的 63 个盘子移开，移动第 64 个盘子后，再把上面的 63 个盘子放到第 64 个盘子上面。也就是说，移动 64 个盘子操作的数量等于移动 63 个盘子操作数量的两倍再加 1，我们将它写成

$$S(64)=2S(63)+1 \qquad (2.3)$$

这很容易推导出 $S(64)=2^{64}-1$。$2^{64}-1$ 是一个非常大的数字，大约是 1.8×10^{19}，即 1 800 亿亿。如果河内的僧侣一秒移动一个盘子，完成这项任务的时间（5 800 亿年）比宇宙的历史（138 亿年）还要长。最早提出这个问题的是法国数学家弗朗索瓦·卢卡斯（François Lucas，又译作弗朗索瓦·卢卡），而他所说的那个故事本身并不可考证。

这个问题的解题思路并非完全不能通过归纳总结得出，可是实现这个过程的算法很难通过递推的思想写出来，因为它一层层嵌套导致逻辑极为复杂，这和阶乘或者斐波那契数列完全不同，后两个算法是可以采用从小到大递推的方式写出来的。但是，如果我们采用了自顶向下递归的思路写程序，只需要几行代码就够了。下面是这个算法的伪代码。

算法 2.1 汉诺塔问题

```
1   // 把 n 个盘子从 source 移到 target，用 auxiliary 做中转
2   void Hanoi (n, source, target, auxiliary) {
3       if (n>0) {
4           // 把 n-1 个盘子从 source 移到 auxiliary，用 target 做中转
```

```
5        Hanoi (n-1, source, auxiliary, target);
6        MoveTop (source, target);   // 把 source 柱子上的盘子移到 target 上
7        // 打印三个柱子的状态，这个操作其实不需要
8        // 只是为了能看清楚每一次移动的细节
9        PrintStatus ();
10       // 把 n-1 个盘子从 auxiliary 移到 target，用 source 做中转
11       Hanoi (n-1, auxiliary, target, source);
12    }
13 }
```

从代码中你可以看出，递归代码简单的原因是自己调用了自己。这件事在我们现实的世界里很难想象，但是在计算机的世界里很普遍。因此解决计算机的问题需要我们改变思路。

汉诺塔问题还有一个等价问题，那就是中国的九连环问题。九连环由九个用金属丝制成的圆环、一个金属框架以及一个环柄构成。把玩时，按照一定的步骤反复操作，可将九个圆环依次套上框架，或者从框架上解开。拆解九连环的原理并不复杂，你要拆第九个，就要先把前八个顺序装到框架上，然后拆下第九个，再把前八个依次拆下，这和汉诺塔的原理完全一样，而操作的步骤也是 $2^9-1=511$ 次。如果一秒操作一次，不到 10 分钟能完成全部工作。我第一次拆解九连环是在高中，花了一些时间琢磨它的原理，就拆解开了。当时我的感叹是这个游戏用了九个环是非常合理的：如果用三五个，误打误撞也能解决；如果用 19 个，一年也未必能拆解完，就不会有人有兴趣玩了。

2.1.3　难倒高斯的八皇后问题

如果说汉诺塔问题和九连环问题还可以按照人们日常的思路总结规律来解决，那么下面一个问题就几乎不可能这么解决了，就需要完全采用递归的思路才可以。

例题 2.4　八皇后问题　★★☆☆☆

这个问题是 19 世纪的一位国际象棋棋手马克斯·贝瑟尔（Max Bethel）提出的，讲的是在 8×8 格的国际象棋上摆放 8 个皇后，使其不会互相攻击，有多少种摆法？怎么摆？

我们知道在国际象棋中，皇后可以吃掉同一行、同一列和同一斜线上的棋子。因此任意两个皇后都不能处于同一行、同一列或同一斜线上。

如果按照常人的思维方式，这道题应该这样解。

首先在第 1 行摆好一个棋子，它当然不会和任何棋子有冲突，然后在第 2 行摆一个棋子，保证它和第 1 个棋子没有冲突，接着摆第 3 行的，以此类推。图 2.3 所示是一种可能的摆法。

图 2.3　一种符合象棋规则的八皇后摆放方法

这个问题看似并不难，因为 8 个皇后的摆法只有 4 万多种组合（即 8!=40 320），哪怕找个棋盘摆一摆，也应该能够穷尽所有的摆法，找到所有可能的答案。但实际上，这个问题比想象的复杂，似乎没有人能找到所有符合要求的摆法，大数学家高斯穷其一生只找到了 76 种方案，而全部的方案是 92 种。当时很多的国际象棋选手也在解这道题，但只找到 20 多种，远不如高斯！这里面主要的原因是人类固有的递推思维方式，也就是从前到后、从小到大，并不适合解决这道题。今天，即使用了计算机这个辅助性工具，如果保留人们日常正向思维的做法，也很难写出这个逻辑并不复杂的问题的算法。但是如果采用递归的思路来解决这个问题，答案就非常直观了。

八皇后问题的递归算法原理是这样的。

假定棋盘上前 7 行已经摆好了 7 个皇后，它们彼此的位置不冲突。但是这 7 个皇后摆的位置对不对我们其实不知道，它也许是一个死胡同。那么在第 8 行从第 1 个位置到第 8 个位置一个一个地试验即可。如果在某一个位置，能够保证第 8 个皇后和前面的不冲突，那么就说明前面 7 个皇后的摆放位置可行，我们也就找到了相应的一种方案，这时输出结果即可。如果第 8 个皇后怎么也找不到合适的位置，就说明前 7 个皇后的位置摆错了，那么我们要重新调整第 7 个皇后的位置，然后再用第 8 个皇后来看看前 7 个皇后摆放得是否合适。

当然你可能会问，如果第 7 个皇后怎么摆都无法为第 8 个皇后找到一个合适的位置怎么办？那就说明第 6 个皇后摆错了，我们需要尝试第 6 个皇后的新摆法。这样，这个算法不断往前回溯，回溯到棋盘上只有 1 个皇后时，找到第 1 个皇后的合适摆法。本章末尾附有这个算法的伪代码（附录二）。

当然，在上述过程中，大部分的摆放方案不需要摆到第 8 个皇后时才知道此路不通，比如摆完了 4 个，就发现第 5 个怎么摆放都不行，这时程序会让第 4 个皇后直接跳到下一个位置继续试验。只有极少数的方案能够一直走到底，即为第 8 个皇后找到一个合适的位置，这样的方案有 92 种，大约占了所有方案的 0.2%，用今天的手机找出这 92 种方案，计算时间不会超过 1 秒。

从这个例子可以看出，人类因为自身认识世界是由近及远、由小到大的，所以要走到第 8 层楼，先要知道如何走前 7 层楼，这样组合了 8 层的逻辑是非常复杂的，很难想清楚。但是计算机是为直接处理大规模计算设计的，它的计算能力很强，几万种情况对于它来讲一眨眼的功夫就能完成。但是，计算机本身不具有推理能力，因此需要人赋予它，这就要求程序的结构本身简单。递归算法的好处在于，它不需要总结所谓普遍规律，只需要搞清楚如何拆解问题即可。递归算法对应的代码通常在逻辑上都非常简洁，因为我们只要定义最顶层的逻辑，而下面一层层的逻辑不过是自动复制顶层逻辑而已。这样的代码在具体实现时，会不断地自我调用，这种思想在我们人类的思维中是缺乏的，这也是递归难以理解的主要原因。对于任何人，要想成为一个好的计算机科学家或者计算机工程师，就需要越过自身的思维定式，站在计算机的角度来想问题。

虽然汉诺塔问题、八皇后问题都只是游戏，没有太多的应用价值，但是解决这些问题的思路被广泛地用来解决计算机的难题。在接下来的三节里，我们就来看两个非常有意义的例子——树和图的遍历，以及自然语言处理中的语法分析。

要点

人的思维通常是递推，即从小到大、从简单情况到复杂情况、自底向上拓展的，先把简单的问题搞清楚，看看能否找到规律，再用于复杂的问题。

计算思维通常是递归，自顶向下，先把大问题分解为小问题，小问题和大问题有着同样的结构和解决办法。

思考题 2.1　上台阶问题的扩展

有 n 级台阶，每次能够上 k 级，有多少种不同的攀登方法？（★★★☆☆）

提示：走到第 n 级，上一次可能处在第 $n-1,n-2,\cdots,n-k$ 级。

2.2　遍历：递归思想的典型应用

要讲遍历算法，我们先要介绍一个计算机科学中非常重要的概念——树。

在计算机科学中，树是一种抽象的数据结构，它模仿自然界中树的特点——有根，有枝干，还有末端的叶子。树这种数据结构有一个根节点，根节点的下面可以有一些子节点，子节点下面还可以再有自己的子节点。对于不再有子节点的节点，我们称之为叶节点。这样，从根节点出发，各个节点之间就构成了一种层次关系，如图 2.4 所示。

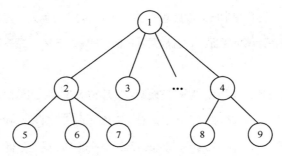

图 2.4　计算机数据结构中的一棵典型的树

上述文字对树的描述其实是为了让大家在第一次接触这个概念时容易理解，所以并不是很严格。在计算机数据结构中，树本身的严格定义就是递归的，它包括这样两层含义，或者说两种情况：一是一个单独的节点本身是一棵树；二是任何一棵树都有一个根节点，根节点的下面有一些子树，每棵子树也是一棵树，这些子树的根节点是整棵树的根节点的子节点。

第一种情况其实定义了递归的结束条件，第二种情况定义了树和它下面子树之间的递归关系。比如在图 2.4 中，2、5、6、7 这四个节点本身构成一棵树，它们同时是整棵树的子树。节点 2、3、4 都是根节点 1 的子节点，而节点 5、6、7 则是节点 2 的子节点。当然，对于 5、6、7 这种没有子树的节点，一般称之为叶节点。有子节点，就有父节点，如果节点 x 是节点 y 的子节点，那么节点 y 就是节点 x 的父节点。

对于树中的每一个节点，其子节点的数量也被称为节点的度，比如在图 2.4 中，节点 2 的度是 3，节点 4 的度是 2，而所有叶节点的度都是 0。

树有下面这样三个重要的特征。

1. 每一个节点有唯一的父节点。比如图 2.5（a）就不符合树的这个要求，因为右下方的节点有两个父节点。

由于每一个节点只有一个父节点，任何节点 x 都会经过几个节点，通过唯一的路径和根相连。在这个唯一路径上的任何节点 y 都是 x 的祖先，当然，x 也就被称为 y

的后代。父节点和子节点其实分别是祖先和后代的特例。

2．连通性，即一棵树内部的节点之间，通过子节点和父节点这样的关系彼此相连。比如图 2.5（b）就不符合这个要求，因为左侧的三个节点和右侧的两个节点不相连。我们可以认为这个图形中包括了两棵树，它也被称为森林。

3．不带有环。图 2.5（c）不符合没有环的原则，因此也不是树。其实这个特征是由第一个特征，即父节点的唯一性保证的。

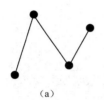 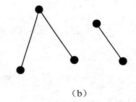 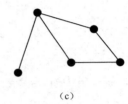

（a）　　　　　　　　（b）　　　　　　　　（c）

图 2.5　三种不符合树定义的图形

在生活中，具有树状结构特点的实例非常多，比如一个组织内的人事架构通常就是如此。这个组织的一把手是人事汇报关系树的根节点，他下面有一层层的节点，最下面一层是叶节点，中间的节点是管理层。

2.2.1　二叉树及其遍历

在计算机算法中，常用的是一种特殊的树——二叉树。二叉树中每一个节点的子树不能超过两棵，如图 2.6 所示。

图 2.6　二叉树（r 是根节点，y 和 x 是它的后代，y 是 x 的父节点，x 是 y 的左子节点，y 和 r 是 x 的祖先）

由于二叉树中任意一个节点的子树不超过两棵，因此我们习惯于用左、右子树来区别它们，左、右子树的根节点就是这两棵子树父节点的左、右子节点。如果我们总是遵循左边的在前面、右边的在后面的原则，这棵树便是一棵有序的树了，它在数学（图论）上被称为有序树（Ordered Tree）。左、右子节点则互为兄弟（或者姊妹）节点。

为什么二叉树在计算机科学领域用得最多呢？这一方面是因为它的子节点少，最为简单；另一方面二叉树的结构既符合我们日常的是非清晰的逻辑判断，又符合计算机的二进制。

这种叙述其实是符合我们通常思考问题的思路的，即对二叉树规律的直接描述。但是，既然我们已经开始使用递归的思维方式来思考问题了，我们不妨用递归重新定义一下二叉树。

我们可以仿照前面定义树的方式，用递归的方法严格地定义二叉树。

1. 一个（什么都没有的）空节点是一棵二叉树。

2. 一棵二叉树有一个根节点，根节点可以有左、右子树，而子树本身也是二叉树。

这个定义更符合集合论中由空集定义出所有集合的思路，但是比较抽象。我们不妨看几种不同的二叉树，这个定义就更容易理解了。

图 2.7 所示为四种不同的二叉树，其中图 2.7（a）是一棵空树；图 2.7（b）是只有一个根节点的树，我们可以认为它的左、右子节点都是空节点；图 2.7（c）的根节点有一棵非空的左子树，但是右子树为空；图 2.7（d）的根节点有两棵非空的左、右子树。

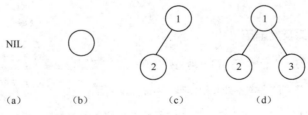

NIL

(a)　　　(b)　　　(c)　　　(d)

图 2.7　四种不同的二叉树

根据这个定义，我们可以用下面的伪代码表示二叉树的数据结构。

```
1  struct BinaryTree {
2    AnyDataMember; // 任意数据项
3    BinaryTree left_subtree; // 左子树
4    BinaryTree right_subtree; // 右子树
5  }
```

虽然在真实的世界里，并非所有的树都是二叉的，但是在数学上很容易证明，任何树和二叉树都是等价的，有兴趣的读者可以阅读本章的附录三。因此，在计算机科学中，我们只要重点关注和二叉树相关的算法即可。

在二叉树的算法中，最重要、最常见的是遍历算法，也就是沿着二叉树的路径，把二叉树的每一个节点都走一遍。

图 2.8 所示为一棵典型的二叉树。为了区别它的每一个节点，我们对这些节点编了号。遍历这棵树的方法有很多，比如可以自上而下先沿着左边走，一直走到底，再返回到上一个分叉的节点，然后走右边的，当然，如果右边已经没有岔路了，就再往上回溯一级。具体到图 2.8，访问节点的次序是 $1 \to 2 \to 4 \to 2 \to 5 \to 2 \to 1 \to 3 \to 6 \to 7$。

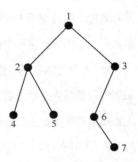

图 2.8 典型的二叉树

对于那些被访问两次或两次以上的节点，我们只保留它第一次被访问的记录，于是图 2.8 遍历的次序就被记录为 $1 \to 2 \to 4 \to 5 \to 3 \to 6 \to 7$ [序列 2.1]。

当然也可以先右后左，那么图 2.8 遍历的次序是 $1 \to 3 \to 6 \to 7 \to 2 \to 5 \to 4$[序列 2.2]。

在上述走法中，我们其实用到了三条简单的规则：

1. 从上到下顺序访问；

2. 先左后右（或者先右后左）；

3. 走到尽头就掉头。

这种遍历的方法由于先一口气走到二叉树的最深处，因此被称为深度优先（Depth First）遍历算法。

我们还可以横着一行行扫描访问每个节点 $1 \to 2 \to 3 \to 4 \to 5 \to 6 \to 7$。

这里面的规则更简单：

1. 将整棵二叉树从上到下分层，逐层扫描；

2. 每一层从左到右（当然也可以从右到左）扫描。

这种遍历的方法由于是先横向扫描，再逐渐走到下一层，因此被称为广度优先（Breadth First）遍历算法。

不论用哪种方法，让我们人来做这件事，似乎都很容易（虽然速度不够快），但是如果把人的思路用一个程序写出来，这个程序并不好写，因为人做这些事情之所以很容易，是因为占了两个便宜。

1. 人看得清全图。到什么时候该掉头、什么时候该横向右转很容易看清，但是如果你只能看到前面左右两个分叉，把整个图走一遍则非常困难。但凡走过大迷宫的人都知道其难度比在纸上做一笔画游戏要难得多。

2. 人的做法其实利用了很多在图中并没有给的信息。比如在前一种做法中，每一个节点的父节点的信息其实在图中没有直接给出。我们可以看到节点 2 是节点 4 的父节点，但是在计算机中，图的描述只有节点 4 是节点 2 的左子节点这个信息，关于父节点的信息如果要使用，就必须想办法补回去。在第二种遍历的过程中，人用到了有关节点的层次，以及从左到右彼此的次序的信息。但是这两个信息在原图中并没有，而且除了兄弟节点，其他节点的左右次序并不好确定，比如确定节点 6 是节点 5 同一层右边的节点这件事情就很不容易做到。

事实上，接触计算机编程的初学者都会有这样的体会，明明在人看来很直观的方法，用计算机的程序语言就很难实现。这不是程序语言本身功能不够强，而是用它来实现人解题的思路本身就不是一个好主意。我们需要做的是回到原点，站在计算机的角度来考虑这些问题，这样用计算机的程序语言解决问题就顺理成章了。

2.2.2　使用递归思想实现二叉树的遍历

接下来就让我们看看如何采用递归的思想解决二叉树遍历的问题。

首先，对于树的根节点，不管你是否对它做什么处理或操作，你都会遇到它。

接下来，我们就需要处理它的左右两棵子树了，根据递归的原理，对待它们的方法和对待整棵二叉树的方法是一样的，于是遍历左、右子树时让其递归调用自己就可以了。当然，这样调用总要有一个结束条件，那就是在遇到空树时直接返回。根据这个思想，深度优先遍历的算法可以用下面的伪代码来实现。

算法 2.2 树的深度优先遍历

```
1   DepthFirstTraverseTree (BinaryTree tree) {
2       if (tree = NIL) return; // 如果树为空，不做任何事，直接返回
3       DepthFirstTraverseTree (tree.left_subtree); // 遍历左子树
4       PrintNode(); // 对当前节点做相应的处理，比如打印当前节点的信息
5       DepthFirstTraverseTree (tree.right_subtree); // 遍历右子树
6   }
```

执行上述代码，得到的结果就是序列 2.1。

在上述算法的 3、4、5 三个步骤中，先遍历左子树，再处理根节点，最后遍历右子树，这种做法被称为中序遍历。当然，可以先处理根节点信息，再遍历左、右子树，这种遍历就叫作先序遍历；与之类似，如果先遍历左、右子树，最后处理根节点信息，则被称为后序遍历。

这两种变通算法和上述算法很相似，我们将它们留作思考题。

为了便于进一步理解上述递归算法是怎么实现的，下面用图 2.8 中的那棵二叉树说明一下程序中的调用关系。我们把以第 i 个节点为根的子树写成 tree_i。

1   调用 DepthFirstTraverseTree(tree_1);
2   调用 DepthFirstTraverseTree(tree_2); // 算法 2.2 的第 3 步
3   调用 DepthFirstTraverseTree(tree_4); // 算法 2.2 的第 3 步
4   调用 DepthFirstTraverseTree(NIL)，返回上一层; // tree_4 的左子树为 NIL
5   处理节点 4;// 算法 2.2 的第 4 步
6   调用 DepthFirstTraverseTree(NIL)，返回上一层; // tree_4 的右子树为 NIL
7   返回上一层，回到节点 2;
8   处理节点 2;// 算法 2.2 的第 4 步

9　调用 DepthFirstTraverseTree(tree_5)；// 算法 2.2 的第 5 步

10　调用 DepthFirstTraverseTree(NIL)，返回上一层；// tree_5 的左子树为 NIL

11　处理节点 5；// 算法 2.2 的第 4 步

12　调用 DepthFirstTraverseTree(NIL)，返回上一层；// tree_5 的右子树为 NIL

13　返回上一层，回到节点 2；

14　返回上一层，回到节点 1；

15　处理节点 1；// 算法 2.2 的第 4 步

16　调用 DepthFirstTraverseTree(tree_3)；// 算法 2.2 的第 5 步

......

25　（由节点 6）返回节点 3；

26　处理节点 3；// 算法 2.2 的第 4 步

27　调用 DepthFirstTraverseTree(NIL)，返回上一层；// tree_3 的右子树为 NIL

28　返回节点 3；

29　返回节点 1；// 程序结束

　　如果你接受了递归的思维方式，那么就会觉得二叉树的深度优先遍历在计算机算法中属于非常简单的。但是，如果你停留在由浅入深循环的思维方式上，这个算法理解起来还是有点困难。**要想在计算机科学领域做到随心所欲，必须转换我们人类固有的思维方式。做到这一点，就有成为四级工程师的可能性了。**

　　在上面的程序执行过程中，同一个算法实际上是在层层调用，然后到了叶节点后再逐一返回，直到树的根节点。要让计算机运行这个程序，就需要一个特殊的数据结构支撑，它就是我们下面要讲到的堆栈了。

要点

二叉树、深度优先遍历。

思考题 2.2

Q1. 修改中序遍历算法 2.2，将它变成先序遍历或者后序遍历算法。（★☆☆☆☆）

Q2.　（二叉排序树）有这样一串数字 5, 2, 8, 0, 10, 7, 18, 20, 30, 12, 15, 1，将它们建成一棵二叉排序树。二叉排序树满足下面的条件。（★★★★★）

（1）如果左子树不为空，则左子树上所有节点的值均小于树的根节点的值。同样，如果右子树不为空，则右子树上所有节点的值均大于树的根节点的值。

（2）左、右子树本身也是二叉排序树。

对于上述数字，我们在建立二叉排序树时，先把第一个数字 5 放在根节点，然后扫描第二个数字 2，由于它比根节点的数字 5 小，因此我们将它放在左子树中。接下来我们扫描第三个数字 8，由于它比根节点的数字 5 大，因此我们将它放在右子树中。重复上述过程，我们可以建成完整的二叉排序树。请完成下面三个小问题。

（1）写一个算法完成上述操作。

（2）这个算法的复杂度是多少？

（3）用何种遍历方法得到的结果恰好把上面的一串数字排好序？

2.3　堆栈和队列：遍历的数据结构

　　在实现递归算法时，我们需要将从顶部到底部的很多中间状态一一保留，在走到最底部时，完成最基本的操作，然后根据保留下来的中间状态一一回溯，直到最顶部。为了配合这一类的算法，最好有一个相应的数据结构能够做到后进先出，这样在递归时，后来保留的状态先处理然后清除掉，最后才处理一开始（顶端）遇到的状态。这样一种数据结构被称为堆栈（Stack），而这样一种接收、处理和清除信息的策略被称为后进先出，英语是 Last-In,First-Out，也按照其首字母被称为 LIFO。

　　为了理解堆栈，先来回顾一下汉诺塔问题。我们要想挪动第 64 个盘子，就要先挪走上面的 63 个，更准确地讲，Hanoi(64,A,B,T) 这个过程调用了过程 Hanoi(63,A,T,B)，而后者要继续调用 Hanoi(62,A,B,T)……直到 Hanoi(1,A,T,B)。罗列整个过程的每一步，就是图 2.9 所示的堆栈。

最初进入堆栈的是 Hanoi(64,A,B,T)，放在最底下，然后是 Hanoi(63,A,T,B)……它们一层层摞起来，最后进来的是 Hanoi(1,A,T,B)，放在最顶上。在这些过程都进入堆栈后，最顶上的 Hanoi(1,A,T,B) 最先被执行，然后被清除出堆栈。接下来是第二行的 Hanoi(2,A,B,T) 被执行，然后被清除出堆栈。

Hanoi(1,A,T,B)
Hanoi(2,A,B,T)
...
Hanoi(62,A,B,T)
Hanoi(63,A,T,B)
Hanoi(64,A,B,T)

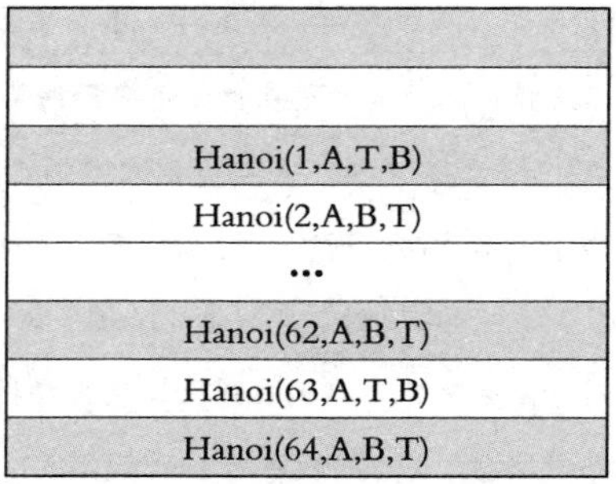

图 2.9　汉诺塔问题过程调用的堆栈

最后是最底部的 Hanoi(64,A,B,T) 被执行，它是最先进入堆栈的，在它执行完毕并且被清除出堆栈后，堆栈被清空，整个程序执行完毕。

堆栈这种处理事情的先后机制在生活中并不多见，因为它"不合情理"。我们通常觉得凡事先来后到、先来先处理是公平的，先来反而等待很长时间是不公平的，因此很多人刚进入计算机专业时，会奇怪为什么要搞出这样一种机制。但是在计算机处理问题时，常常要把一个大问题自上而下分解成很多小问题，一个个拆解开，分别解决之后，再回过头来得到整个问题的答案。堆栈能够记录这中间一步步分解的复杂过程，而且由于最后合并的过程和一开始拆解的过程正好相反，因此它后进先出的特点可以很自然地将分解了的问题合并回去。为了体会这一点，大家不妨思考一下通过堆栈实现二叉树深度优先遍历的过程。

从事计算机软件开发的人，要想站得高看得远，就要对自己提出更高的要求。自己所经手的任何一个程序，必须要了解它内部各种函数和过程调用的关系，而那些调用都是在堆栈的帮助下实现的。因此，对堆栈的深刻理解可以帮助开发者从上往下俯视一个程序。

在很多大学计算机系的编程课或者数据结构课中，初学者会被要求使用堆栈实现一个简单的计算器。这个问题在一些大公司面试时也会被用到，但是考查的侧重点会略有差别。这里我们通过实现简单计算器来进一步介绍堆栈的使用。在第 11 章里，我们会从使用产品的角度重新分析这个问题，那是很多知名 IT 企业考查面试者的重点。

例题 2.5　简单计算器问题　★☆☆☆☆

实现一个简单计算器，它支持不带括号的四则运算，计算器要满足先乘除后加减的规则。

我们先来看两个简单四则运算的例子："5+4−2="和"5−4×3/4="。

通常计算器的输入是一个字符串，我们会从左到右扫描这个字符串，扫到哪里，就用一个指针指向哪里。第一个问题很简单，先把 5 压入堆栈，然后压入加号"+"和 4，同时要用一个临时变量保存栈内最顶部的运算符。接下来，我们看到减号"−"。由于减号"−"和栈内最顶部的运算符加号"+"优先级相同，这时出栈，从堆栈中依次取出 4、加号"+"和 5。由于加法遵循交换律，我们直接计算 4+5 就可以了，然后把结果 9 再压回堆栈中。如果遇到的是减号"−"，那就必须保证是后出栈的 5 减去 4。再接下来，我们将减号"−"和 2 压栈，见到等号"="时做两步操作。第一步和前一步一样，完成 9−2=7 的操作；第二步则是输出结果，同时要检查栈是否为空。整个过程如图 2.10 所示。

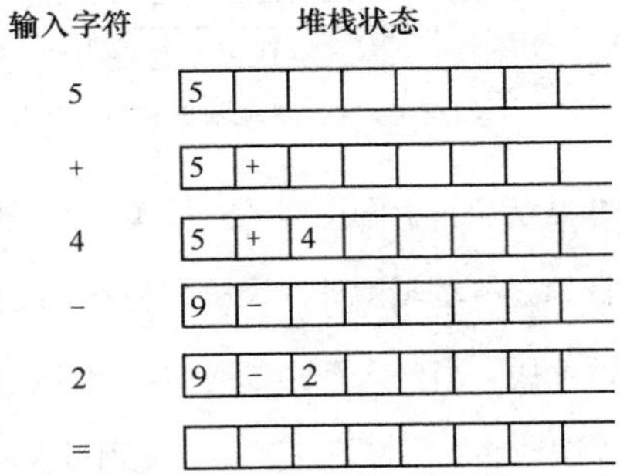

输入字符　　　　　　堆栈状态

5　　　　| 5 |　　|　　|　　|　　|　　|

+　　　　| 5 | + |　　|　　|　　|　　|

4　　　　| 5 | + | 4 |　　|　　|　　|

−　　　　| 9 | − |　　|　　|　　|　　|

2　　　　| 9 | − | 2 |　　|　　|　　|

=　　　　|　　|　　|　　|　　|　　|　　|

图 2.10　计算"5+4−2="时，堆栈状态随输入字符变化的过程

把上面的描述编写成一个程序并不困难，伪代码留作思考题。唯一要注意的是，遇到等号"="之后的处理不同于遇到其他运算符，不能简单地把结果 7 压回堆栈了事，而要输出结果，同时检查栈是否已空。有的公司在面试时会问到这些细节。

在处理"5−4×3/4="这个算式时，前三步压栈和上一个例子相同，到了第四步由于看到了更高优先级的乘号"×"，我们就不能进行 5-4 的运算了，而需要将这个运算符，以及后面的数字 3 压栈。在随后遇到除法运算符"/"后，我们知道它和栈内顶部的乘号"×"优先级相同，于是进行 4×3 的运算（结果是 12），并且更改栈内顶部的结果。随后的计算和前面基本相同，无非是在遇到等号"="时先进行 12/4（结果是 3）的运算，然后进行 5-3 的运算，并且输出结果，清空堆栈。需要指出的是，在遇到除法时，我们需要判断除数不等于 0。整个过程如图 2.11 所示。

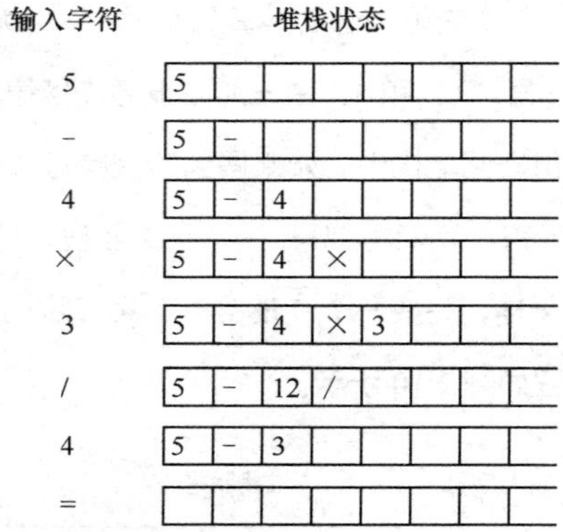

输入字符	堆栈状态						
5	5						
-	5	-					
4	5	-	4				
×	5	-	4	×			
3	5	-	4	×	3		
/	5	-	12	/			
4	5	-	3				
=							

图 2.11　计算"5-4×3/4="时，堆栈状态随输入字符变化的过程

如果没有堆栈这种数据结构，上面这样一个简单的问题解决起来会很复杂。使用堆栈之后，实现简单计算器的逻辑就非常清晰。当然，利用堆栈常常需要一些技巧，根据具体的问题灵活使用。有些人在面试时做不出来这道题，原因并不在于没有想到使用堆栈，而是错误地使用了堆栈。我们在使用堆栈时，是边压栈，边处理，而他们将整个算式全部压入了堆栈后才考虑如何处理。这样，他们在遇到"5-4-3="这一类的算式时就不知道该如何计算了，因为显然不可能在堆栈的顶端先做 4-3 的运算。

有了堆栈，任何需要先进后出、后进先出的算法都很容易实现。但是毕竟在这个世界上有些事情需要先来先处理，数据需要先进先出（First-In,First-Out，FIFO）。而队列（Queue）这种数据结构则满足这个要求。

计算机科学中所说的队列和我们生活中相应的概念是一致的。比如要对一段视频进行处理，我们需要把它变成一帧帧的图像，然后按照时间顺序一个个送入程序中，按照先来后到的顺序逐一处理。处理后，再合并、拼接成完整的视频。由于在视频文件中，后一帧的内容和前一帧有相关性，因此先后的顺序必须保持原样，不能随意变动，这就需要有一个先来先服务、先进先出的机制。

在计算机中实现队列这种数据结构，通常采用一个数组（或者其他的线性列表）和两个指针。第一个指针指向当前队列中最前面一个数据的位置，因此也被称为头指针；第二个指针指向队列中最后一个数据的位置，也被称为尾指针。当一个新的数据进来，它被放到队列的最后，当然尾指针就要相应地往后挪一个位置；当队列最前面的数据离开队列后，相应的头指针也要往后挪一个位置，队列中间位置的数据既不能被访问，也不会被处理。队列的数据结构可以大致定义如下：

```
1  struct Queue {
2    array_of_any_kind_of_data; // 任意数据类型的数组
3    int start_pointer; // 头指针
4    int end_pointer; // 尾指针
5  }
```

图 2.12 示意了元素进出队列后头、尾指针的变化。

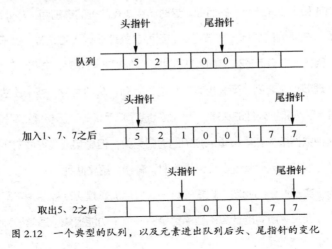

图 2.12　一个典型的队列，以及元素进出队列后头、尾指针的变化

　　利用队列这种数据结构，就可以很容易地实现"一排一排地"横向扫描遍历二叉树的算法了。这种算法是前面提到的广度优先算法，它的伪代码如下（在算法中我们用到一个队列 queue）：

```
1  BreadthFirstTraverseTree ( BinaryTree tree ) {
2   if (tree = NIL) return; // 如果树为空，不做任何操作，直接返回
3   // 在队列中加入一个新的数据，相应尾指针的调整是自动进行的
4   将根节点送到队列 queue 中；
5   while（队列 queue 不为空）{
6    取出队列 queue 中的头一个数据 node（即二叉树的某个节点）；
7    if（node.left_subtree != NIL) { // node 的左子树不是空树
8        将 node.left_subtree 放进队列 queue；
9    }
10   if（node.right_subtree != NIL) { // node 的右子树不是空树
11        将 node.right_subtree 放进队列 queue；
12   }
13  }
14 }
```

　　如果我们用这个算法遍历图 2.8 所示的二叉树，一开始会先将根节点 1 放入队列中，然后在取出根节点时，会放入它的两个子节点 2 和 3；接下来会取出节点 2 处理，同时将节点 4 和 5 放在节点 3 的后面。这时节点 3 在队列的最前面，等处理节点 3 时，会将节点 6 放在队列的最后，即节点 5 的后面。处理节点 4 和 5 时，由于它们的子节点均为空，因此不会有新的节点加入队列中。等处理节点 6 时，节点 7 会放到队列中。最后，在处理节点 7 之后，不会再有节点进入队列，队列为空，整个算法结束。按照上述节点进入队列和被处理的次序，我们就完成了广度优先遍历整棵二叉树的过程。

　　队列这种数据结构和本章重点介绍的递归无关，但是和堆栈形成对比，它们可以放在一起学习理解，因此我们在介绍堆栈时，顺便介绍了队列。

　　除了用于实现递归的问题，堆栈的另一大应用场景是实现程序中不同功能模块的相互调用。今天几乎所有的计算机程序都是由一个个功能模块（通常被称为函数或者

过程）相互嵌套而成的，这些相互嵌套的模块彼此在相互调用时，就需要使用堆栈来记录调用的过程了。接下来，我们就用两个具体的例子来谈谈嵌套的问题。

要点

堆栈是后进先出（LIFO），队列和堆栈相反，是先进先出（FIFO）。

思考题 2.3

Q1.　写出简单计算器的伪代码。（AB、FB 等，★☆☆☆☆）

Q2.　回旋打印二叉树的节点。（作者使用过的面试题，★★★☆☆）

修改二叉树的广度遍历算法，使得偶数行的节点从左向右遍历，奇数行的节点从右向左遍历。

比如图 2.8 所示的二叉树，遍历的顺序为 1→2→3→6→5→4→7。

2.4　嵌套：自然语言的结构特征

　　递归的特点其实是层层嵌套，这有点像俄罗斯套娃。嵌套是计算思维的另一个核心思想，我们可以将它看成递归思想的拓展，或者将递归看成嵌套的特例——它嵌套的永远是自己。对一位计算机行业的从业者来说，对嵌套的理解的深度直接影响他设计程序的水平，因为今天面向对象的程序设计，其内部的过程或者函数彼此之间的关系本身就是嵌套的。

　　一个可单独运行的完整程序会有一个主函数，一般是空壳，通过调用真正的功能模块完成其任务。在功能模块中，整个程序要完成的功能被分解为一个个封装好的独立模块，它们之间可以相互调用，最后实现整个程序的设计功能。整个程序的设计思路应该遵循自顶向下递归的原则，而不是按照程序顺序执行的流程一步步进行。图 2.13 中展示了这两种设计思想的区别。图 2.13（a）所示是今天每一个从业者需要具有的计算机的思维方式，图 2.13（b）所示则是我们日常做事情按部就班的思维方式。

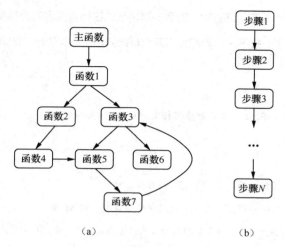

（a）   （b）

图 2.13　计算机和常人思维方式的差异

　　早期的计算机程序大多是按照右边的思路写成的。因为那时的程序很简单，基本上就是完成一项单独的任务，上千行的程序就算是大程序了，所以程序员可以把全部的步骤想清楚。那时被广泛使用的一种语言叫作 Fortran，就是公式翻译（Formula Translation）的英文缩写；顾名思义，当时的程序就是把确定的解法写成计算机能够"理解"的语言。

　　但是随着计算机的发展，程序变得越来越复杂，一个大程序有上百万行代码是很常见的事情，因此程序员不可能把所有的步骤顺序想清楚，而只能先把大框架想清楚，再层层递进解决细节问题。为了防止一个细节影响到其他步骤，每一个模块都要封装好。为了使这些模块将来能够重复使用，每一个模块只完成一个功能；如果要用到其他的功能，就需要调用其他的模块。这样一来，程序的结构就是嵌套的，如图 2.13（a）所示。关于面向对象、模块化设计，我们在后面还会专门讲。

　　值得一提的是，在上面的嵌套关系中，模块 3、模块 5 和模块 7［即图 2.13（a）中的函数 3、函数 5 和函数 7］出现了相互嵌套，这在今天的程序设计中是允许的 [1]。事实上，递归也是一种特殊的相互嵌套，只不过它每一层嵌套里面装的都是自己。另

---

[1]　不建议大家在实际程序代码中使用相互嵌套，因为这会造成逻辑关系复杂，不利于理解，而且容易出错。

外，上面每一个功能模块内部的代码在结构上也是层层嵌套的。比如一个函数里面可以嵌套一个循环语句，而循环语句内也可以再嵌套其他函数的调用。

当然，我们使用 Java、C++、Python 等程序语言写的计算机程序，都需要被编译或解释成二进制代码才能运行，而编译的过程就是将嵌套解开的过程。由于这个过程比较抽象，讲起来不是很直观，我们用计算机分析自然语言为例来说明。实际上分析计算机的程序语言要比分析自然语言容易得多。

所谓自然语言的语法分析，就是要把一句话一级一级地分析出语法结构。知道了句子的语法结构，可以帮助我们核对机器翻译的结果，在一定程度上提炼出句子的含义，提炼出不同概念之间的相关性，建立知识图谱，还可以帮助计算机写文章的摘要，或者回答问题。总之，这项工作在自然语言理解中很有意义，那么这件事怎么做呢？通常的做法有两种。一种是自底向上的分析方法，这从数学方面讲起来有点啰唆，这里就省略了，有兴趣的读者可以参阅本人拙作《数学之美》。另一种做法是自顶向下的递归算法，下面我们就用一个例子来介绍它。我们先来看这样一句话：

今年北京颐和园的游客人数比往年减少了一成。

虽然我们从小学习语文时，是由字组词、用词造句，循序渐进地学习的。但是做句法分析比较有效的方法是先将一个句子的主谓语部分分开；然后将主语部分分成核心的名词短语和修饰它的短语（汉语语法分析中喜欢称呼这些修饰语为定语，在英语中常常根据它们的性质直接称之为形容词短语或者名词短语等）；再将谓语部分做类似的分解。这里面所说的"主语部分""定语""名词短语"被统称为句子成分，它们是不同颗粒度的语法单元。"名词""动词"和"副词"等则是词性，它们也是特殊的句子成分，只是它们不可以再分。下面是一组典型的语法规则：

句子 = 主语部分 + 谓语部分

主语部分 = 定语 + 名词短语

定语 = 名词短语 | 形容词短语

名词短语 = 形容词 + 名词

名词短语 = 名词

谓语部分 = 谓语 + 宾语

谓语部分 = 谓语 + 状语

宾语 = 句子 | 名词短语

状语 = 副词 + 动词

上述每一条规则被称为重写规则，也就是说，规则左边的句子成分可以被右边的一个或者一组句子成分代替。规则中的"|"代表"或者"，定语＝名词短语 | 形容词短语表示定语既可以是名词短语，也可以是形容词短语。从这些规则中我们可以看出：它们首先是从上往下嵌套的，其次它们可能相互嵌套，比如一个句子可能包括宾语，而宾语又可能包含一个句子。

用这样的一组语法分析上面的句子并不难。一个语法分析器首先会在"人数"和"比"这两个词之间画一道线，把它分为主语和谓语部分。然后在"游客"和"人数"两个词之间再画一道线，把主语分成定语和名词短语。这样做下去，一直分析到每一个词，如图 2.14 所示。

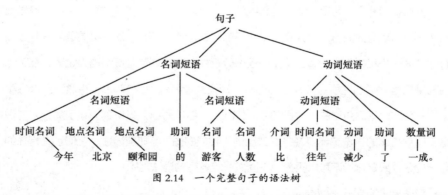

图 2.14 一个完整句子的语法树

不过，如果小学老师这样自顶向下教语文，再聪明的孩子也会糊涂的。因此，人们循序渐进地学习是有道理的，但久而久之我们也就将自己局限在自底向上的工作方式中了，不适应自顶向下的做事方式。而计算机的思维方式在这方面则给了我们一个新的启发。

人类的语言其实天然地符合递归的原则。不过这里要说明的是，今天各种语法分析器所采用的语法规则其实已经不是人写的了，而是计算机自己根据语料学习得到的。为了符合大家在语文课上所学的内容，我对上述语法规则做了一些简化，在真实的自然语言处理中，语法单元和语法规则的颗粒度要小很多，也复杂很多。

采用递归的算法分析语言，复杂度其实是很高的。前文给出的语法规则被称为上下文无关文法（Context-Free Grammar），因此规则中等号"="左边的一个句子成分由什么样的语法单元构成是完全独立的，和上下文无关。用上下文无关文法分析自然语言语句的复杂度是 $O(N^3)$，这里面 N 是句子的长度。今天我们使用的计算机程序语言，其文法都是上下文无关的。虽然 $O(N^3)$ 在工程上具有非常高的复杂度，但我们依然能够"忍受"。不过，真实的自然语言的语法结构常常是和上下文相关的（Context-Sensitive），也就是说，一个句子成分是否能够被重写成一个或一组其他的句子成分，取决于它的上下文。比如下面就是一条典型的上下文相关文法（Context-Sensitive Grammar）的规则：

（介词）名词短语（副词）=（介词）数量词＋形容词＋名词（副词）

在这条文法规则中，等号"="左边的名词短语能否重写为右边的数量词＋形容词＋名词，要看上下文条件了，即括号"（）"中介词前缀和副词后缀的条件是否满足。如果我们对比一下相应的上下文无关文法，它应该是

名词短语＝数量词＋形容词＋名词

它是无条件的。

真实的自然语言显然是上下文相关的。我们都知道，一个词在句子中起什么作用要看上下文。比如"改革"这个词，既可以是名词用作主语，也可以是动词用作谓语，这完全取决于上下文。因此分析自然语言时，我们应该使用上下文相关文法，而非简单的上下文无关文法。但是这样一来，分析句子语法结构的算法的复杂度就大大增加了。这本身是一个 NP 困难（NP-hard）的问题，不过在通常的情况下，可以简化到 $O(N^6)$，这比上下文无关文法的 $O(N^3)$ 复杂度高了很多，这样复杂度的算法在计算机

工程中被认为已经很难实现。在处理自然语言时，我们通常只能以上下文无关文法为基础，在某些情况下考虑引入少量的上下文相关文法规则。

20世纪80年代之后，概率统计在自然语言处理上发挥了巨大的作用。计算语言学家开始尝试在句法分析时考虑每一种语法规则适用的范围和频率，优先尝试使用频率高的规则，这样就大大降低了语法分析的难度，同时提高了文法分析的准确性。这种考虑了语法规则概率的上下文无关文法则被称为基于概率的上下文无关文法（Probabilistic Context-Free Grammar，PCFG）。从机器学习的角度来讲，它和马尔可夫模型基本上等价。而考虑了概率的上下文相关文法，计算量也可以被大大降低，它其实和一个被称为条件随机场的机器学习方法大致等价，而后者又基本上等价于今天很热门的深度神经网络。这也是今天在有了深度神经网络的机器学习工具（即深度学习）后，很多自然语言处理的问题能够得到改进的一个原因。

很多计算机从业者一辈子都未必接触过与自然语言处理相关的工作，虽然这项工作今天变得越来越时髦。不过，稍微了解一些计算机分析自然语言背后的机理对于学习计算机的人来讲有两个好处。

首先，它有助于大家加深对计算思维的理解，特别是对递归、嵌套和模块化的理解。我们在前面讲过，递归思想的关键就是把一个大问题不断拆成小问题，怎么拆就需要人的智慧了。在自然语言理解中，那些文法规则就是人类告诉计算机该怎么拆的指令。

其次，它有助于我们亲身感受一下很多计算机应用的问题计算量到底能有多大。很多问题哪怕我们找到了最佳算法，复杂度也要远远高于我们的想象。在很多人看来，分析一个长度为20个单词的句子时对它建立语法树，并非一件了不得的事情，让接受过训练的大学生来做这件事，不过一两分钟的事情。但是让计算机来做，如果没有将算法优化到极致，也需要一分钟左右的时间，要知道今天计算机一分钟能完成的计算是万亿次。为什么自然语言处理的复杂度那么高？主要是合乎文法的语法树数量太多，关于这一点我们在4.4节介绍树的数量时还会讲到。

在一般的工业领域，效率通常只能是百分之几十或者几倍的提高。但是在计算机工程上，有时对算法效率看似微小的提升，都可能极大地缩短运算时间（变为原来时间的几十分之一甚至更短），完成很多原来做不到的事情。具体到句法分析，如果能够很精妙地设计算法，运行时间可以降低一到两个数量级。这个差异如果反映到产品上，采用有效算法的产品就可能通吃市场，而算法未经优化的竞品可能毫无竞争力。对于计算机从业者而言，能把算法掌握得非常娴熟，是非常核心的竞争力。**每一级工程师水平的差异，反映到他们所做的产品上，可能就会有数量级的差别。**

要点

自然语言的文法分析，就是把线性的句子变成一棵语法树。

分析一个语句需要很多文法规则，过去它们是人编写的，今天是通过机器学习得到的。

文法规则可以是上下文无关的，也可以是上下文相关的。

思考题 2.4

Q1. 二叉树的最大深度（也被称为树的高度）是从根节点到最远的叶节点的节点数。请写一个判定任意二叉树最大深度的算法。（AB，★☆☆☆☆）

Q2. 如何在一棵二叉排序树中找到第二大的元素？（FB，★★☆☆☆）

● — 结束语 — ●

计算思维不同于人们通常的思维方式。概括来讲，人习惯于由小到大、由近及远，习惯于归纳总结经验；而计算思维则强调自顶向下，先全局、后局部，逐步分解，也就是递归的思维。递归的优点是以相同方式处理大问题和小问题，代码非常简洁易懂。如果我们把递归的思想再往前扩展一步，那就是层层嵌套的思想，通过这种方式可将复杂的问题分解为简单的问题。当然，在分解的过程中需要规则和逻辑，比如在自然语言处理中，文法规则就是分解问题的规则。

对于计算机从业者来讲，要想达到随心所欲的地步，就需要让自己的头脑按照计算机的方式去想问题。

附录一 斐波那契数列递推公式的推导

要找到斐波那契数列第 n 项 F_n 的解析解，比较严格的推导方法是借助组合数学中的母函数（Generating Function）。鉴于大部分人没有学过组合数学，这里先用一种初等代数的方法给出答案，然后再给出使用母函数的解法。

假设斐波那契数列相邻两项的比值为 p，于是就有

$$F_n = p\, F_{n-1} \tag{2.4}$$

当然，

$$F_{n-1} = p\, F_{n-2} \tag{2.5}$$

也成立。需要说明的是，我们需要先证明斐波那契数列相邻两项的比值收敛，然后才能得到式（2.4），这部分内容我们省略了。这也是初等代数方法不严格的地方。

接下来我们再构造一个有关 F_n 和 F_{n-1} 的线性组合 $F_n + q\, F_{n-1}$，这就是我所说的技巧所在，这个技巧一般人其实是想不到的。从这个线性组合出发，我们能得到

$$F_n + q\, F_{n-1} = p(F_{n-1} + q\, F_{n-2}) \tag{2.6}$$

将 $q\, F_{n-1}$ 移到等式的右边并化简，就得到下面的方程

$$F_n = (p-q)F_{n-1} + pq\, F_{n-2} \tag{2.7}$$

再和斐波那契数列的递归公式 $F_n = F_{n-2} + F_{n-1}$ 对比，我们就知道

$$p - q = 1 \tag{2.8}$$

$$pq = 1 \tag{2.9}$$

消掉未知数 q，得到

$$p^2 - p - 1 = 0 \tag{2.10}$$

这和计算黄金分割比例的方程是相同的。于是我们得到

$$p = \frac{1 + \sqrt{5}}{2} \tag{2.11}$$

此外，还可以算出

$$q = \frac{\sqrt{5} - 1}{2} \tag{2.12}$$

然后再从 p 和 q 出发，利用 $F_1=1$，$F_2=1$，算出斐波那契数列中每一项 F_n 和 n 的关系，即

$$F_n = \frac{1}{\sqrt{5}}\left[\left(\frac{1+\sqrt{5}}{2}\right)^n - \left(\frac{1-\sqrt{5}}{2}\right)^n\right]$$ （2.13）

有意思的是，虽然上面这个式子中有根号运算，但是运算的结果永远是正整数。另外，很容易验证斐波那契数列相邻两项的比值趋近于黄金分割比例。

接下来，我们使用母函数的方法计算斐波那契数列的解析公式。

我们定义一个母函数

$$G(x) = \sum_{n=0}^{\infty} F_n x^n$$ （2.14）

其中，F_n 为斐波那契数列的第 n 项，即 $n>1$ 时，$F_n=F_{n-1}+F_{n-2}$，并且 $F_0=0$，$F_1=1$。由于 $F_2=1$，在式（2.14）中代入 F_0、F_1 和 F_2 的值，我们得到

$$
\begin{aligned}
G(x) &= \sum_{n=0}^{\infty} F_n x^n \\
&= \sum_{n=1}^{\infty} F_n x^n \\
&= x + \sum_{n=2}^{\infty} F_n x^n \\
&= x + \sum_{n=2}^{\infty} (F_{n-1} x^n + F_{n-2} x^n) \\
&= x + x\sum_{n=2}^{\infty} F_{n-1} x^{n-1} + x^2 \sum_{n=2}^{\infty} F_{n-2} x^{n-2} \\
&= x + xG(x) + x^2 G(x)
\end{aligned}
$$

解上述母函数的方程可以得到

$$G(x) = \frac{x}{1-x-x^2}$$ （2.15）

展开这个有理函数得到

$$G(x) = \sum_{n=0}^{\infty} \frac{1}{\sqrt{5}} \left[\left(\frac{1+\sqrt{5}}{2} \right)^n - \left(\frac{1-\sqrt{5}}{2} \right)^n \right] x^n \qquad (2.16)$$

于是我们就得到

$$F_n = \frac{1}{\sqrt{5}} \left[\left(\frac{1+\sqrt{5}}{2} \right)^n - \left(\frac{1-\sqrt{5}}{2} \right)^n \right] \qquad (2.17)$$

附录二　八皇后问题算法的伪代码

```
1   //  一列一列地放置皇后
2   //  棋盘上当前已经摆放的皇后的状态存放在 board 这个数组中
3   //  在 row 行 column 列放上一个皇后之后，我们会调用一个函数 isValid()
4   //  检查当下棋盘状态是否合法。这个函数并不难实现，这里就省略它的伪代码了
5   boolean Find8QueenSolution(int board[], int column) {
6    if（所有列都放好了）
7     return true;
8    for each row of the board {
9      if isValid(board, row, column) {
10      board[column] = row; //  在棋盘的 row 行 column 列放一个皇后
11      //  递归调用该函数本身，看看是否在下一列依然能找到皇后的摆放位置
12      //  如果可以，说明到第 column 列的摆放是合法的
13      //  如果不可以，说明不能在第 row 行 column 列放一个皇后
14      //  如果这一列找不到一个合适的摆放位置
15      //  要回溯到上一列，重新测试新的位置
16      if（Find8QueenSolution(board, column+1)）{
17         return true;
18         } else {
19        board[column] = 0; //  把 row 行 column 列的皇后拿走
20       }
21     }
22    }
23    return false;
24   }
```

附录三 将任意树转化成二叉树

我们以图 2.4 所示的二叉树来说明，为了简单起见，假定图中的根节点有四个子节点并重新进行编号，如图 2.15 所示。

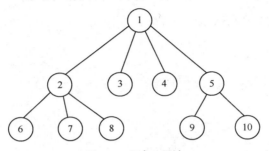

图 2.15 任意一棵树

对于这样一棵树，我们可以采用如下的递归方式定义它。

```
1  struct Tree {
2    AnyDataMember; // 任意数据项
3    Tree *subtrees; // 子树序列的线性表
4  }
```

这棵树包含一个根节点，里面的数据记录根节点的信息，然后它包含一个子树序列。在前文的数据结构中，我们采用的是指针的形式，当然如果知道每个节点数的上限，也可以用数组实现。用上述数据结构重新绘制图 2.15，可以得到如图 2.16 所示的结构。

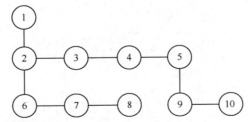

图 2.16 将每一个节点的子树放到一个线性表（数组或者指针）中之后树的结构

　　不知道大家是否看出来了，图 2.16 其实就是一棵二叉树，并且可以恢复到图 2.15 的形态，因此这两棵二叉树是等价的。从图 2.15 到图 2.16，只要遵循下面两条规则即可：

1. 对于图中的每一个节点，将其子树中的第一棵变为左子树；
2. 将它右边的兄弟子树变为右子树。

第 **3** 章

万物皆编码——抽象与表示

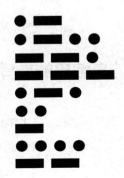

用一句话来讲计算机的功能，就是传输、存储和处理信息。要完成这样的任务，就要对信息本身进行编码，对信息要传送的目的地编码，对存储信息的物理单元编码。因此，有效的编码既是计算机科学的基础，也是掌握这门学科的钥匙。

在讲述编码之前，我们先来看一个非常简单的例子，这是在中学生的计算机入门课程中使用的一道题。

用 10 个手指，能表达多少个数字？

很多人觉得能表达 10 个数字，因为我们平时数数就是这么数的。

稍微爱动脑筋的人可以用两只手表示 100 个数字，因为我们一只手就能表示 10 个数字，将两只手组合起来，一只表示个位，一只表示十位，就能表示从 0 到 99 共 100 个数字。这个想法非常好，这种编码显然比前一种更有效，但仍不是最有效的，因为如果我们考虑采用二进制，而不是十进制进行编码，则能表示 1 024 个不同的数字。具体做法是这样的：我们把 10 个手指伸开，从左手的小拇指到大拇指编号为 0 ~ 4，再从右手的大拇指到小拇指编号为 5 ~ 9。这 10 个手指每一个都有伸出、收起两种状态，每一种状态对应于一位二进制数，10 个手指能表示 10 位二进制数，也就是 1 024 种可能性。

当然可能还会有人讲，如果让每个手指有收起、半伸出、全伸出三种状态，岂不是能表示更多的可能性了吗？这个想法并不错，但是有一个问题，就是半伸出和全伸出不易分辨，用专业的术语讲，就是会产生二义性，造成误识，凡事过犹不及。

从这个例子可以看出，不同的编码，在表达信息时效率可能会差很多。而在计算机里用的编码都不能有二义性，有别于我们平时的一些想法和习惯。下面我们就从人和机器在编码上的差异说起。

3.1　人和计算机对信息编码的差异

编码其实早在电子计算机被发明前就有了，比如说文字就是对信息的一种编码，数字也是。当然，我们的名字、街道的名称、化学符号、数学方程等都是编码。但是，计算机使用的编码和这些编码有很大的区别。这倒不完全是因为计算机中各种编码产生于信息论被提出之后，更主要是因为它们是有意识地被设计出来的，并且在设计时进行了通盘考虑，而人们在生活中所使用的编码则是逐渐演变进化的结果。大家在提出一种编码时，只考虑了自己周围的情形，不了解甚至不需要了解全局。此外，人在对不同的对象进行编码时，主要考虑是否好记，而计算机则是强调效率。

我们先从人的名字这种编码说起。父母在给孩子起名时，只要自己觉得好听、有意义就好了，很少考虑重名的事情，于是重名就成了普遍现象。我有一个同事叫"李强"，据他讲全中国有几百万人叫李强，以致他每次进出海关都非常麻烦，要被盘问很长时间。在西方，一个家族如果喜欢上一个名字，爷孙父子好几代人都会用，他们自己明白说的是谁，而外人只好加上"老""小"，甚至一世、二世、三世来区别。

一个计算机系统使用的名字可不能重复，比如在互联网上网站名是不能重复的，一个计算机外围设备接口的名称也不能重复。为了确保不重复，计算机系统就要额外做很多事情。

人们在生活中所使用的编码还有另一个特点，它们都是从具体到抽象慢慢地演变出来的。比如地址就是对地点的一种编码，而人们对于地址的描述，大多源于对这个地区特征的表述，比如北京的西三旗、甜水井胡同、菜市口、西直门等，这些地名原有的含义很少有人关心了，它们逐渐成为抽象的编码。你通过这些名字找不到具体地方，更不用说很多地名都是重复的，这种现象在西方城市很常见。

为了解决地址有重码的问题，英国人发明了邮政编码，用不重复的字母对一个地区编号、细分，这样每一个地区就有唯一的编号。但是，人们在早期设计邮政编码时，并不能预见未来才会出现的问题，因此在设计邮政编码时只考虑了当时（19世纪）面临的问题，比如一开始只考虑对城市的各个地区按照当地名称的字母缩写编号，再对一个城市或者大地区的各个区顺序编号。比如 SW 代表伦敦西南郊，1W 代表它的一个分区，它们共同构成了外邮编（Outward）。后来人们发现这种邮编不够细致，范围太大，还是难以确定位置，于是又加上细分的片区，用数字顺序编号，最后又用两个字母代表街道或者地点，这些构成了所谓内邮编（Inward）。比如 Google 伦敦办公室的所在地是 SW1W 0NY。英国邮政编码形成的过程，符合典型的人类思维方式——从具体的描述中抽象出编码，而且是从解决当前的问题出发，渐进细化，不断增加和改变的。

计算机的编码则不同，它完全是为了区分不同的对象，因此人们在一开始就先根据需要区分的对象的数目设计好编码，再把真实世界里的对象对应到某个编码中，所以计算机中的编码从一开始就是抽象的。比如互联网上不同的 IP 地址，计算机中不同端口的地址，内部寄存器不同单元的地址，等等。在设计互联网架构的时候，科学家们根据当时人们对未来全球服务器的数量的想象，给所有可能的联网服务器都预留了一个 IP 地址，它们是四组 0 ~ 255 的数字，也被称为 IPv4[1]。当一所大学连入网络后，就把某些 IP 地址的编码和真实的服务器对应上了。比如以 171.66 和 171.64 开头的 IP 地址都给了斯坦福大学。同样，当科学家们在设计计算机处理器芯片时，需要在芯片中设计存储数据的寄存器，这些寄存器是真实存在的。但是，处理器芯片在制造出来之前并不存在，而科学家们会先设计处理器的指令集。在指令集中，科学家们会对寄存器进行编号，比如 R0 ~ R31，每一个真实的寄存器都会被对应到这些编号中。这种编码的原则在生活中也偶尔能看到，比如中国（六个数字）和美国的邮政编码（五个数字）都是这么设计的。

计算机的这种编码方式带来一个结果，那就是那些内部的编码计算机可以"理解"，但是人在看了后很难明白其中的含义。比如，看到 18.0.0.18 很少有人会知道它

---

[1] IPv4 能够给 40 亿台服务器编号。当时全世界有不到一万台计算机，因此人们想着放大一万倍总该够了，今天全世界的服务器数量超过 40 亿台，因此科学家们在推广 IPv6 的编码方式。IPv6 通常用八组十六进制数表示一台服务器的地址。

是 www.mit.edu 网站服务器的 IP 地址；在一本电子词典中，"石头"这个词放在了第
37284096 个存储单元中，但是从这个存储单元的编号，你无法得知它对应于"石头"
一词。

从上面这些例子可以看出，人类区别不同对象的思路和计算机是完全不同的。为
了让计算机有效地工作，为它设计的编码有别于人们的思维习惯。因此，一个优秀的
计算机从业者就需要做到常人做不到的两点。

首先，暂时忘记人类的一些思维习惯，站到计算机的角度来设计其编码。

无论是计算机软件还是硬件，一旦其编码方式设计完成，就很难改变了。因此，
在设计之前要把各种情况考虑清楚。比如，2000 年前后出现的千年虫问题，就是当
初在对年代进行编码时为了节省两个数字，最后造成计算机分不清 1901 年和 2001
年的情况。再比如，国内一家知名的 IT 企业曾经出现过没有留够用户编号位数的
情况，10 多年后，业务发展了，企业发现用户的编号将要出现重复的情况，最后不
得不像修复千年虫问题那样，花费巨大的成本。这些问题如果一开始就考虑周全，
会为后来免去很多麻烦。**在计算机行业里，从业者有无经验常常体现在动手开干之
前，能否站在计算机的角度审视一遍自己的想法。这是四级工程师和五级工程师的
差异。**

其次，要善于建立起一座桥梁，实现那些计算机内部抽象编码和人能够理解的形
象编码之间的一一对应关系。

计算机编码是以效率为优先的。如果没有这座桥梁，人会因为太难读懂那些编码
反而降低工作效率，机器所带来的效率提升也难以体现出来。就拿中国的邮政编码
（简称邮编）来说，现在几乎不用，甚至大部分人不知道自己所在地的邮编，平时发
个快递也不需要邮编，因为快递小哥找地址还是依据人的习惯，根据特征的表述来投
递货物。这种习惯性做法其实在实现货物跟踪方面效率较低，全靠大量的人力来提高
速度。这里面的问题并非邮编设计得不好，而是人习惯使用的地址和计算机里使用的
编码之间的桥梁没有建立好。

从人的思维换到计算机的思维，就需要计算机在访问信息或者了解一些对象的具体特征之前，先要根据编码定位，然后再到相应的位置去查看内容。比如互联网发送邮件，先要查出对方计算机所在网络的 IP 地址，而不是 mit.edu 这个具体的描述，才能知道要将邮件送到哪里。如果快递小哥也这么工作，就需要先根据客户写的地址找到经纬度，然后再去那个地方，当然这样太绕弯子了。计算机初学者常常很困惑的一件事就是，为什么计算机总是先要绕一个弯，找到地址才能找到内容。因为计算机就是这么设计的，和我们人的思维方式不同。

理解了计算机内部的工作机制和人思维方式的不同之处后，在对信息和各种对象进行编码时，就要本着效率优先的原则。计算机内部使用二进制是很有道理的，因为世界上所有的信息都可通过二分的方法来确定，而且效率很高。比如我们可以用 0 代表正，1 代表负；用 0 代表小，1 代表大；等等。用多个二进制的组合，就能对各种信息或者对象进行编码，比如用四位二进制对 16 个不同的计算机设备进行编码，以示区别。在计算机内部，二进制所代表的编码，很容易通过开关电路来产生、输出和辨识。

当然，二进制编码对于人类来讲很不直观，便产生了很多便于人类辨识的等价代码。比如在 MIPS 处理器中，用 001000 代表加法运算，如果这样写程序几乎没有人能记住，出错也很难以检查，于是人们就将 ADD 这三个字母和 001000 这条代码对应起来。所以在计算机内部使用的编码和我们在纸上记录的编码可能是两回事，前者都是二进制的，而后者更接近我们人能记住的符号。在计算机的发展过程中，很多高级语言被发明出来，比如 C、C++ 和 Java。发明这些语言，就是为了弥补机器语言不够直观的缺陷。因此高级语言的本质是连接人的解题步骤编码和机器解题步骤编码之间的桥梁。

一个好的计算机从业者，最终要习惯于用二进制对各种信息和对象进行编码；或者说要从生活中的人，变成工作时的计算机。如果计算机从业者跨不过这道坎，最终将无法成为计算机行业的设计者，只能是一个别人思想的执行者。对于生活中的很多事情，我们要想到它们和二进制编码的关系。接下来不妨看两道例题，体会一下如何将生活中的问题，用二分编码的思维重新思考。这两个问题曾经是 MS 和 AB 这两家顶级计算机公司挑选软件工程师时经常问到的问题。他们问这些问题并不是为了考查面试者的智力，而是要看其思维方式能否从人的惯性思维转到计算思维上。

要点

人对目标的编码是一个渐渐演变所得到的结果，以方便为目的；而计算机的编码要争取一次性尽可能考虑清楚所有情况，以效率为目的。它们之间经常需要一座桥梁来连接。

思考题 3.1

给定一个集合，如何输出它的幂集？（AB，★★☆☆☆）

提示：一种不好的方法是，考虑幂集中包括一个元素、两个元素、三个元素……的情况；好的方法是对幂集中的所有元素统一编码。

3.2　分割黄金问题和小白鼠试验问题

例题 3.1　分割黄金问题（MS）　★★★☆☆

泰勒是一位雇主，雇用鲍尼为自己新建的房子铺设院子里的地砖，这是一个七天工作量的活儿。泰勒答应一共支付一根金条作为报酬，但是鲍尼要求每天支付他 1/7 的工资，泰勒答应了。现在，请问你如何在金条上切两刀，保证每天正好能支付鲍尼 1/7 的工资。

这道题是一个参加 MS 公司面试的学生告诉我的，他想了半天也没有想出来，就跑来问我。后来我发现其他计算机公司有时也会用到这道面试题。今天你可以在互联网上找到它的答案，但是几乎所有的网站只给出了答案，没有分析为什么计算机公司要考这个看似是智力测试的问题。

我们先来说说大部分失败者的想法，他们试图控制刀子切金条的方向，将它切成等质量的七份。这件事其实做不到，因为对于一个长方体，无论怎样平着切两刀，都只能分出四份，如果刀子切割时的路径是曲面，就很难控制每一份是均等的。这种想法完全走偏了，抱定这种想法的人，实际上已经被人固有的思维方式在牵着鼻子走了。

这道题其实并不难解，关键是在拿到这道题之前，不要一心想着怎么"动刀"，而是想想为什么一家知名的计算机公司会考这道题。难道只是为了测试智力吗？应该不是，这个问题和计算思维应该有些关联。如果能想到这一点，解题的思路就能回到正轨上，这道题就变得非常容易了。

这道题的答案说起来很简单，我们在金条 1/7 的地方切一刀，在 3/7 的地方再切一刀，这样金条就变成了三个小金块，质量分别是 1/7、2/7 和 4/7 金条质量。接下来，我们就要用 1、2、4 这三个数字表示出 1 ~ 7 这七个数字，具体的表示方法如下：

$1 = 1$

$2 = 2$

$3 = 2 + 1$

$4 = 4$

$5 = 4 + 1$

$6 = 4 + 2$

$7 = 4 + 2 + 1$

利用上面的公式，在发工资时，泰勒第一天给鲍尼 1/7 金条质量的那一块黄金；第二天给鲍尼 2/7 金条质量的那一块，并要求对方交回先前 1/7 金条质量的那一块；第三天，再给鲍尼 1/7 金条质量的那一块，这样他就得到了 3/7 金条质量的黄金；第四天，给鲍尼 4/7 金条质量的那一块，但是要求他将之前给的两小块交回……到了第七天，把所有的黄金都给鲍尼即可。当然，有人可能会说，如果鲍尼中间把钱花光了，没有钱找泰勒怎么办？这不是这道题要考的。至于如何明确考官的意图，这其实是任何面试者必须掌握的技巧。简单地讲，之所以采用面试而非笔试来考查一个人，考查口头沟通技巧本身就是目的之一，稍微有点这种技巧的人，就能够在一问一答的沟通中明确这个问题的含义。当然，如何训练面试中口头表达的技巧，不是我们这本书要讨论的内容。

这道题解法中的关键是 1、2、4 这三个数字能够表达 1 ~ 7 的所有数字，如果你切成了 1、3、3，就办不到了。那么为什么 1、2、4 可以呢？因为它们分别是二进制的"个位数""十位数"和"百位数"。因为二进制只有 0、1 两个数字，所以每一个进位是 0 或者是 1 的组合，就能表示各种数字。我们不妨再用二进制把前面七个等式重写一遍就一清二楚了（二进制数以 0b 开头）。

1 = 0b001

2 = 0b010

3 = 0b011 = 0b010 + 0b001

4 = 0b100

5 = 0b101 = 0b100 + 0b001

6 = 0b110 = 0b100 + 0b010

7 = 0b111 = 0b100 + 0b010 + 0b001

这道例题能很好地考查一个计算机从业者对二进制编码的理解程度，以及灵活应用二进制编码解决实际问题的能力。任何一个四级的工程师，都应该能够想出这道题的答案。

对于上面这个例子，如果面试者不了解二进制编码，多动点脑筋或许也能够想出来，但是下面这道面试题就需要面试者对二进制编码的本质有深刻认识了。

例题 3.2 小白鼠试验问题（AB） ★★★☆☆

有 64 瓶药，其中 63 瓶是无毒的，一瓶是有毒的。如果做试验的小白鼠喝了有毒的药，三天后会死掉，当然喝了其他的药（包括同时喝几种，各种药不会发生反应产生综合效应）则没有事情。现在只剩下三天时间，一只小白鼠只能参与一次试验，请问最少需要多少只小白鼠才能试出哪瓶药有毒？

很多人看了这个题目从直觉出发，直接答 64 只，每一只吃一种不同的药。这么做自然没有问题，但是并不十分有效，就如同用 10 个手指表示了 10 种数字一样。解决这个问题，关键在于对要检测的 64 瓶药进行二进制编码，然后让参与试验的小白鼠和药瓶上的编码对应起来。具体的做法是这样的。

1. 将这些药从 0 ～ 63 按照二进制编号，即从 000000（六个 0）到 111111（六个 1），最左边是第一位，最右边是第六位。

2. 选六只小白鼠从左到右排开，和二进制数从左到右的各个数位对应，如表 3.1 所示。

表 3.1　每一只参与试验的小白鼠对应服用的药品（1 代表服用，0 代表不服用）

药瓶编号						
0	0	0	0	0	0	0
1	0	0	0	0	0	1
2	0	0	0	0	1	0
3	0	0	0	0	1	1
…	…	…	…	…	…	…
31	0	1	1	1	1	1
32	1	0	0	0	0	0
…	…	…	…	…	…	…
61	1	1	1	1	0	1
62	1	1	1	1	1	0
63	1	1	1	1	1	1

3. 每一只小白鼠吃表格中相应的列所对应的二进制是 1 的药，也就是说第一只小白鼠吃 32,33,34,…,63 号药，第二只小白鼠吃 16,17,…,31,48,49,…,63 号药……第六只小白鼠吃 1,3,5,…,63 号药。

4. 吃完药之后三天，某些小白鼠可能死了，我们假定第一、第二、第六这三只小白鼠死了，剩下的活着。这说明什么呢？说明编号 110001 的药有问题，因为这个药第一、第二、第六这三只小白鼠都吃了（对应的位置为 1），而第三、第四、第五这三只没死的小白鼠没有吃（对应的位置为 0）。110001 对应十进制的 49，也即 49 号药是毒药。对于其他的组合也是同样的，如果所有的小白鼠都没有死，说明 0 号药是毒药，因为其他的药都吃过了，就这一瓶没有吃。

通过上述方法，可以用六只小白鼠一次完成 64 选 1 的任务。

当然，我们也可以从信息论出发，确定六只小白鼠就足够了。上述问题是一个 64 选 1 的任务，从理论上讲，其实只需要 log64=6 比特的信息。每一只参与试验的小白鼠，在试验后有两个结局，要么活了下来，要么死去了。不论是什么结局，它们每一只分别提供了 1 比特的信息。因此，从理论上讲六只小白鼠就足够了。知道了需要六只小白鼠，而且每只小白鼠只有两个结局之后，我们可以想到用六位二进制编码。这是先从理论上找到编码的长度，再设计编码的方法。

这道题是我从别人那里听到的，我觉得非常好，因此就拿来面试别人。当然，大家可能会好奇我为什么会觉得它好，因为这个问题除了能测试一个人对二进制编码的理解之外，还能测试一个计算机科学家是否懂得如何做试验、做研究。

今天很多计算机产品（特别是软件）和相应的服务是否做得好，需要通过用户的反馈来检验，而不能由产品经理和工程师们说了算，因为任何人的眼光都可能靠不住。所谓"眼光好"通常带有很大运气成分，是无法复制的。一个公司如果将自己的商业成功寄托在"眼光好"上，早晚要失败。Google 有一个做事原则——没有数据不要得出任何结论，也符合我们今天常说的大数据思维。比如对于一个产品有两种方案，即方案 A 和方案 B，哪种更好呢？今天要回答这个问题并不难，只要利用互联网获得大量用户的反馈，再做相应的统计就可以得到结论。

利用用户的大数据来对比方案 A 和方案 B 的好坏，当然不可能，也不需要让全部的用户参与评测。那样不仅成本太高，而且一旦某个方案暗藏重大缺陷，大家就都知道了，影响太坏。因此，通常的做法是随机选取 1%（或者更小比例）的用户做对比试验，一部分用户看到的是方案 A，另一部分用户看到的是方案 B。这种做法类似于新药研制过程中所进行的双盲试验。为了消除时间偶然性对试验结果的影响，这种试验一般会持续一周左右，有时还会进行第二次、第三次。

接下来就有一个问题必须解决了，如果每次产品改进都需要进行这样的试验，时间上根本排不开。像 Google 这样有好几万工程师的大公司，每天会有大量各种改进，就算一天有 100 个，一周就要同时进行 500 个这样的对比试验。如果每一次试验都要用掉 1% 的用户，把全部用户都用上也不够。当然可能有人会问是否可以用万分之一的用户。事实上即使像 Google 这样拥有数十亿用户的公司，万分之一的用户数量也不够多。由于用户的多样性，其偏好受到国家、语言、教育程度、宗教信仰等多方面的影响，采样的数量太少就不具有代表性了，因此通常认为采样 1% 的用户比较妥当。为了解决用少量用户同时进行很多个试验的问题，就可以采用上述这种让小白鼠试毒药的方法，将各种不会发生冲突的试验用二进制编码，几组试验放在一起同时进行。

一个资深的工程师，需要能够站在大公司顶部全面考虑公司的研发。比如在做对比试验时，需要用尽可能少的资源同时完成多项任务，这又要用到计算思维了。**在上述问题中，能灵活运用编码原理解决整个公司层面的问题的人，就有了成为三级工程师的潜力。**

当我们能够利用二进制对各种目标、对象乃至工作流程进行有效编码时，我们就开始从人的线性思维逐渐转向计算机指数并行的思维了。当然，对于世界万物，我们都希望用较短的编码区分更多的对象，而有时这件事是矛盾的。当总的编码有限，而要区分或者表达的东西又太多时，就要有所取舍了。比如在用二进制表达数字时，所能表达的数字范围如果很大，一些大小很接近的数字就不能够区分清楚了，这就是范围和精度的矛盾。我们人类在生活中不会遇到这样的问题，一个数字该是多少就是多少，如果需要精度高一点，多写几位就可以了，但是在计算机中未必做得到。一种好的编码，只不过是在范围和精度这两者之间寻找一种平衡而已。

要点

任何对象都可以通过对它们编号来区分，而任何的编号方法都等价于二进制编码。

思考题 3.2

假设有一个等边三角形，三个顶点上都有一只蚂蚁，每只随机选择方向，沿着三角形的边走，行走的速度相同。那么这些蚂蚁不发生碰撞的概率是多少？（FB，★☆☆☆☆）

如果有 n 只蚂蚁在一个正 n 边形的顶点上重复上述过程，概率又是多少？（FB，★★☆☆☆）

提示：对三只蚂蚁可能选择的方向进行编码，由于每一只蚂蚁的决定是独立的，它们各自的选择可以被看成是三位二进制数中的一位。找出所有可能的编码和符合条件的编码即可。

3.3　数据的表示、精度和范围

在信息论中，若给定编码的长度，其所能够表示的不同信息的数量是有限的。在计算机中也是如此，给定 16 位二进制数，不论怎么编码，最多能表示 65536 个不同数字。不考虑正负数，16 位二进制数所能表示的数字范围就是从 0 到 6 万多，这个范围在生活中大致够用，但是精度为个位数，也就是彼此之间最小的差距是 1。如果想提高数字的精度，比如说商品的定价经常是整数后面加上 0.99 元或者 0.88 元，也就是说精确到小数点后面两位，那么对不起，它所能表示的数字范围就缩小为 0 到 600 多 [1] 了。

当然，如果我们既想增加数字的范围，又想增加精度，那么唯一的办法就是增加编码的长度，或者说要用更多的信息了。比如 32 位二进制数就可以表示大约 43 亿个不同的数字。如果我们把精度定在小数点后面四位，那么能表示大到几百万的数字。这虽然比 16 位二进制数能够表示的数字增加了，能够应付日常的大部分情况，但是依然不足以描述我们所了解的世界的全部情况，比如地球的质量大约是 5.965×10^{24} 千克，而氢原子的质量大约是 1.674×10^{-27} 千克。要想通过增加编码长度的方法在计

---

[1]　从 0.00，0.01 到 655.36。

算机中同时表示这两个差异很大的数字，大约需要 170 位二进制数，这显然不是一个有效的办法。

怎样才能兼顾数字的动态范围和精度呢？大家可能会想到科学记数法，把一个数字变成两部分：表示精度的浮点数，以及表示数量级的指数。今天计算机普遍采用的 IEEE 754—2008《浮点数算术标准》就是这样设计的。该标准采用 64 位二进制编码，用 1 位表示正负号，用 11 位（从 −1 024 到 1 023）表示数字的动态范围，即数量级，用 52 位表示精度（转换成十进制数大约是 16 位）。这样的设计可以表示（绝对值）小到 10^{-308}、大到 10^{308} 的数字。10^{308} 可是一个巨大无比的数字，如果我们把宇宙中的每一个原子再变成一个宇宙，把这么多宇宙中的原子都再变成宇宙，这样放大三次，所有的原子数量加起来大约就是 10^{308}。那么 64 位二进制编码怎么做到能够表达那么多数字呢？其实这种记数方法并不能表示那么多不同的数字，中间的很多数字都漏过了。如果我们画一根长长的数轴，范围从 0 延伸到 10^{308}，那么计算机双精度浮点数在这根数轴上只是稀稀拉拉地占据了一些点而已，大部分区域并未覆盖到，有别于我们日常使用的能够表示任意精度、任意大小的科学记数法。

从对数字的编码就能看出计算思维和常人思维的不同之处。我们人类在世界上看到一件事后，会量化度量它，真实的数值是多少就说多少，有多大就说多大，有多准就说多准。计算机则是在一开始就根据给定的信息资源（编码的长度）设计好编码的范围和精度，对于在现实世界中遇到的真实数值，计算机都是从那些设定好的编码中找一个对应。比如从 10^{307} 到 10^{308} 之间的整数就有 9×10^{307} 个，但是在计算机的双精度编码中只有大约 10^{17} 个，也就是说其他很多数字都在一定误差范围内对应到了这 10^{17} 个数字中。当然，有人可能会问，这样不是很多数字就共享一个编码吗？怎样区分呢？答案是区分不出来。这就是编码长度和所能表示的数字范围之间不得不达成的一个平衡。

计算机的很多应用不得不用更少的信息表示数据，比如在 GPU 的一些应用场合中，不得不用 8 位二进制数（也就是 1 字节）表示一个浮点数。很多人会觉得用 1 字节的信息表示整数才能表示 256 个数字，用来表示浮点数，范围也太小了吧？事实上，如果能够兼顾一下精度和范围，倒是可以表示从 ±0.007 8 到 480 之间的数字。当然这只是这种表示法所能表示的范围，不代表其中任何一个数字都表示得准确。这个范围对于不少应用其实已经够了，比如声音和图像的合成。从 64 位减少到 8 位可以带来很多好处，不仅节省了 7/8 的存储空间，而且处理的速度至少能提高一个数量级，甚至更多。另外，这还可以大幅度提高处理器的性能，特别是单位能耗的计算能力。今天很多 GPU 之所以能做到将上千个内核集成到一个芯片中，就是因为那些内核采用了 8 位浮点运算。

不仅在信息的表示上要兼顾范围和精度，在很多计算上也是如此。比如机器学习，需要很多次迭代才能训练好一个模型。如果每一次迭代时改变（也被称为步长）太大，那么最后总在最优化模型的边缘徘徊，一个模型动不动就有上百万乃至上亿个参数，调整到位非常难。相反，如果每次迭代前进的步伐太小，那么虽然能够达到最后的优化点，但是需要的时间特别长，比如可能是好几年。计算机工程师需要把握好粗调与精调的关系。我们还是通过一道例题来获得直观的印象。

例题 3.3　两个玻璃球问题（AB）　★★★★☆

给你两个一模一样的玻璃球。这两个球如果从一定高度掉到地上一定会摔碎，当然，如果在这个高度之下往下扔，怎么都不会碎。现在已知这个恰巧摔碎的高度在一层楼到 100 层楼之间。如何用最少的试验次数，用这两个玻璃球测试出摔碎的高度。

这个问题看似又是智力测验，但实际上它可以衡量一个人是否具有工程师的思维方式。

为了便于大家理解这道题，我不妨讲两个具体的策略。

第一个策略是从第一层楼开始，一层一层往上试验。你拿着球跑到第一层，一摔，没有碎，接下来你又跑到第二层去试，也没有摔碎，你一层层试下去，比如说到了第 59 层摔碎了，那么你就知道它摔碎的高度是 59 层。这个策略能保证你获得成功，但显然不是很有效。

第二个策略是随便猜一猜然后试一试。比如你跑到 30 层楼一试，没有碎，再跑到 80 层楼一试，碎了。虽然你把摔碎高度的范围从 1 ~ 100 减小到 30 ~ 80，但接下来你就犯难了，因为你就剩一个球了，再这样凭感觉做试验，可能两个球都摔碎了，也测不出想知道的高度。

解决这个问题有什么好办法呢？我们可以把两个球想成是两位数，用两位数对 1 ~ 100 这 100 个数字进行编码，第一个球对应十位数，第二个球对应个位数。我们先拿第一个球到 10 层楼去试，如果没有摔碎，就去 20 层楼，每次增加 10 层楼。如果在某个 10 层摔碎了，比如 60 层，就知道摔碎的高度为 51 ~ 60 层。接下来用第二个球从 51 层开始一层层试验，这样可以保证最多 19 次就能试出恰巧摔碎玻璃球的高度。假定 1 ~ 100 层摔碎的可能性均等，那么这种方法平均花 10 次就能够测出恰好摔碎的高度。

当然，我们还可以进一步优化这个问题的答案，具体做法见本章的附录一。但是只要用编码的思路来解决这个问题，不仅基本上能得到最佳的答案，而且这个问题稍作变通，也可以顺理成章地解决。比如有 1 000 层楼，有三个球，如何用最少的次数试出球摔碎的高度？那就是用个、十、百位数对 1 000 以内的数进行编码。

这个问题被硅谷的一些企业用作考工程师的面试题，其目的并非测智力，而是考查一个求职者对粗调和精调、范围和精度的理解程度。很多光学仪器设计了两个（甚至更多的）旋钮，一个用于粗调，另一个用于精调。而在计算机软件中并没有这样的旋钮，但是有很多需要查找、训练和计算的地方，都离不开这个原则。比如数据库的查找便是如此，先要确定范围，然后逐一查找。机器学习的算法也是如此，在调参数时，一开始步长要放得比较大，这样能够快速接近最后的结果；到后来，步长则要缩得比较小，以免错过了最佳点。任何一个四级工程师，都需要能灵活应用粗调和精调的原则。当然，对于本章附录一中介绍的那种最优方法，从事计算机工作的人想不出来关系并不大，因为它主要是考查数学水平。

在这一节的最后，我分享一段个人经历。

20 多年前我在做博士论文的时候遇到这么一个问题。我用一种机器学习的算法训练一个统计模型时总是出错，检查了公式、程序和数据，都没有发现问题，而且这个错误总出现在迭代很多步之后。后来我跟踪每一步的运行，发现这个机器学习算法在收敛之前有可能在一个阶段上发散，有些参数就变得非常大，有些参数就变得非常小。结果一个绝对值大数和一个绝对值小数相除，就溢出了（数值超过了 10^{308}！虽然一般人难以想象，但是在机器学习中这种情况还是会遇到的）。为了防止溢出，我事先把它们都变成了对数，乘除改为加减。这看似解决了溢出的问题，其实在不知不觉中引入了精度的问题，因此当一个大数字和一些小数字相加减时，小数字总是被忽略掉。这时我才想到，计算机所能够表示的数字看似范围很大，宣称的精度也达到要求，但是它其实不能同时兼顾这两头，也就是说并非数轴上的数它都能表示。比如我们有一个大数字 $X=3.625 \times 10^{10}$ 和一个小数字 $y=1.457 \times 10^{-10}$，从理论上讲，它们相加的结果是 3.625 000 000 000 000 000 014 57 $\times 10^{10}$，但双精度的浮点数实际上表示不了这个数字，因此它被近似为 3.625×10^{10}，也就是 X 本身。这时，就算把 y 加 10^{20} 次，由于每一次都被忽略掉，等于白加。虽然我们都知道在 X 上加 10^{20} 次 y 后真正的结果是 5.082×10^{10}，但计算机给的结果还是 3.625×10^{10}。这样结果自然会出错。当然，问题找到了也就能解决了。在这件事情之后，我在利用计算机处理数据时，特别是一些数值相差非常大的数据时，会特别小心。需要大的和大的一同处理，小的和小的一同处理；先做粗调的事，再做精调的事。兼顾了这两方面，溢出和精度的问题都得到了解决。

要点

在编码长度（二进制位数）一定的情况下，编码能表示的不同信息的数量是有限的。因此信息的动态范围和精度就是一对矛盾，我们不可能既要动态范围大，还要求精度高。根据不同的应用平衡二者的关系，是信息编码的艺术。

思考题 3.3

设计一种编码方法，用八位二进制数表示浮点数。（★★★☆☆）

3.4　非线性编码和增量编码（差分编码）

　　今天，计算机很多时候被用于多媒体信息的压缩、传输和处理，这里面都涉及对信息的编码，而其中的关键在于把握范围和精度的平衡。通常可行的办法是采用非线性编码来扩大范围，完成粗调；用增量编码来缩短编码长度，完成精调。在说明这两种编码的原理之前，我们先以对语音的编码为例，说说最简单的线性编码。

　　对图 3.1 所示的一段语音进行编码，最简单的方法就是一个一个点采样，然后将其变成 −32 768 ~ 32 767 的整数，这样就可以用 16 位二进制数进行编码。今天的长途电话采用的就是这种编码方式，叫作脉冲编码调制（PCM）编码。

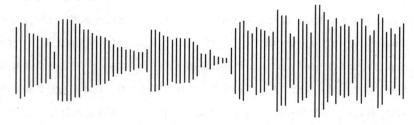

图 3.1　一段语音的波形图

　　那么如何利用非线性编码压缩一下编码的长度呢？一个简单的方法就是对信号求对数，缩小信号的动态范围。这样用更少的编码（比如 8 比特）就可以表示上面的语音信号了。对数函数有一个特点，那就是对较小的数字分辨率较高，对大的数字分辨率则比较低，这正好符合语音信息和图像信息的特点。

　　但是这种非线性的编码也有一个新的问题，假如一段信号的数值是 3 210, 3 208,3 206,3 211,3 220,3 212,⋯，取对数后值都差不多。不过，如果我们将这一组数据一起观察，而不是一个数据一个数据地编码，就可以利用数据前后的相关性，只对前后数据的增量进行编码，当然第一个数据需要有完整的编码。这样，我们可以将上面的一组数据做一个等价的变换，变成如下形式：

3210, [−2], [−2], [5], [9], [−8], …

由于后面各个数值增量的动态变化范围不大，无论采用线性编码，还是非线性编码，都不需要太长的编码。比如我们可以用 6 比特来表示增量，其中 1 比特表示符号，5 比特表示数值，就能表示 −32 ～ 31 的增量，对于上面这个例子，这个范围足够了。这组数据在编码后变为

110000110000,100010,100010,000101,001001,101000,…

当然，如果要让动态变化范围更大，可以用对数表示增量，这样甚至可以少用几比特。对增量而非原始数据进行编码，是利用了信息论中信息的相关性这个原理，可以在编码时滤掉各种冗余信息。

今天 IP 电话（VoIP，基于 IP 的语音传输）中传输的语音数据，就是用上面这种方法压缩传输的。这种方法被称为自适应差分 PCM[ADPCM，其中 A 代表 Adaptive（自适应）；D 代表 Differential（差分），它是增量的另一种说法]。通过对信息的非线性编码以及利用前后的相关性进行增量编码，编码的长度缩短了 50%，而语音质量的差别几乎听不出来。当然，今天在互联网上打电话，对语音的压缩要更厉害，这不仅是为了节省流量，而且是为了保证在网络连接不稳定的情况下通话的流畅性。从本质上讲，这是兼顾语音能量的动态范围和精度的一个有效编码方法。

对于视频的压缩从道理上讲也是如此。一般的视频，相邻帧之间的差异其实极小。我们对第一帧视频（也被称为主帧）进行全画面编码，对后面的视频只针对它们和上一帧的差异进行编码，这样除了主帧外，后面的每一帧视频其实编码的长度非常短。一段视频的大小整体上可以压缩成原本的千分之几。当然，为了防止这样编码造成累积误差，也为了防止中间有一点点信息损失导致后面的视频通通打不开，每过若干帧就要重新产生一个主帧。这样可以防止在视频文件传输时，偶然的错误被不断传递下去。

在计算机中，很多地方都可以用到增量编码。这从一个侧面反映出，有规律的渐变是我们这个世界的各种信息存在的普遍现象，突变其实比较少见。我在很多场合都

在宣传保守主义的做事原则。保守主义不是不变，而是强调利用增量来改变世界，这样代价最低。在计算机领域，竞争力就体现在用最低的代价做更多的事情。

信息压缩总要有一个极限。这个极限在两种不同情况下是不同的。第一种情况是不允许有任何的信息损失，相应的信息压缩被称为无损压缩；第二种情况是允许一定范围内的信息损失，对应的压缩被称为有损压缩。香农定理指出，无损的信息压缩之后，编码的总长度不可能小于相应信息的信息熵，而且总能找到一种合适的编码，让信息压缩后的编码总长度接近信息熵。在计算机里，能让编码长度接近于信息熵的常用无损压缩算法就是哈夫曼编码。

要点

由于前后信息的相关性，编码时可以用较少的比特数表达同样的信息。

思考题 3.4

在网页搜索中，要记录每一个关键词出现的网页以及关键词在网页中的位置，如何设计对这个信息的编码，让每个关键词的索引总长度最短？（★★★☆☆）

3.5　哈夫曼编码

1837 年，莫尔斯发明了著名的莫尔斯码。他用长短不同的两种信号（即嘀嗒声，长音至少要是短音的三倍长）对英语的字母和常见符号进行编码，然后通过一套装置将电文输送到远方。虽然莫尔斯当时不可能懂得信息论，但是他根据经验，采用较短的编码表示各种常见的字母，用较长的编码表示不常见的字母，这样就可以缩短编码的整体长度。图 3.2 所示是各个英文字母和数字 0 ~ 9 所对应的莫尔斯码。

我们知道，如果对 26 个英文字母采用等长度的编码，需要 5 位二进制数，因为 4 位二进制数只能表示 16 个字母。当然，只要在发电报时字母之间有间隔，我们就可以把 1 位二进制数所表示的 2 种情况，2 位二进制数所表示的 4 种情况，3 位二进制数所表示的 8 种情况，以及 4 位二进制数所表示的 16 种情况（只要再用其中的 12 种就可以凑够 26 个字母所需要的数量）都用于对字母的编码，这样不同字母的编码长度就不同了，这就是变长编码。根据英文字母真实的使用频率计算[1]，莫尔斯码的平均编码长度是 2.56。即便把发电报时字母之间的时间间隔也当成一个编码，码长也不过是 3.56。这个效率就比等长编码高了很多。这样发报，大约可以节省 30% 的时间。我们在谍战片中经常会看到报务员还没有发完报，敌方的特工就冲了进来，这种场景倒不完全是虚构的，第二次世界大战时在欧洲德占区这种情景时常出现，因此省一点时间就意味着自身的安全。即使不考虑战争中的特殊情况，省掉 1/3 的通信成本也是很可观的。

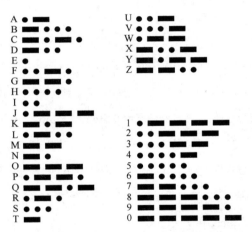

图 3.2　英文字母和数字 0 ~ 9 对应的莫尔斯码

　　无独有偶，全世界除美国之外，各国在设计长途电话区位码时也充分考虑了每一个城市和地区的电话机数量，比如在中国的北京、上海等大城市就不超过两位，小城市就使用三位。在过去程控交换机普及之前，接线靠人工，中国有的小县城电话区位码有五位。这种现象过去在世界其他国家也是如此。这样做的目的是减少平均的编码

---

[1] 英文字母使用频率最高的几个字母是 E、T、A、O、I，在英语文本中占了 45% 左右；使用频率最低的几个字母是 K、J、X、Q、Z，只占文本的 1%。

长度。当然后来大规模的程控交换机普及了，电话号码可以任意加长，各国通常将若干个小城市原来很长的电话区位码合并成一个较短的，以方便大家记忆。

无论是莫尔斯码的设计，还是各国长途电话区位码的设计，都遵循一个原则：把较短的编码分配给常见的信息，把较长的编码分配给不常出现的信息，这样就比对所有信息采用同样码长在总体上更合算。这件事能够证明吗？答案是肯定的，可参看本章的附录二。这里我们通过一个具体的例子来获得一些感性认识。

例题 3.4　★ ★ ☆ ☆ ☆

假定有 32 条信息，每条信息出现的概率分布为

$1/2, 1/4, 1/8, 1/16, \cdots, 1/2^{31}, 1/2^{31}$（最后两个等概率）。

如何进行有效编码？

现在需要用二进制数对它们进行编码。我们对比一下两种编码方法。

方法 1，采用等长度编码，每条信息用五位二进制数表示，码长为 5。

方法 2，采用变长编码。第一条信息用 0 编码，第二条用 10 编码，第三条用 110 编码……最后两条用 1111…110 和 1111…111 编码，它们的前 30 位都是 1，最后一位有区别。这样的编码虽然一些信息的码长超过 5，但是平均码长只有 2。有兴趣的读者朋友可以自己验证一下。这也就是说变长编码节省了 60% 的码长，而这个编码的长度也就是香农所给出的极限。

需要指出的是，在上述编码中，除了最后一个，所有的编码都是以 0 结束的，其目的是能够译码，每当看到 0 的时候，计算机就知道当前的码传输完毕了，下面要开始新的了。只有最后一个编码（31 个连续的 1）使用 1 作为结尾，这是因为最长的编码也只有 31 个，接收到 31 个二进制码时，不论最后一位是 0 还是 1，它们都结束了。如果将 1、11、101、111 这样的二进制串也设计为编码，那么接收到 111 时，就不知道它对应的是一个符号（111 所对应的符号），还是两个符号（1-11 或者 11-1）编码的组合，甚至可能是三个符号。

当然，在现实的世界里，各种信息出现的概率不可能完全按照折半的速度逐个递减，因此编码的效率会略低于香农给出的极限，不过非常接近。1952 年，还是麻省理工学院学生的大卫·哈夫曼（David Huffman）发明了一种算法，对于已知概率分布的信息，它可以找到一种平均编码长度最短的编码方式。我们用一个具体的例子来说明哈夫曼编码的算法。

有八种不同概率的信息，分别用 A、B、C、D、E、F、G 和 H 来表示，对应的概率分别是 0.1、0.05、0.3、0.2、0.15、0.15、0.03 和 0.02。现在我们要对它们进行编码，让编码的平均长度最短。

步骤 1，先将所有的信息按照概率从小到大排序，八种信息和对应的概率关系就是 H(0.02)、G(0.03)、B(0.05)、A(0.1)、E(0.15)、F(0.15)、D(0.2)、C(0.3)。

步骤 2，将概率最小的两种信息 H 和 G 合并，形成一种新的信息 HG，概率是 0.05，将其插入排好序的序列中。当然，在这个例子中，它们还是最头上的两种。

接下来，重复步骤 2，每次合并概率最小的两种信息，概率相加后再插回相应的序列中，直到所有的信息合并到一起。

经过上述步骤，所有的信息就形成了一棵信息合并过程的二叉树，如图 3.3 所示。当然，为了便于画这棵树，树中的节点，也就是每一个符号，一开始并没有按照概率的大小次序排列，而是按照有利于表达的方式安排次序的。

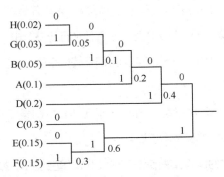

图 3.3 对不等概率信息的哈夫曼编码

接下来，我们把左子树（图 3.3 中的上方）的树干用 0 作为编码，把右子树（图 3.3 中的下方）的树干用 1 作为编码，从树根到树叶顺序排列，就得到了对所有信息的编码，如表 3.2 所示。

表 3.2　用哈夫曼编码算法给 A ～ H 八种信息编码的结果

信息符号	概率	编码
A	0.1	001
B	0.05	0001
C	0.3	10
D	0.2	01
E	0.15	110
F	0.15	111
G	0.03	00001
H	0.02	00000

上述编码的平均码长是 2.65，比等长编码要短。根据香农的信息论，上述概率分布的信息熵是 2.61，也就是说平均编码的长度不可能小于这个值，而哈夫曼编码已经非常接近这个极限了。

信息的编码长度和它的信息熵之间的差异被称为信息的冗余度。冗余度越高，说明信息编码的效率越低，反之则越高。对信息进行哈夫曼编码后，冗余度近乎为零，而且这种算法非常简单且容易理解，因此它是计算机中最常见的一种压缩算法。

使用哈夫曼编码之前，需要先统计各种信息的概率分布，但是以什么颗粒度对出现的信息进行统计就有讲究了。比如对汉字文本的压缩，既可以将汉字作为最小的信息单位进行压缩，也可以以词为单位进行，甚至可以以颗粒度更大的词组为单位。一篇文章如果按照汉字出现的频率统计，然后用哈夫曼编码进行压缩，通常能压缩掉一半左右的冗余；如果按照词进行频率统计再压缩，可以压缩掉 70% 以上的冗余。不过凡事过犹不及，如果将一个句子作为一个整体进行压缩，由于一篇文章中通常不会有大量重复的句子，因此每一个句子实际上都是等概率的。这种情况下无法进行信息的压缩。

至于为什么哈夫曼编码是最优化的，说明见本章的附录二。大家需要牢记的是，编码的艺术在于"将最好的资源用于最重要之处"。

今天，大部分标准的编码算法都有开源代码可以直接使用，如果你只会使用代码库的代码，可能还没有达到五级工程师的水平，因为能够看懂代码是这一级工程师的基本

要求。能够理解那些编码算法的原理，是四级工程师的要求。如果你想达到三级工程师的水平，就需要能根据情况修改那些标准的编码，在特定情况下将其性能提高一个数量级，或至少提高几倍。

要点

有效编码的关键在于将较短的码字给予出现概率高的信息，将较长的码字给予不常出现的信息。但不论如何编码，编码的平均码长不会短于相应信号源的信息熵。

思考题 3.5

Q1. 假定常用的汉字有 10 000 个，根据出现概率将它们分为 50 组，每组汉字的数量不同。第一组汉字出现频率最高，第二组为次高频率，以此类推，最后一组为最低频率。每一组汉字出现的总概率都是 1% 左右，如何用 10 个数字，设计对这 10 000 个字的编码，让平均码长最短。（★★☆☆☆）

Q2. 在哈夫曼编码中以及例题 3.4 中，除了最长的编码，其余均以 0 结束（当然也可以以 1 结尾），这是为什么？（★★☆☆☆）

3.6 矩阵的有效表示

对于同样的信息，用不同编码方式存储，效率显然不同，有些方式效率比较高，有些则带有大量的冗余，效率较低。比如要表示一个人的年龄，如果用三个字符存储，需要三字节，毕竟高寿 100 多岁的长者并不少见。但是，如果把一字节对应为一个"很短"的整数，可以表示 0 ~ 255 的动态范围，而今天还没有人能够接近 255 岁这个年龄[1]，因此用一个八位无符号的整数表示年龄是最有效的信息表示方法，比直接写成三位数的字符串能节省 2/3 的存储空间。优秀的从业者在做工程时，脑子里一直会有一根弦，会认真考虑信息编码的效率。

---

[1] 世界上没有争议的长寿纪录是 119 岁，即使算上有争议的纪录，也不过 122 岁。

当然，在上面的例子中，好的信息表示方式和差的之间不过是相差几倍而已，但是对于稍微复杂一点的问题，信息表示得有效和无效，就能差出几十、几百甚至成千上万倍。在计算机的应用中，经常会遇到的一类问题就是如何有效地表示一个多维的矩阵，这也是那些做信息处理的公司在面试时经常问到的问题。我们先从二维矩阵的表示说起。

二维矩阵其实很简单，它的形式如下

$$X = \begin{pmatrix} 0 & 2 & 4 & 0 & 0 & 0 & 3 \\ -1 & 0 & 2 & 0 & 0 & 1 & 0 \\ 10 & -2 & 0 & 0 & 10 & 0 & 0 \\ 0 & 0 & 0 & 0 & 0 & 10 & -1 \end{pmatrix} \tag{3.1}$$

在计算机数据结构中，最直接的做法是用一个二维数组表示这个矩阵，而所需存储空间就是矩阵两个维度的乘积，记作 $M \times N$，M 表示行数，N 表示列数。我们把这种表示二维矩阵的方法称为"方法零"。

如果 M 和 N 这两个值非常大，就要占用大量空间。比如，我们想了解两个单词一前一后出现的频率，可以将这两个单词用两个数字进行编号，一个数字对应矩阵的行，另一个对应矩阵的列，频率就是相应行/列位置上的元素。比如，"of"和"the"这两个单词，of 对应于数字 3 425，the 对应于 118 382。of the 出现的频率，就是矩阵中第 3 425 行、第 118 382 列对应的那个元素值。

在英语里，大型字典里大约有 20 万个单词，这样一个矩阵就大得不得了，大约有 400 亿个元素。如果每一个元素需要 2 字节表示，就需要 80 吉字节（GB）的存储空间。即使是中文字典里通常也有 6 万 ~ 10 万个字，相应的矩阵也不小。当然，还有很多比单词之间同现频率矩阵大得多的二维数组，比如在计算网页排名（PageRank）时所需要的网页和网页之间的链接信息，其实也是一个二维数组。假定世界上有 100 亿个网页（实际的数目远大于此），那么这个二维数组就有 1 万亿亿个元素。即使把 Google、亚马逊和微软等全世界大型互联网公司的服务器都用上，也存不下这个数组。然而 Google 毕竟实现了 PageRank 算法，这说明在有效表示二维数组方面存在非常有效的办法。

　　表示二维矩阵比较通行的方法是只记录矩阵中的非零元素，比如在前面的二维矩阵 X 中，位于 (1,2)、(1,3)、(1,7)、(2,1)、(2,3) 等位置的元素不等于零。于是我们只需要记录非零元素在矩阵中的位置，即行号和列号，以及元素的数值即可。这么一来稀疏矩阵 X 可以用一个三元组的列表来表示，如表 3.3 所示。

　　当然，细心的读者可能会发现直接采用二维数组表示矩阵，只需要存 28 个元素，而采用三元组，反而需要存 33 个整数，因为 X 中的 11 个非零元素每个需要用三个整数表示，这样做似乎并不见得更加有效。其实，在现实世界里，如果矩阵的各个维度很小，不论如何表示它们，消耗的存储空间都不会太大，因此这不是我们在使用计算机解决实际问题时遇到的主要矛盾。我们所遇到的难点是当每个维度都很大时怎么办，比如上面讲到的单词同现问题，以及网页之间的链接问题。所幸的是，现实世界中，那些行和列两个维度都很大的矩阵里的非零元素占比极低。比如在单词同现矩阵中，非零元素的占比不到 1%；而在网页链接的矩阵中，这个占比则小于一亿分之一。因此，用三元组压缩存储空间的效果就可以提高几十倍、几百倍甚至亿万倍。这才使得 Google 能够实现 PageRank 算法。

表 3.3　矩阵公式［式（3.1）］的非零元素列表

行号	列号	元素的值
1	2	2
1	3	4
1	7	3
2	1	−1
2	3	2
2	6	1
3	1	10
3	2	−2
3	5	10
4	6	10
4	7	−1

　　在计算机的各种应用中，我们仅仅把一种信息表示出来是远远不够的，通常需要对它们进行各种运算，对于矩阵来讲，常见的运算是加、减、乘、除。比如，我们从两类不同的文本中统计出词汇同现的频率，将它们合并，就是对矩阵做加法运算；计算 PageRank 的过程，就是对矩阵进行乘法运算。需要指出的是，由于以一维数组的方式表示原本的二维矩阵，矩阵运算的算法也要做相应的改变。

我们先来说说两个矩阵 X 和 Y 的加法，这其实是两个有序线性表的合并，这个算法比较简单，这里略去不讲。计算机专业的读者可以阅读参考书《算法导论》；非计算机专业的读者，只要记住它的时间复杂性取决于矩阵 X 和矩阵 Y 中的非零元素的个数就可以了。需要说明的是，如果直接采用二维数组进行矩阵的加法，计算的时间复杂度要高得多，因为它要把全部的元素（其中大量是零元素）都加一遍。因此，无论是从时间还是从存储空间上考虑，用三元组存储矩阵都比直接用二维数组存有效得多。

接下来我们再说说矩阵的乘法。假定相乘的两个矩阵 X 和 Y 分别是

$$X = \begin{pmatrix} x_{1,1} & x_{1,2} & \cdots & x_{1,N} \\ x_{2,1} & x_{2,2} & \cdots & x_{2,N} \\ \vdots & \vdots & & \vdots \\ x_{M,1} & x_{M,2} & \cdots & x_{M,N} \end{pmatrix} \tag{3.2}$$

$$Y = \begin{pmatrix} y_{1,1} & y_{1,2} & \cdots & y_{1,K} \\ y_{2,1} & y_{2,2} & \cdots & y_{2,K} \\ \vdots & \vdots & & \vdots \\ y_{N,1} & y_{N,2} & \cdots & y_{N,K} \end{pmatrix} \tag{3.3}$$

结果是

$$Z = \begin{pmatrix} z_{1,1} & z_{1,2} & \cdots & z_{1,K} \\ z_{2,1} & z_{2,2} & \cdots & z_{2,K} \\ \vdots & \vdots & & \vdots \\ z_{M,1} & z_{M,2} & \cdots & z_{M,K} \end{pmatrix} \tag{3.4}$$

矩阵 Z 中的第 i 行、第 j 列的元素 $z_{i,j}$ 是矩阵 X 的第 i 行中的每一个元素和矩阵 Y 的第 j 列相应的元素相乘之后求和得到的，即

$$z_{i,j} = \sum_{s=1}^{N} x_{i,s} \cdot y_{s,j} \tag{3.5}$$

图 3.4 示意出了结果矩阵 Z 中的每一个元素是如何计算出来的。

图 3.4   结果矩阵 Z 中每一个元素的来源

使用三元组表示矩阵时，元素是一行一行顺序存储的，因此把矩阵 X 中第 i 行的元素从头到尾扫描一遍并不难。以矩阵公式（3.1）为例，三元组线性表（参见表 3.3）中第 1 ~ 3 个三元组代表第 1 行的非零元素，第 4 ~ 6 个三元组代表第 2 行的非零元素，等等。但是要把矩阵 X 中的第 j 列元素从相应的三元组列表中一一找出来并非易事，只能顺序扫描整个列表。因此我们必须找到一种方法，能够快速按照列来访问非零元素。最直接的方法就是，对每一个要参加乘法运算的矩阵除了以行为优先次序存储之外，再建立一个列索引，给出每一列非零元素在三元组列表中的位置，如表 3.4 所示。

需要指出的是，表 3.4 最后一列的含义是元素在三元组列表中的位置，而不是数值，这和表 3.3 不同。

完成这个建立索引的工作并不难，时间复杂度就是扫描一遍数组中非零元素的时间。

建立索引是利用计算机处理信息和人脑处理信息在习惯上的一个巨大差别。人们平时很少建索引，因为一个人哪怕是一辈子能接触到的信息，其实也非常有限，建立索引的需求并不高。计算机则不同，它所处理的任务哪怕再小，常常也要用到人脑力能处理的万亿倍的数据，因此在利用计算机处理数据时建立索引往往很有必要，它可以极大地提高信息处理的效率。世界上最有名的索引恐

表 3.4   矩阵公式［式（3.1）］的列索引表

列号	行号	元素所在的位置
1	2	4
1	3	7
2	1	1
2	3	8
3	1	2
3	2	5
5	3	9
6	2	6
6	4	10
7	1	3
7	4	11

怕要算搜索引擎了，它是对全世界所有网页信息的索引，它的作用我们每一个人每天都能感受到。

建立索引当然需要消耗资源，主要是存储空间，不过从索引带来的整体效果看，为了提高效率消耗一定的存储空间也很划算。当然，我们总是希望索引能够建得比较高效。在上面这个矩阵存储的问题中，其实依然有不少可以改进的地方。

我们先看看表 3.3 所表示的三元组能否精简。从表中可以看出第一列，即行的标号有很多重复，可以进一步精简。我们把表 3.3 变成下面两张表，如表 3.5 和表 3.6 所示。

表 3.5　表 3.3 对应的非零元素列号和数值表

列号	元素的值
2	2
3	4
7	3
1	−1
3	2
6	1
1	10
2	−2
5	10
6	10
7	−1

表 3.6　表 3.3 对应的每一行非零元素的起始位置

每一行非零元素起始位置
1
4
7
10

在表 3.5 中，我们记录了每一个非零元素对应的列号和元素值。当然，这张表中缺了有关行的信息，这个信息我们在表 3.6 中给出了。表 3.6 记录了每一行中的非零元素在表 3.5 中的起始位置。比如第一行中非零元素有 3 个，起始自然从 1 开始；接下来，第二行中非零元素的起始位置就是 4 了，两者相减，就知道第一行中有 3 个非零元素了，也就是说，表 3.5 中 1 ~ 3 位置的元素，对应的是矩阵第一行的非零元素。类似地，通过第三行的起始（非零）元素位置是 7，我们知道第二行中有 7−4=3 个非零元素，它们在表 3.5 中占据了 4 ~ 6 的位置。这样一个个地排下去，就知道了每一行中非零元素

在表 3.5 中的相应位置。当然，有两种特殊情况需要说明一下：其一，对于最后一行，它的终止位置就是非零元素表的总长度；其二，如果某一行没有非零元素（所有元素都是零），那么这一行非零元素的起始位置和下一行非零元素的起始位置是相同的，两个相减，就知道它没有非零元素了。

存放每一行非零元素起始位置的表 3.6 的大小和存储非零元素的表 3.5 相比可以忽略不计，这种方式可以将存储空间压缩大约 1/3。

对于矩阵列索引表 3.4，我们也可以用上述方法进行压缩，变成两张表，如表 3.7 和表 3.8 所示。表 3.7 由三列变成两列，删除原来的第一列；表 3.8 只有一列，记录矩阵每一列中非零元素索引的起始位置。

表 3.7　表 3.4 对应的非零元素的行号和元素所在的位置

行号	元素所在的位置
2	4
3	7
1	1
3	8
1	2
2	5
3	9
2	6
4	10
1	3
4	11

表 3.8　表 3.4 对应的每一列非零元素索引在表 3.7 中的起始位置

每一列非零元素索引的起始位置
1
3
5
7
7
8
10

可能有些读者会问，为什么按行存储矩阵非零元素，按列则建立索引，为什么不干脆按照列重新复制一份数据呢？原因有二。首先，在计算机系统中同样的数据以不同的形式存两个（逻辑上的）备份，存在难以同步的风险。如果一个矩阵按照行下标优先和列下标优先分别存储了两个备份，某个工程师在使用和更新数据时，很可能更新了其中一个而忘了更新另一个。今天很多软件

是由多个人合作开发的，并非所有的工程师都清楚软件中的每一个细节，这种疏漏是难免的。因此同一个数据即使在不同的服务器中存了好几个物理的备份，逻辑上它们都是同一的。其次，在前面的例子中，矩阵的元素只是整数，但是在现实世界里，它可能是一个体量很大的记录。比如矩阵的某一行可以代表不同的人，每一列对应于人类的几万种（一说 10 多万种）基因，每一种基因的数据都大得不得了，因此我们没有必要将这样的矩阵存储两遍。事实上，在绝大部分应用中，矩阵中的元素会单独存储，而不是按照行存储。然后计算机分别按照行和列对这个矩阵建索引，建索引的方法和上面所说的列索引相同。

最后，我们还有一个问题没有回答，那就是在设计完如何表示矩阵的信息之后，怎么构建这个矩阵，因为在大部分应用中，矩阵中的数值都是我们用某种方法填入的。比如说我们要建立一个词语前后同现频率的矩阵，就要用大量的文本一个个数。在这个过程中会不断发现新的组合，需要将其插入原来已压缩的矩阵中。再比如我们要计算 PageRank，就需要得到网页之间链接的矩阵，这个矩阵也会随着网络爬虫的持续工作而不断扩大。通常解决这个问题的方法是，在产生矩阵的过程中，采用哈希表来存储矩阵中相应的数据项，等到整个矩阵构建完成再建立索引。

在计算机科学中，图（Graph）是一种很常用的数据结构，它由一些顶点和顶点之间的连线（也被称为边）构成，这些边可以有权重。因此一张图其实就对应于一个二维矩阵，而在绝大部分时候顶点之间的边是稀疏的，也就是说，边的数量要远远少于顶点数量的平方。因此图的存储通常需要采用稀疏矩阵。我们上面讲到的互联网网页之间的超链接，其实就构成了一张巨大的图，而这张图是极为稀疏的，因此关于存储互联网的链接结构可以直接采用我们上面讲到的方法。此外，在自然语言处理中，常常要用到二元组（Bigram），即文本中一前一后两个相连词的搭配，它们也是非常稀疏的，因为绝大多数搭配（像"汽车－鲸鱼""加强－书包"）不会出现。二元组的存储也需要用到上述稀疏矩阵存储的方法。我们在后面会讲到如何利用大量的文本数据统计二元组。那些算法中就要用到上述存储结构。

任何一个合格的计算机工程师，都应该掌握稀疏矩阵的存储和使用方法，这是五级工程师的基本要求。有些工程师可能一辈子都不会遇到一个矩阵需要存在 100 台服务器的情况。**能够实现一个大矩阵（比如需要成百上千台服务器进行存储和运算）是对四级或 3.5 级工程师的要求。**我们会在后面详细介绍稀疏矩阵的云计算问题。

要点

利用计算机处理信息时，通常原始信息的数量总是大于计算机的存储容量，因此需要设计好信息的存储方式，保证信息不丢失，同时存放进有限的存储空间里。

思考题 3.6

如果我们采用本节存储稀疏矩阵的方法存储了两个矩阵，如何实现矩阵的加法运算？

（★★☆☆☆）

●—— 结束语 ——●

信息的编码和有效表示是计算机科学和工程的基础。虽然大部分人能够为现实世界里的一个对象找到某种计算机能够识别与处理的表示方法，但是未必能做到有效。在计算机中表示信息，最关键的是把握二分这个原则，因为计算机是和二进制相连的，而二进制可以表示任何信息。其次，要想办法"挤掉"冗余的信息，比如在稀疏矩阵的存储中，大量值为零的元素都是冗余信息。最后，要想办法把较短的码字用在最常见的信息上，以提高信息存储和传输的平均效率。

练习题

1. 有三个水杯，分别能装 3 盎司（1 盎司≈30 毫升）、5 盎司和 9 盎司水，如何用它们量出 1 ～ 17 盎司的水？（MS，★★☆☆☆）

解答：

$1 = 9 - 5 - 3$

$2 = 5 - 3$

$3 = 3$

$4 = 9 - 5$

$5 = 5$

$6 = 3 + 3$

$7 = 5 - 3 + 5$

$8 = 5 + 3$

$9 = 9$

$10 = 5 + 5$

$11 = 3 + 3 + 5$

$12 = 9 + 3$

$13 = 5 + 5 + 3$

$14 = 9 + 5$

$15 = 9 + 3 + 3$

$16 = 9 + 5 + (5 - 3)$

$17 = 9 + 5 + 3$

2. 如何统计出英语中最常见的 100 万个二元组？（AB、NU，★★★★☆）

3. 如何对全部的正有理数进行编号，这样任意给定一个有理数，我们能够说出它的编号，反过来说出编号我们能够找出相应的有理数？比如我们将 1 编号为 1，

1/2 编号为 2，1/3 编号为 3……如果我们问编号 2 对应的有理数是哪一个，就能对应回答 1/2。（★★★☆☆）

4. 有 10 包弹珠，每包里有 10 个。这 100 个弹珠外观都相同，但有一包是次品，因此其弹珠的质量和其他包里弹珠的不同，但同一包中的弹珠质量都相同。已知正品弹珠和次品弹珠的质量，如何只进行一次称重，就找出那包次品？（FB，★★☆☆☆）

解答：我们假定每一个正品弹珠的质量为 w，次品弹珠的质量为 $w+\Delta$，Δ 可正可负。我们从第 1 包中取 1 个，第 2 包中取 2 个，第 3 包中取 3 个……最后从第 10 包中取 10 个。如果次品是第 k 包，称出来的质量为 $55w+k\Delta$，由此可判断 k 等于几。

附录一　100 层楼用两个球试验出球摔碎高度的最优化方法

如果第一次（在 10 层楼）球就碎了，我们知道答案是 1 ～ 9 层，这样最多 10 次就能试出来了，比最坏情况 19 次要少。如果在第 10 层时第一个球没有摔碎，那么要用两个球试验剩下的 90 层楼，最坏情况还是 19 次。鉴于这种情况，我们可以让第一次测试的高度比 10 层稍微高一点，让球摔碎了和没有摔碎两种情况下，所需要测试的最多次数平衡一点。可以算出，第一个球试验的高度是 14、27、39、50 层……这样递增，第二个球则一层楼一层楼地试验。这样最坏情况是试验 14 次，平均是 8 次。这种计算的方法略微复杂，和计算机科学关系不大，这里就省略了。有兴趣的读者朋友可以把它作为思考题。

附录二　关于哈夫曼编码有效性的证明

假如我们有 K 条信息 $m_1, m_2, \cdots, m_K$ 需要编码，它们使用的频率分别是 $f_1 \geqslant f_2 \geqslant \cdots \geqslant f_K$，每条信息对应的编码长度分别为 $l_1, l_2, \cdots, l_K$，因此编码的平均长度就是

$$L = \sum_{i=1}^{K} l_i \cdot f_i$$

在哈夫曼编码中，要求 $l_1 \leqslant l_2 \leqslant \cdots \leqslant l_K$，或者说满足这个条件的编码是哈夫曼编码。假如有一种编码 C 是最有效的，即平均的码长 $L(C)$ 是最短的，其编码长度分别是 $l_1', l_2', l_i', \cdots, l_j', \cdots, l_K'$，其中 $i<j$，而 $l_i'>l_j'$。那么我们只要互换信息 m_i 和 m_j 的编码，保持其他信息的编码不变，就可以构造出一个新的编码 D，其编码的平均长度为

$$L(D) = L(C) - l_i' \cdot f_i - l_j' \cdot f_j + l_i' \cdot f_j + l_j' \cdot f_i$$

$$= L(C) - (l_i' - l_j')\ (f_i - f_j)$$

$$\leqslant L(C)$$

也就是说，可以找到平均码长最短的编码。因此，只有当一种编码满足 $l_1 \leqslant l_2 \leqslant \cdots \leqslant l_K$ 的条件时，它才可能是最短编码，而这就是哈夫曼编码。

第 4 章

智能的本质——分类与组合

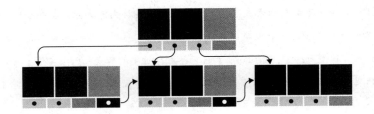

计算机虽然最初是用于科学计算的，但是很快它所处理的对象就几乎涵盖了这个世界上所有的东西，既有具体的，比如人、动物和物品，也有抽象的，比如加法、函数、贸易等一些概念。对于这些东西，无论是具体的还是抽象的，大部分操作其实不是计算，而是分类、组织、查找和重组。因此很多应用学科将实际问题变成信息处理的分类、组织、查找和重组，而计算机的算法再把这些信息处理问题变成计算问题。显然，这里面需要两座桥梁，在这一章我们就围绕这两座桥梁来理解采用计算机处理各种问题的底层逻辑。

4.1 这是选择分类问题

在 1992 年的美国总统竞选中，克林顿以经济问题攻击谋求连任的老布什总统。前者在成功获得选民支持的同时，留下了一句名言："笨蛋，这是经济问题。"后来，这句话成为一种以调侃口吻道出问题本质的常用说法。

世界上有很多事情，被冠以一个吓唬人的名称就会显得高大上了，比如很多模式分类的问题，今天都被称为人工智能。即使在人工智能领域，今天用到的核心算法——深度学习其实也是经过了很多次"变脸"包装而成的。最初它叫作人工神经网络，和它的真实含义还比较接近，虽然它其实是一种加权的有向连通图（我们后面会讲到）。后来，由于研究第一代人工神经网络的科学家们花了美国政府很多钱，却没有拿出什么像样的成果，因此在第二次它被改进并重新提出时，便使用了另一个含义高深但不很明确的名称——连接主义。应该讲"连接主义"是一个不错的名称，给人足够的想象空间，特别是它和另一种人工智能的方法（基于形式逻辑推理的符号主义）相对应。改名之后，就又有了一批人买账，给相应的研究提供了经费。当然一种技术不会那么快成熟，于是没过几年连接主义就再也没有人提了。进入21 世纪，随着云计算和大数据的出现，科学家们可以实现规模特别大、层数特别多的人工神经网络了，新的人工神经网络相比过去的两代，已经实现了从量变到质变的飞跃。一些计算机科学家倾向于称之为深度神经网络，但是另一些学者担心"神经网络"这个在历史上名声不太好的提法，会影响到这项新技术被关注的程度，于是提出了"深度学习"这个新词。果然，随着在 AlphaGo 上面的成功应用，深度学习成为当今最热门的技术名词之一，很多人甚至不知道何为深度学习，也要把它挂在嘴边。当然，蹭人工智能热度的人就更多了，他们甚至会把一些简单的数据分析称为人工智能。

怎样称呼是一回事，搞清楚这些概念背后的本质是另一回事。看热闹的人，甚至一些媒体，倾向于尽可能采用各种吸引人眼球的称谓；但是作为信息行业的从业者，或者计算机技术应用者，就必须了解这些高深的名词背后的含义，以及它们和计算机科学之间的底层逻辑关系。

我们先从计算机下棋讲起。无论是下象棋还是下围棋，从本质上讲都是一个 N 选 1 的问题。在图 4.1 所示的树中，每一个节点展示围棋盘的一个局部。现在轮到白棋走，我们假定它最多有 N 种选择，每一种选择就是树中下一级的节点。接下来，不论执白的棋手选择了哪步棋，执黑的棋手都有 N 种选择。将所有这些可能性放到一张图中，就会形成图 4.1 所示的一棵 N 叉树。

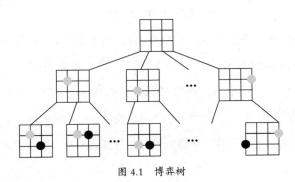

图 4.1　博弈树

由于对弈的双方是轮流进行选择的，因此在图 4.1 中，一方有奇数层的选择权，另一方有偶数层的选择权，选择权不断交替改变。这种树被称为博弈树。将下围棋这件事变成上述的 N 叉树，就是我们在一开始所说的建立起了实际问题和信息处理之间的桥梁。至于 N 选 1 怎么完成，对于围棋该采用什么策略，对于五子棋、象棋又该如何，则是算法的问题。

计算机下棋是一个定义极其明确、边界非常清楚的N选1问题。在人工智能领域，还有很多N选1问题的边界就没有那么清楚了，它们更准确地讲是模式分类的问题，比如语音识别、手写体和印刷体文字的识别，以及医学影像或者人脸的识别等，甚至计算机自动翻译人类的语言也属于这一类的问题。下面我们就以汉字的手写体识别来说明这一类智能问题与分类问题之间的对应关系。为了让读者有形象的认识，我们省略掉笔画顺序的影响，只关注字的形状。需要指出的是，在真实的手写体识别中，笔画顺序非常重要。

图 4.2 所示是汉语中"田""由""申""中""甲"和"电"字的一些写法。

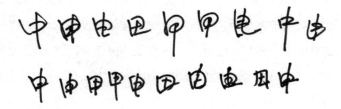

图 4.2 19 个外观相似的汉字

所谓手写体识别，就是把这些不同的写法归为上面六类中的某一类。这里面有一些字写得不那么容易分辨，比如第一排第二个字到底是"申"还是"甲"，第二排第五个字到底是"电"还是"甲"。在实际的应用中，各种各样的写法更多，有许多并不是很容易辨识的。利用计算机识别这些字，就是根据各个字之间的一些差异，将它们分到不同的类别中。那些能够帮助分类的差异，可以被认为是一个很多维度中的变量。

为了直观地说明这一点，我们就把上面例子中和"田""由""甲""申"相似的字进一步简化，变为二维空间中的一些点。这两个维度，一个表示中间一竖往上出头的长度，另一个表示中间一竖出头的方向。如果把"田""由""甲""申"这四个字的特征所在的两个维度表示在二维空间中，就如图 4.3 所示。

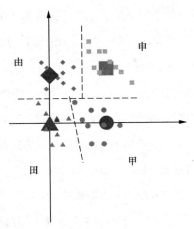

图 4.3 将各种外观相似的汉字投射到二维空间中

所谓模式识别，就是在多维空间中划出不同的区域，在某个区域中的所有不同写法，都被认定为某个字。其中，三角形、方形、圆形和菱形分别代表"田"字、"申"字、"甲"字和"由"字，它们散布在二维的空间中。我们可以用直线大致把二维空间划分为四个区域，每一个区域内的点都被分到相应的一类中，每一类代表一个汉字，其中心用大一点的形状表示。无论是手写体汉字还是印刷体汉字的识别 [也就是光学字符识别（OCR）]，其实都是将各种汉字形状的图形分类到几千个国家标准汉字类别中。手写体识别相比印刷体识别所不同的是：前者各个类别之间边界比较模糊，因此很难画出明确的边界；而后者每个类别都集中在它们的中心，类与类之间的距离较大，因此容易识别。

与此类似，所谓语音识别，不过是将各种语音分配到几百种不同的模式中。相比文字的识别，语音的变化较多，因此准确分类就比较困难了。而人脸识别通常要把各种照片归类到从几万到几百万类的某一类中。当然，要分的类别越多，准确分类就越难做到。总的来讲，语音识别比文字识别难，而人脸识别比语音识别难。

既然人脸识别那么难，为什么进海关验证身份时还用"刷脸"的方法呢？其实这是在应用中重新定义了问题，把一个上万类的分类问题变成了两类的分类问题——"是证件上的这个人，还是其他人？"虽然它们背后用到的底层技术差不多，但是这样一来问题就变得简单了。这个例子说明从实际问题到分类这一信息处理过程中间的桥梁怎么建，决定了实际问题解决起来的难度。优秀学者的过人之处在于其善于提出与构建现实世界和计算机之间的桥梁。

选择和分类在很多场合下是相关的，它们会同时出现在某一个问题中，比如网页搜索问题。早期的网页搜索源于文献检索，这是一个定义非常明确、边界非常清晰的选择问题，即从众多文献中选择出符合检索条件的文章。文献检索的选择与否的逻辑非常简单，就是符合条件和不符合条件两种，至于对诸多符合条件的文章如何排序，以及哪些才是检索文献的学者所需要的，相应的计算机算法并不关心。但是到了网页搜索时情况就不同了。一来网页数量太多，符合搜索条件的网页也很多，如果不考虑排序问题，用户的要求其实依然没有满足；二来这时的用户已经不再是做研究的学者了，他们无法自己选定合适的搜索条件，甚至不知道该使用什么样的关键词。这时，网页搜索就变成了一个根据用户所提供的有限信息，将所有的网页分成相关的和不相关的两大类的问题，而相关的一大类，则需要根据相关性本身进行排序。鉴于用户提供的信息不全，在分类时需要利用一些隐含的信息，比如对用户习惯的了解（搜索记录和网上行为等），或者搜索某一类网页的用户们经常使用的其他关键词。这两类信息的使用实际上是对用户的分类，或者对搜索意图的分类。虽然网页搜索的本质是选择和分类，但是技术开发者喜欢把它包装成智能问题，比如要强调对用户意图的理解。

介绍完这些所谓智能问题背后的本质，我们就完成了它们和计算机之间第一座桥梁的构建。在此之后，我们还需要将这些选择与分类问题和计算机的底层逻辑连接起来。

要点

很多智能问题都是模式分类的问题，计算机科学家的任务就是将现实生活中的这些问题变成分类问题。

思考题 4.1

有两类模式 A 和 B。如果 A 被识别为了 B，损失是 10；如果 B 被识别为了 A，损失是 1。这两类模式之间的边界应该如何划定？（★★☆☆☆）

4.2 组织信息：集合与判定

我们在前面讲到，很多所谓智能操作，从本质上讲就是选择和分类。当然我们不可能为每一种选择、每一种分类设计一种专门的计算机，于是我们需要另一座桥梁将它们中间最基本的操作和计算机的底层逻辑联系起来。为此，我们先从集合说起。

集合是对世界上的万物进行分类的最底层逻辑，它甚至很难有一个明确的定义。今天在数学领域，有严格的基于十条公理的完整的集合论，它非常严格，甚至避免了所谓"罗素悖论"的陷阱，但是对于非数学专业的人来讲，集合论并不好理解，这里不展开介绍，有兴趣的读者可以参看本章的附录一，了解公理化的集合论和罗素悖论。对于大多数人来讲，"集合"可以理解为一堆东西的总和，当然任何"东西"（或者更准确地讲"事物"）都可以被装进某个集合，这些"东西"称为集合中的元素。在计算机领域，经常要用到集合的三个基本性质。

首先，给定一个事物，能够判断它是否属于某个集合，不允许有既属于某个集合，又不属于该集合的情况发生。这种情况其实就是所谓"罗素悖论"。今天的公理化集合论通过正则公理杜绝了这种情况的可能性。

值得强调的是，对于是否属于某集合的判定，其结果是二值的，非肯定，即否定，没有模糊的中间情况。

其次，如果两个集合相同，则两者的所有元素都相同，反之亦然。这个性质是集合论中的外延公理。

最后，集合中不能有重复的元素，集合中的元素没有次序关系。

很多人觉得一个集合中的所有元素都具有某一种性质，比如说"整数的集合""中国男性公民的集合"，这些其实是很多集合的特例。集合本身并不需要具有这些性质，比如我们可以把"一个红苹果"和"所有超过300页的图书"放到同一个集合中，只要把集合的边界划分清楚，能够判断任意一个事物是否属于该集合就好。基于集合的上述特点，即正则公理和外延公理，在计算机科学中有两种天然有效地实现集合的方法。

4.2.1　二叉决策树

由于对于某一事物是否属于某个集合的判定结果是二值的，这就和我们前面提到的二分法，或者二进制有着天然的联系了。无论是在计算机中还是在信息论中，二分法都具有非常重要的地位。建立在"是"和"非"这种二值逻辑基础上的开关电路，可以实现计算机的任何计算。当然，只要能够明确说出集合的特性，比如"大于零的整数"，我们就很容易使用一棵简单的二叉树，将所有的元素判定到这个集合中，或者这个集合以外。这样一来，对于是和非的判断就等价于一种二选一的分类了。我们可以用一棵二叉树来表示这种分类的逻辑，符合条件的放到树的左边，不符合条件的放到右边，如图4.4所示。这种树被称为决策树（Decision Tree）。

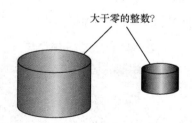

图 4.4　用二叉树对集合分类

当然，对于左右两个不同集合的元素，我们还可以依照其他的原则进一步划分。只要愿意，我们就可以做到每一个叶节点只有一个元素。二叉决策树是一种非常有效的组织信息的方式，其有效性至少有如下三个。

1. 操作简单。给定一个判定条件，任何元素来了以后就可以放在左边或者右边的叉树中。在查找时，也可以根据判定条件，要么到左边查找，要么到右边查找，每一个步骤就是一个简单的判定。

2．能够非常高效地表示大量的事物。虽然二叉决策树的每一个内部节点最多只有两个分支，但是一棵 N 层的二叉决策树就能表示 2^N 种信息。这是一个指数函数，因此 N 用不了多大就能表示大量信息了。另外，在查找、访问和插入信息时，利用指数函数则仅仅需要很少的操作。比如以二叉树的形式组织信息，在 1 000 个人中找 1 个人，最多需要 10 次查找。

3．二叉决策树和它的任意子树具有相同的形式，只要实现任意一个局部的操作方法，即可扩展到所有的情况。

"二分"这个概念，以及和它对应的二叉树，对于计算机科学的重要性，犹如质量和长度之于物理学、元素和反应之于化学的重要性，这一点是每一个计算机从业者都要牢记的。

当然，很多判定得到的结果并非只有两个，而是并列地有很多个。比如在数学领域，比较两个数通常有大于（＞）、等于（＝）和小于（＜）三种结果。对于这些问题，我们并不需要三叉决策树，或者 N 叉决策树，而是将它们等价为几次二分的判断。比如我们先比较两个数字是否一个比另一个大，即把大于同小于、等于分开，然后再判定是否等于。图 4.5 显示了这种通过二分的组合实现一到多分类的方法。从数学上讲，一到多的分类和一到二的分类是等价的。在计算机领域，二叉树和 N 叉树也是完全等价的。

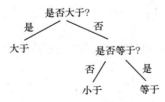

图 4.5　将三选一的判断变为两个二选一的判断

为了进一步说明这种等价性，我们不妨看下面两个例子。

例题 4.1 ★☆☆☆☆

你在心里想好一个范围在 1 ~ 1 000 的数字，然后我来猜 10 次，一定能猜中你想到的数字。

这是一个学计算机的人都知道的游戏，解决的方法很简单。第一次只要问对方心里想好的数字是否小于 500，如果是，下一次就在 1 ~ 499 寻找；如果不是，下一次就在 500 ~ 1 000 寻找。这样每次提问都可以将寻找的范围缩小一半，由于 $2^{10}=1\,024$，比 1 000 大，因此这种方法一定能在 10 次之内确定那个特定的数字。

例题 4.2 ★★☆☆☆

某个学校有 1 000 个学生，某个学生将要作为学生代表在全校大会上作报告，大家都在猜测谁会是这个幸运儿。你可以向校长提问了解这个学生代表是谁。请问你怎样提问最有效呢？

这个问题的答案也很简单，拿一本学生的花名册，然后问校长那个学生是否在花名册的前一半里。如果在，接下来就在前一半找；如果不在，就在后一半找。不管得到哪种答案，每问一个问题就可以把范围缩小一半。当然，读过《数学之美》的朋友可能知道，如果我们了解哪些学生可能是候选人、哪些根本不可能是，利用概率重新划分每一个学生所在的集合，这样的话少提几个问题就能确定谁是那个学生代表。

上述这两个问题的差异在于：在第一个问题中，每个数字被猜中的概率是相同的，或者说是平等的；而在第二个问题中，每个学生被猜中的概率则可能完全不同。在现实世界里，我们研究的对象常常各有各的不同。但是不论是哪一类问题，解决它们的底层逻辑并没有本质的区别。

除了二叉决策树，另一种能便捷地实现集合运算的数据结构就是哈希表。

4.2.2 哈希表

我们前面讲了，并非每个集合的特征都是明确的，甚至并非每个集合都有特征。

当一个集合的特征不明确时，就无法用决策树进行判定了。但是，如果一个集合内的所有元素都可以枚举出来，我们其实是很清楚这个集合内包括了哪些元素的。这些元素之外的其他元素都不属于相应的集合，如图 4.6 所示。

图 4.6　在目标集合的所有元素都已知的情况下，集合的边界是可以清晰划定的

在上述情况下，用一种有效的存储结构枚举出集合中的所有元素，其实就把集合的边界划定清楚了。哈希表则是构建这一类集合的有效存储方式。

比如说，为了防止骚扰电话打扰，我们为手机设置一个特殊的提示功能：如果是我们通信录里那些人打来的电话，铃声和其他打进来的电话不同。这时，通信录中的电话号码就构成了一个电话号码的集合，我们需要快速判断一个电话号码是否在这个集合中。这个功能虽然可以经过 $\log N$ 次的二分查找实现，但是更有效的方法是将这些电话号码放到一个哈希表中，经过 $O(1)$ 次查找就能判定清楚。我们还可以屏蔽一些骚扰电话，做法类似，我们用哈希表再建立一个集合，将那些骚扰电话的号码都放进去，这种做法广泛应用于今天的信息访问和社交产品。前一种集合通常被称为白名单，后者则被称为黑名单。美国的不少中小学，都会在学生使用的计算机中安装一个特殊的模块，屏蔽各种色情网站。这种过滤器通常都是用哈希表来实现的。

对于采用枚举的办法划定集合的边界，很多人可能会提出一个疑问：类似哈希表这样的存储结构是否要占用太多的内存空间？这确实是一个值得考虑的问题。我们就以屏蔽色情网站为例，根据 CovenantEyes 的估计，互联网上大约有 30% 的内容和色情有关，数量庞大。当然，什么算是色情本身也有争议，它的划定标准可宽松，可严格。但即便采用比较严格的标准，色情网站的数量也占到了用户访问的网站数量的

4%[1]，总数也不少。

今天解决这个问题的方法有三种。

第一种就是直接存储整个哈希表，不论它需要占多少空间。随着计算机性能的不断提升，这种以机器成本换取开发成本的做法在非商业的领域很常见。

第二种是采用类似布隆过滤器（Bloom Filter）之类判定元素是否在集合中的过滤器。关于布隆过滤器的细节，有兴趣的读者朋友可以参看本人的拙作《数学之美》，这里就不再赘述了。

布隆过滤器的一个问题就是会有很少不在集合中的元素被判定成在集合中，这也被称为假阳性。当然，对于本来就在集合中的元素是不会被判断错的。用这种过滤器建一个电话号码的白名单问题不大，因为即便有很少的骚扰电话打进来也没关系，我们自己判定一下即可。但是用它建立电话号码的黑名单就有问题了，因为会有黑名单以外的电话号码被误判在黑名单之内，这样就可能有一些非欺诈者永远打不进来电话了。有些应用场景允许少量的假阳性或者假阴性存在，有些则极其严格，不允许任何误判。

第三种是二分决策和哈希表结合的方法。先用简单的规则对各种情况进行分类，对于规则无法涵盖的情况再放到一个预先设定好的集合中专门处理。这种做法所带来的效率提升是显而易见的，毕竟例外的情况总是少数。前面说到的判断一个网站是否为色情网站，其实就要用到这种结合的方法。

这种解决问题的思路其实在生活中很常见，比如美国的边境管理就是用这种方法。在一些特定的时期，人们进入美国国境时，美国海关和边境保护局（CBP）会先根据入境者过去访问过的国家把入境者分成两类，来自流行病疫区和发动过恐怖袭击国家的人会被"特别关照"。

对比二叉决策树和哈希表这两种实现方法，它们除了结构不同外，其实在对待所要处理的对象的思路上也不同。前者其实需要对所关注的集合提炼出一个概念，比如

---

[1]　《十亿个邪恶的想法》。

"正整数的集合""大于 5""不包含性这个词的网页"，等等；后者其实只要划定一个集合的边界。人们在处理信息时，从本质上讲思维方式属于前者，人们会通过样本提炼出概念，然后把概念应用到所有的地方，判定元素和集合的所属关系。而计算机，或者说人工智能，思维方式则是后者，它们可以通过机器学习很清晰地划定一条边界，说明哪些情况在边界之内、哪些在边界之外，但是它们无法提炼概念，无法定义边界内的元素的集合是什么。今天我们常说的大数据思维其实更像是后者。关于大数据思维，大家可以参看本人拙作《数学之美》和《智能时代》。

在这一节的最后，我们用一个实际的例子来说明"集合"这个数学概念在计算机中的实现，是如何支持计算机解决语音识别、自然语言理解和机器翻译等人工智能问题的。

语音识别可以大致分为两步，即从物理的声波到读音的符号（比如音标或者拼音），以及从读音的符号到语句（即有意义的文字串）。实现这两步的方法完全不同，但是在计算机内部所使用的底层技术颇为相似。我们就以从读音的符号到语句这个比较直观的过程来说明。

在语音识别中，每一个汉语词语的读音可以对应很多词语。如果我们把所有的词语看成一个集合，那么这个集合其实是根据读音组织起来的 N 叉树——我们可以认为这棵 N 叉树有两级，第一级是读音，第二级是同音的词。需要说明的是，单音节的读音对应单个的汉字，因此大部分汉字本身都是单字词。前面提到 N 叉树和二叉树是等价的，这里就不再特别介绍针对 N 叉树的算法了，大家只要认定任何二叉树的算法都有效即可。

接下来，根据读音在词语发音的 N 叉树中查找相应的词，然后根据上下文构建出最可能的语句，这就完成了语音识别。

不过，语音识别会遇到两个难题：一是读音的识别未必是对的；二是讲话人本身读的就是白字或者用了错别字，这种时候，第一级的错误就会传递到后面。但是你会发现一个现象，就是人们在听别人说话时，可以自动纠正个别错误读音，甚至对方用错字的情形。事实上，即使讲话人发音完全准确，听话人在"听"这个环节也只能听对 60% ~ 70% 的发音。我们觉得完全听懂了对方的话，靠的都是理解。比如来自两湖地区的人常常混淆 f 和 h 的发音，他们如果单独说发廊或者画廊，你真是分不出来；类似地，长江三角洲地区的人会发不清楚"黄"和"王"这两个音，但是结合上下文，你还是能够分辨的。

人类是怎么做到这一点的呢？其实当你发现对方有口音时，你已经根据对方口音的特点，不自觉地为对方发的每一个音多考虑了几个特殊的字相对应，这就有点像枚举出一些特例，放在一个特殊的集合中。计算机在做语音识别时也是如此，它会考虑很多特殊的常见错误，比如在遇到 fa 这个读音时，会考虑个别读 hua 的词，然后根据上下文来判断讲话人是否读错了，或者前面声波的识别不准确。今天，比较好的语音识别系统甚至会把常见的白字放到一个哈希表中，比如"鸿鹄"的错误发音"hong hao"。当然，这种"例外"情况在语音识别中是少数的、有限的，很多音本身不会被混淆，比如"我"怎么也不可能读成"他"，这并不会给计算机识别语音带来太多的额外计算量。事实上，我们不能够，也不允许所有的音都读错的情况，因为那样识别不出有意义的语句。

要点

对于边界不可描述，但是所包含的元素可以枚举的集合，可以通过哈希表来判定一个元素是否属于该集合。

思考题 4.2

Q1. 如何制作一个色情网站或者垃圾邮件发送者的黑名单？（AB，★★☆☆☆）
Q2. 如何判断一个网页是否是色情网页？（AB，★★★☆☆）

4.3　B+ 树、B* 树：数据库中的数据组织方式

在继续讨论对事物的选择和分类之前，我们需要先讲讲能够区别两个事物的关键值。

在计算机中，为了方便数据的查找和定位，任何事物通常都被描绘成一对由键（Key）和值（Value）构成的二元组。在一个系统的内部，键是唯一的、不能重复的，键一旦确定，相应的值就确定了。比如在一个小范围内，我们每一个人的名字都可以成为认定我们每一个人的键。但是范围稍微大一点，就会出现重名的情况，于是我们会给每一个人一个特定的身份号，比如户籍部门使用的身份证号、腾讯给用户的 QQ 号、大学里的学号、单位的工号等。任何事物的键都很小，能比较，而描述它们的值可以很大。比如对于大学里的每一个学生，他的全部档案构成这个对象的值。为了简单起见，我们在谈论分类时，通常就把一个要分类的事物和它的键等同起来，而不刻意强调其内容值。

树状结构有很多超出常人想象的神奇之处，比如二分（或者 N 分）的直接结果就是一层层地将世界上的事物分门别类，每一类都可以看成一个集合。在层层分类之后，同一集合内部的各个元素之间、不同集合之间的关系也就一目了然了。不过对于很多问题，如果真的能够直接采用 N 分（对应于 N 叉树）会比进行好几次二分更加有效率，比如前面提到的建立读音和单词的字典这件事，显然就是直接采用 26 叉树更好，逻辑上也更清晰。因此，在一些特定的场合，我们是直接采用 N 叉树。当然，不受限制的 N 叉树实现起来非常麻烦，而且一旦在某个节点分叉太多（也就是 N 的值太大）时，效率会非常低，因为查找的效率就从对数复杂度变成了线性复杂度。针对这种情况，鲁道夫·拜尔（Rudolf Bayer）和爱德华·麦克科雷特（Edward M. McCreight）提出了一种受限制的 N 叉树——B 树。

B 树可以被看成二叉树的扩展。在二叉树中，每个节点只有一个键，如果这个键是一个可以比较大小的数值（比如数字或者字母串），根据大于它或者小于它，每个节点可以有两个子节点。也就是说，子节点如果不为空，其数量正好是键的数量加 1。在 B 树中，每一个节点可以有多个键（字）。但是为了防止某个节点的键太多，实现起来太麻烦，或者键太少因而效率太低，B 树中每个非根节点键的数量被限制

在 *d* 和 2*d* 之间，比如 3 和 6 之间、5 和 10 之间。这些键从左到右顺序排列，子节点的数量就是 *d*+1 到 2*d*+1。在 B 树中还有三个特别要求。

1. 根节点要有 2 ～ 2*d* 个子节点。

2. 在每个节点中，第一个子节点下面的所有键都要小于这个节点的第一个键；第二个子节点下面的所有键，大小在该节点第一个键和第二个键之间；类似地，第 *i* 个子节点下面的所有键，大小在该节点第 *i*−1 个键和第 *i*+1 个键之间；最后一个节点下面的所有键，则大于该节点的最后一个键。这种安排让整棵 B 树里的元素都是按照键排好序的。

图 4.7 所示是一棵 *d*=2 的 B 树。

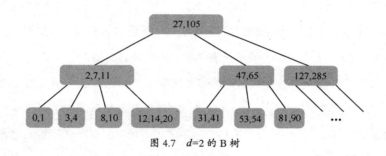

图 4.7　*d*=2 的 B 树

3. 如果经过了插入和删除，B 树的某些节点不再能满足上述两个要求，那么 B 树就需要把小的节点合并成大的，或者把大的节点一分为二变成两个小的。

在计算机中，使用得比较多的其实是 B 树的一棵变种 B+ 树，而不是 B 树本身。B+ 树和 B 树基本上相同，除了以下两个改进之处。

1. 所有的非叶节点只保留键，它们的作用是确定子节点中关键值的区间。所有的内容（连同它们的键）都必须保留在叶节点里。

2. 用一个指针将所有的叶节点从头到尾穿起来。

图 4.7 所示的 B 树如果变成 B+ 树，则具有图 4.8 所示的形式。

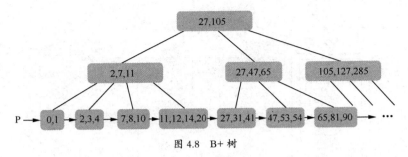

图 4.8　B+ 树

B+ 树相比 B 树有两个优点。一个是结构比较简洁，因为中间的节点只有关键值（以及指向下一级节点的指针），而不再保存每一个事物的内容（它的体量可能巨大）；另一个则是通过叶节点之间的指针，将所有的数值排好序整理好，这样便于一次访问一大批数据。

在计算机进行数据处理最常用的软件——数据库系统中，通常用 B+ 树，而不用二叉树或者 N 叉树存储信息。那么前者相比后两者有什么优点呢？简单来讲，就是能平衡运行时间和存储效率之间的关系。

我们不妨看这样一个问题：如何利用树状结构存储一个字典？

如果使用二叉树，可以用五次二分为 26 个字母的字母表建立起一棵二叉树，然后经过五次查找找到第一个字母，再类似地往下一个字母一个字母地查。这个方法的一个问题是，由于像 E、S、T 这些字母出现的频率很高，而 J、X、Z 等字母出现的频率较低，因此这棵二叉树极为不平衡，查起字典来效率较低。

如果使用 26 叉树，每个节点要预留 26 个子节点的位置。这样层数会很少，查字典的效率很高，但是由于很多字母的组合不会出现，因此这棵树中绝大部分预留的位置被浪费了。

使用 B+ 树，则可以解决上述问题。我们假定用 d=3 的 B+ 树来实现这个字典。

在根节点处，我们以 F、L、R 为分界，字母在分界上方或者在分界前面的往左放，在后面的往右放。在第二层节点处，把每一个字母分到一个子节点中。这样前三层的 B+ 树结构如图 4.9 所示。

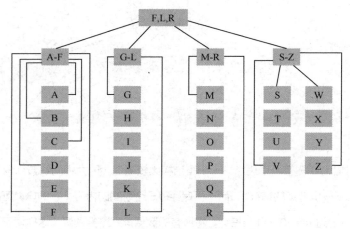

图 4.9　字典 B+ 树 (*d*=3) 的前三层

注意：第三层的每一个节点是以相应的字母开头的所有单词的根节点，为了简单起见，我们将它们竖着排列了，而且只用一个字母代表了该节点的键。它们内部的细节展示在图 4.10 所示的两棵子树的根节点处。第一棵子树的根节点对应的是图 4.9 中的第三层节点 C，第二棵子树对应图 4.9 中的节点 I。由于以 C 开头的单词多，以 I 开头的单词少，因此以 C 开头的单词放在了六棵子树中，它们对应图 4.10 中相应子树第二排的六个节点，而以 I 开头的单词只放在了四棵子树中（图 4.10 中的第二棵子树）。

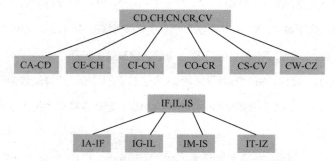

图 4.10　以 C 开头的单词的子树和以 I 开头的单词的子树

从上面的说明可以看出，B+ 树兼有二叉树简单高效的特点，以及 *N* 叉树灵活的特点。实际上由于 B+ 树中无论是在一个节点内的键，还是在最底层所有叶节点中的键，都是排好序的，因此它的查找和二叉树同样有效。

我们知道，假如字典里有 V 个单词，它们用了一棵平衡的二叉树存储，那么查找任何一个单词需要 $\log_2 V$ 次。如果我们用 B 树存储，假定 B 树每个节点有 b 个键（如果是根节点，则有 b 个单词），那么找到单词所在的节点需要 $\log_b V$ 次查找，而在节点内找到相应的单词只需要 $\log_2 b$ 次，因为它们是排好序的。我们知道

$$\log_2 V = \log_b V \cdot \log_2 b \qquad (4.1)$$

因此这两种存储方式的查找时间是相同的。

B+ 树相比二叉树有一个明显的优点，就是很容易找出一个区间内所有的信息。比如我们要找以字母 abs 开头的和以字母 act 开头的全部单词，可以先找到以 abs 开头的第一个单词，然后利用 B+ 树中叶节点的指针，顺序往后读取即可，直到找到以 act 开头的最后一个单词时结束。应该讲，在存储和反复使用海量数据方面，B+ 树是非常高效的。

当然，科学和工程总是在发展和进步的。计算机科学家们在 B+ 树的基础上进一步改进，就得到了 B* 树。B* 树是 B+ 树的一种变体，它在 B+ 树的内部节点（非根节点、非叶节点）之间增加了指向兄弟节点的指针。图 4.11 是将图 4.8 中的 B+ 树改成 B* 树后的示意图。

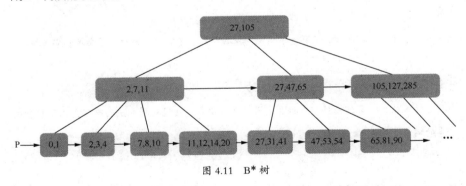

图 4.11　B* 树

此外，B* 树对合并小节点和将大节点一分为二的机制做了调整，使得树中浪费的空间更少。著名的 Oracle 数据库就采用了 B* 树的存储结构。

在上述的数据存储结构中，我们其实忽略了一个问题，那就是如果数据的访问不

是按照事先设定好的键，而是根据事物中的某一项内容进行的，查找并取回所需要信息的成本会非常高。比如要找到一个学校里所有年纪在 20 ～ 21 岁的学生就不是一件容易的事情。很显然这一类的需求很常见。为了解决这种问题，商用数据库系统都会建立很多索引，比如按照出生年月索引、按照姓名索引等，有了这些索引，上述问题就迎刃而解了。具体到工程上，这些索引常常用哈希表来实现。

在这一节中，我们通过讲述真实的数据库管理系统存储信息的底层技术，展示了等价性在计算机科学中的意义。各种树在计算机科学上都是等价的，因此我们研究清楚一种树的算法，就能在做适当的变通之后，解决各种具体的问题。这是计算机科学的精髓所在。具体到很多的工程问题，人们会在不违背底层科学原理的前提下，增加和扩展相应的一些功能，以保障计算机在解决具体问题上的效率和便利性，比如在 B* 树中增加的各级横向指针，就有利于批量读取大量的信息。而各种附加的索引，也是为了提高信息访问的效率。此外，我们通过数据库这个例子，也看到了前面讲到的两种信息组织形式的交合。

接下来，我们再用几个具体的例子，介绍计算机科学中的等价性原则，特别是各种问题和树这种特殊的数据结构之间的关系。

要点

通过 B 树、B+ 树和 B* 树，了解如何实现一棵 N 叉树，了解它们的时间复杂度和实现技巧。

思考题 4.3

在拼音输入法中，如何根据整个拼音，或者部分拼音，快速找到相应的汉字，以及包含该汉字的词？（AB，★★★☆☆）

4.4 卡特兰数

我们在前面已经用了很多篇幅讨论树，特别是二叉树。有了这些铺垫，下面就能够讲述一道我最喜欢和别人讨论的题了。

例题 4.3 卡特兰数 ★★★★★

有多少种 N 个叶节点的满二叉树（Full Binary Tree）？

这里我们先要解释一下什么是满二叉树。它是指一棵二叉树中所有的节点子树的棵数（也被称为节点的度）要么是 2，要么是 0，后者其实就是叶节点。比如图 4.12（a）所示的二叉树就是一棵满二叉树，而图 4.12（b）则不是，因为箭头所指的节点只有一棵子树。

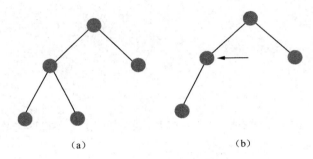

（a）　　　　　　　　　　　　　（b）

图 4.12　满二叉树和非满二叉树

了解了满二叉树的概念，我们接下来看几个具体的例子。当 N=1,2 时，都分别只有一种符合条件的满二叉树，如图 4.13 所示。

N=1　　　　　　　N=2

图 4.13　叶节点数 N=1,2 时的满二叉树情况

当 N=3,4 时，则分别有两种和五种可能性，如图 4.14 所示。

接下来，N=5,6,7,… 的情况怎么样？虽然我们能枚举出来，但是很难找到规律。我经常用这道题进行面试，大部分参加面试的人试图通过举一些例子总结规律，找到在一般情况下满二叉树的数量和 N 的关系，比如从有 N 个叶节点的满二叉树出发，数一数有 N+1 个叶节点的满二叉树能多出来多少。但是，走这条路的人从来没有成功过。这倒不是因为他们水平低，而是这条路根本走不通。这个思路很难排除各种重复计算的情况。

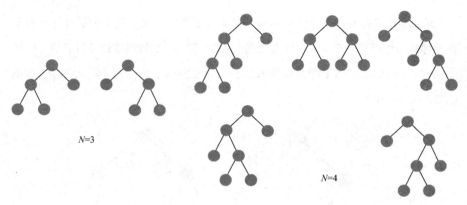

图 4.14　叶节点数 N=3,4 时的满二叉树情况

其实这道题换一个思路考虑则非常简单，这个思路就是计算机科学中最常用的递归方法，自顶向下解决这个问题。

假定有 N 个叶节点的满二叉树的数量为 S(N)。我们知道任何一棵二叉树都可以分为左子树和右子树，我们分别假定这两棵子树各自有 k 个和 N−k 个叶节点，于是左、右子树就分别有 S(k) 和 S(N−k) 种情况，如图 4.15 所示。

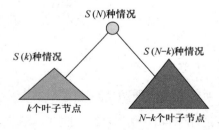

图 4.15　N 个叶节点的满二叉树必定包含一棵 k 个叶节点的子树以及一棵 N−k 个叶节点的子树

由于左、右子树内部的结构彼此是无关的，因此整棵二叉树就有 S(k)·S(N−k) 种

情况。当然，k 可以是 $1,2,3,\cdots,N{-}1$ 中的任意一个数，因此

$$S(N) = \sum_{k=1}^{N-1} S(k) \cdot S(N-k) \tag{4.2}$$

式（4.2）本身是递归形式的，只要给定结束条件 $S(1)=1$，就很容易写个程序算出 N 等于任何数值时整棵二叉树中有多少种情况。

> 我在 Google 时常会用这道题面试工程师。任何人但凡能够用递归的思路自顶向下想问题，并且能够写出这个递归公式，我就算他做出了这道题，因为我认为这体现出他已经具有了计算思维，他有潜力达到四级工程师的水准。大约有 20% 的求职者能够做到这一点。如果一位求职者能够由上面的递归公式解出 $S(N)$ 的解析解，那么就可以得到额外的加分。

解式（4.2），对于没有学过组合数学（又称离散数学）的本科生来讲是比较困难的。如果读者学过组合数学，了解母函数这个工具，上述公式很容易求解。具体解法见本章附录二，有兴趣的读者可以阅读。在这里，我直接给出 $S(N)$ 的解析解，即

$$S(N) = \binom{2N-2}{N-1} / N \tag{4.3}$$

其中，$N=1,2,3,\cdots$。

观察这个公式，你会发现它其实很难通过归纳的方法总结出来。

最先发现递推公式［式（4.2）］的是数学家欧仁·卡特兰（Eugène Catalan，又译作欧仁·卡塔兰），因此这个数字也被称为卡特兰数。不过，卡特兰数 $C(N)$ 的定义和我们上面 $S(N)$ 的定义差 1，你可以把卡特兰数理解为内部节点为 N，即叶节点数量为 $N+1$ 的满二叉树的数量，即

$$C(N) = S(N+1) = \binom{2N}{N} / (N+1) \tag{4.4}$$

其中，$N=0,1,2,3,\cdots$。值得指出的是，卡特兰数是 N 的指数函数。

在我面试过的几百位求职者中，能够完整解出这道题的人，屈指可数。这几位给

出完美答案的求职者，大多是计算机专业的博士生，但其中一个是学习通信的，因为他看出式（4.2）其实就是信号处理中常用的卷积，因此用信号处理的工具解了出来。当然，对于大部分求职者来讲，让他们在 45 分钟内完美地解决上述问题有点苛刻，而我经常用这道题考查大家的原因，主要有四个。

1. 这道题很容易理解，不会存在理解题目时的沟通问题。

2. 它能考查求职者对一些基本概念的理解，比如什么是满二叉树，不少人学过这个概念，但是会将它和完全二叉树（Complete Binary Tree）搞混。所谓完全二叉树，是指一棵二叉树，除了最后一层节点，其他每一层节点都是填满的，而最后一层节点则是从左到右排列，例如图 4.16（b）和图 4.16（c）所示的二叉树都是完全二叉树。其中，图 4.16（b）是完全二叉树，但不是满的；图 4.16（c）则既是完全的，也是满的。而图 4.16（a）所示的是一棵满二叉树，但它不是完全的。

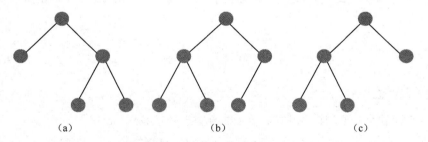

（a）　　　　　　　　　（b）　　　　　　　　　（c）

图 4.16　满二叉树和完全二叉树的例子

3. 最关键的是通过这道题能看出求职者是否建立起了递归的思维方式。

4. 能看出学过组合数学或者信号处理的博士生们能否活学活用这两门课的内容。

此外，通过这个问题，我们还能考查一个人是否善于找出一个问题的各种等价问题，或者通过解决一个问题解决全部的等价问题。**任何人要想成为三级以上的计算机工程师，在面对等价问题时，必须能够迅速看出它们之间的等价性，然后寻找其中一个相对简单的问题来解决。**

接下来，我们就来看看卡特兰数的几个等价问题。

例题 4.4　凸 N 边形的划分问题（AB、MS）

对于任意一个凸 N 边形，我们都可以通过连接它的顶点，将它划分为 $N-2$ 个不重叠的三角形，求划分方法。图 4.17 所示为三角形、四边形和五边形的不同划分方法。

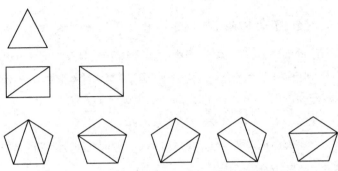

图 4.17　三角形、四边形和五边形所有可能的划分方法

三角形本身不可能继续分割，因此它只有一种划分方法，就是它自己；四边形则可以有两种划分为三角形的方法；而五边形有五种。这些方法数分别对应卡特兰数 $C(1)$、$C(2)$ 和 $C(3)$。对于任意的凸 N 边形，内部三角形的划分方法的数量正好是卡特兰数 $C(N-2)$。这并不是巧合，它可以用如下递归的方式证明。

对于任意的凸 N 边形，任选一条边作为底边，这条底边可以和凸多边形的其他任意一个顶点构成一个三角形，以七边形为例，如图 4.18 所示。

图 4.18　七边形的一条底边固定，有五种方式以该底边和其他任意一个顶点构成一个三角形

如果将凸 N 边形的顶点从 1 到 N 编号，选定的底边和编号为 k 的顶点（k 可依次取 $2,3,\cdots,k-1$，共 $k-2$ 种情形）构成的三角形把多边形分成了左右两个部分（也可能没有）。注意，这两个部分如何分割是两件毫不相干的独立事件。

假定 k 边形有 $P(k)$ 种划分三角形的方法，其中 $P(2)=1$，$P(3)=1$。这样我们就可以得到下面的递推公式：

$$P(N) = \sum_{k=2}^{N-1} P(k) \cdot P(N-k+1) \qquad (4.5)$$

这就是卡特兰数的递推公式。我们稍微做一个变换，就可以得到 $P(N)=C(N-2)$。证毕。

例题 4.5 *N* 个字符的字符串合并问题（AB）　★★★★☆

我们假定有一个包含 N 个字符的字符串序列，相邻的两个字符可以合并为一个新的字符，并且可以和周围的字符进一步合并，问这个字符串有多少种合并方法。比如字符串 abcd 有下列五种合并方法：（（ab）c）d、（a（bc））d、（ab）（cd）、a（（bc）d）、a（b（cd））。其中括号"（ ）"表示合并的优先次序。

这个问题的答案也是卡特兰数，具体讲是 $C(N-1)$，因此上述四个字符的字符串可能的合并方法就是 $C(3)=5$。

至于为什么可能的字符串合并方法的数量是卡特兰数，我们留作思考题。

值得指出的是，我很少见到有人在面试中用例题 4.4 考求职者，但是见过有人使用和它等价的例题 4.5 作为面试题。有趣的是，虽然例题 4.3 和例题 4.5 其实是一回事，但是从观察来看例题 4.5 更容易解答，这或许是因为字符串合并问题让人们更容易想到递归算法。

一个有 N 个叶节点的树状结构其实可以和一个有 N 个符号、由括号"（ ）"分割的字符串一一对应。在自然语言处理中，直接表示一个句子的句法分析树是很困难的，但是利用上述括号"（ ）"就可以把句法分析树变成一个字符串。比如图 4.19 所示的这棵句法分析树对应的字符串如下：

句子（名词短语（名词 /PLCN，名词 / 海底光缆），动词 / 连接，名词短语（名词短语（地名 / 香港），连词 / 和，名词短语（名词 / 美国西岸，助词 / 的，地名 / 洛杉矶）），句号 /。）

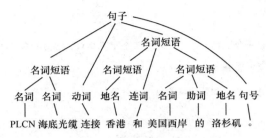

图 4.19 一棵典型的句法分析树

通过这种方式就可以在计算机中有效地表示文法信息。

另外，值得一提的是，卡特兰数是一个句子可以对应的语法树数量的上限，且卡特兰数是句子长度的指数函数。这就是句法分析非常难的原因。在分析句法时，我们要用到语法规则做限制条件，它们的作用是限制可能的语法树的数量。通常语法规则越严格，合法的语法树的数量越少，句法分析的难度越低。比如正则文法（即 3-型文法）最严格，因此合乎正则文法的语法树数量最少，使用正则文法分析语句的计算复杂度最低，大约是句子长度的平方函数。比正则文法限制宽松的上下文无关文法，计算复杂度大约是句子长度的立方函数；而使用上下文相关文法，计算复杂度就上升为句子长度的六次方，这还是简化之后的复杂度。六次方复杂度的算法虽然依然属于多项式的复杂度，但是对于计算机来讲依然难以实现。如果使用乔姆斯基所说的 0- 型文法，限制最少，几乎每一种语法树都是合法的，用它们进行文法分析时的复杂度最高。此外，使用基于概率的语法，也是为了排除概率很低的可能性，减小句法分析时的搜索范围。

通过卡特兰数，我们可以看到很多计算机科学中的问题都是等价的，其中一个问题得到了解决，一大类问题就都能迎刃而解。因此高明的计算机科学家和平庸的从业者之间的差别就在于：前者可以通过研究一个问题解决一大批问题，做到一通百通，个人进步的速度特别快，成果也特别多；而后者则孤立地看待一个个问题，解决了一个问题，但其并不能成为解决其他问题的阶梯。举一反三，甚至举一反十，是我们需要不断培养的能力。

要点

卡特兰数、句法分析的多种可能性。

思考题 4.4

北京的街道通常是横平竖直的。假如你站在某个十字路口，需要往东、往北各走 N 个街区，有多少种不同的走法？（★★★☆☆）

提示：这是一个卡特兰数，但是你需要证明这件事！

●— 结束语 —●

很多智能问题其实是分类问题。确认一个类别或者集合的边界常常有两种方法，即采用二叉判断，或者通过枚举的方式给出集合中全部的元素。这两种方法也是组织信息的常用方法。

为了提高效率，我们有时需要采用 N 叉树而非二叉树。B 树及其扩展是今天实现 N 叉树的有效方式，也是数据库的基础。

同样的信息，有很多种组织方式，这个数量非常大，可以大到卡特兰数。卡特兰数将很多形式上看似不同的计算机问题联系起来。

附录一　十条集合公理

1. 外延公理（Axiom of Extensionality）：一个集合完全由它的元素所决定。两个集合相同，当且仅当它们的元素皆相同。

2. 分类公理（子集公理）（Axiom Schema of Specification / Axiom Schema of Separation / Axiom Schema of Restricted Comprehension）：给出任何集合 A 及命题 $P(x)$，其中 $x \in A$，存在着一个原来集合的子集 B（即 $B \subseteq A$），包含且只包含使 $P(x)$ 成立的元素。

3. 配对公理（Axiom of Pairing）：假如 X 和 Y 均为集合，则有另一个集合 $\{X, Y\}$ 包含 X 与 Y 作为它仅有的元素。

4. 并集公理（Axiom of Union）：对于任意一个集合 X，存在一个并集 Y，Y 的元素是且只会是 X 的元素的元素。

5. 空集公理：存在着一个不包含任何元素的集合，我们将这个空集合记为 $\varnothing$。这一条公理可以由分类公理得出。

6. 无穷公理（Axiom of Infinity）：存在着一个集合 X，空集 $\varnothing$ 为其元素之一，且对于任何 X 中的元素 Y，$Y \cup \{Y\}$ 也是 X 的元素。

说明：用这种方式，可以定义所有的整数。

7. 替代公理（Axiom Schema of Replacement）：任给一个集合 A 和映射关系（泛函谓词）F，存在一个集合 B，B 的所有元素是集合元素在 F 映射下的像。

8. 幂集公理（Axiom of Power Set）：每一个集合都有其幂集，即对于任何集合 X，存在着一个集合 Y，使得 Y 的元素是且只会是 X 的子集。

9. 正则公理（Axiom of Regularity / Axiom of Foundation）：每一个非空集合 X 总包含着一个元素 y，使得 X 与 y 无交集。

说明：这条公理是为了防止出现罗素悖论。

10. 选择公理（Axiom of Choice）：任给一个集合 X，其元素为互不相交的非空集，对于 X 中的任意一个元素 Y，总存在着一个函数 f（称为 Y 的一个选择函数），使得 $f(Y) \in Y$。

附录二　关于卡特兰数递归公式的推导

我们从式（4.2）出发，推导出卡特兰数的递推公式：

$$c(N+1) = \sum_{k=0}^{N} c(k) \cdot c(N-k)$$ 　　　　　　（4.6）

它的边界条件为

$$c(0)=1$$ 　　　　　　（4.7）

下面构造一个母函数

$$C(x) = \sum_{i=0}^{\infty} c(i)x^i$$ 　　　　　　（4.8）

将式（4.6）代入式（4.8）后，可以得到

$$C(x)=1+x[C(x)]^2$$ 　　　　　　（4.9）

解这个方程，得到两个解：

$$C(x) = \frac{1 \pm \sqrt{1-4x}}{2x}$$ 　　　　　　（4.10）

代入边界条件公式［式（4.7）］，保留式（4.10）中的第二个解，即

$$C(x) = \frac{1 - \sqrt{1-4x}}{2x}$$ 　　　　　　（4.11）

采用二项式定理展开式（4.11），得到

$$C(x) = \sum_{i=0}^{\infty} \frac{\binom{2i}{i} x^i}{i+1}$$ 　　　　　　（4.12）

从中提取出系数，就得到卡特兰数的递归公式：

$$c(i) = \frac{\binom{2i}{i}}{i+1}$$ 　　　　　　（4.13）

第 5 章

工具与算法——图论及应用

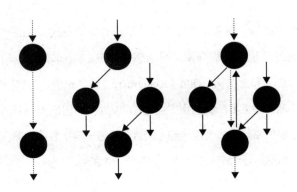

早期的 Google 很喜欢在面试时考有关图论的问题。比如经常使用的一道题是，如何构建一个网络爬虫来有效地下载互联网上的全部网页。这是一道理论和工程结合得非常紧密的考题，要把每一个主要的工程细节分析清楚，没有从事过这方面工作的人其实很难做到。Google 的网络爬虫团队一直是公司里规模最大、重要性最高、技术水平最高的团队之一，很多人担任了高级工程师，也不过是解决其中一个局部问题，可见这个问题之大。但是，它的原理其实又非常简单，无非是有向连通图的遍历问题，而这是图论中最基本的问题之一。此外，如何实现广告和内容最大程度上的匹配，从而提高全网站的收入，也是一个图论问题；甚至拼写错误的自动校正也要通过图论问题来解决。

图论是组合数学的一个分支，它的应用领域非常广，甚至在化学中也有不少应用，但是今天它最多的应用集中在计算机科学中。可以讲它和数理逻辑一样，是计算机科学最重要的数学基础。一个计算机行业的技术从业者对图论的理解深度决定了他在这个行业中能走多远。另外，图论也正是因为计算机科学的快速发展而越来越受到重视，并且在最近几十年里不断进步，还发展出很多分支。今天绝大部分计算机应用所需要的图论算法已经被研究"透"了，以至于大家能够拿来直接用。但是，如何将实际问题转化为图论的问题，那就是艺术了。

5.1 图的本质：点与线

欲悟出图论中的道，需要了解它的三个来源。我们先从图论的产生说起。一般认为，图论的起源可追溯到数学家莱昂哈德·欧拉（Leonhard Euler）生活的年代。1735 年，欧拉来到普鲁士的柯尼斯堡 [Königsberg，哲学家伊曼纽尔·康德（Immanuel Kant）的故乡，现在是俄罗斯的加里宁格勒]，发现当地居民有一项消遣活动，就是试图将城中的七座桥每座恰好走过一遍（而且只走过一遍）并回到原出发点，但从来没有人成功过。柯尼斯堡七座桥的大致位置如图 5.1 所示。

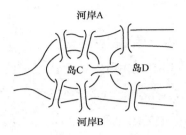

河岸A

岛C   岛D

河岸B

图 5.1   柯尼斯堡的七座桥

欧拉经过研究发现这个问题无解，然后在圣彼得堡科学院作了一次报告，讲解了这个问题。第二年他发表了一篇论文，提出并解决了所有的一笔画问题。在这篇论文中，欧拉把地图简化为平面上的节点和连接节点的边，每一座桥对应于一条边，桥所连接的地区则为节点。任何一笔画的问题，都可以简化成这样的点和线的组合。要想从某点出发，经过每条边一次，最后再回到起点，则每一个节点所相连的边都必须有偶数条，这样从一条边进入这个节点，再从另一条边走出去，最终就可以走完（即遍历）全部的连线，如图 5.2（a）所示。但是如果有节点连接了奇数条边，不论如何走，总会有某条边走不到。比如某个点和三条边相连，如图 5.2（b）所示，你从第一条边进入这个点，从第二或者第三条边出去，那么剩下的一条边就没法走到了。

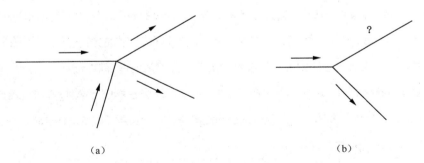

（a）   （b）

图 5.2   有偶数条边相连的节点和有奇数条边相连的节点

欧拉把柯尼斯堡七桥问题，变成一张由节点和节点之间的边所构成的抽象的图，如图 5.3 所示，说明其中存在四个连接奇数条边的节点，因此无法做到恰好经过每一条边一次而遍历全图。

欧拉的那篇论文通常被认为是图论的第一篇学术论文，虽然当时人们还没有对图做出明确的定义。今天我们关于图的很多应用都和欧拉的这项工作有点关系，从这里延伸，就扩展到图的连通性问题、遍历问题、最短路径问题等。欧拉在图论上最大的贡献是，发明了这种只有点和线的抽象工具，用这种工具可以解决很多平面图形问题和几何体问

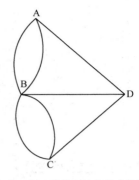

图 5.3　柯尼斯堡七桥问题的抽象图

题。在此基础上，拓扑学也产生并发展起来了。在拓扑学和图论的结合点上有很多著名的问题，比如四色地图问题（即四色问题）[1]。

今天很多复杂的系统依然可以简化为这种只有节点和边的抽象的图。比如整个互联网，从物理结构上看，它是一个个服务器以及连接服务器的网络线构成的一张图，服务器是节点，网络线是边。从逻辑上看，每一个网页是节点，而彼此引用的超链接则是边。甚至在互联网出现之前，这种点与线的逻辑关系在很多地方就已经存在了。比如学术论文里所引用的参考文献就起到了边的作用，它将一篇篇原本孤立的论文从点扩展为一个网络。类似地，社交网络也是一张图，每一个社交的主体（人或者机构的公众号、官方微博等）构成了网络的节点，关注或者追随的关系就是边。于是，在这些领域开发各种产品和服务就有了天然的数学基础，即图论。而高明者与平庸者的区别就在于前者能最早、最深刻地理解这一点。劳伦斯·佩奇（Lawrence Page）和谢尔盖·布林（Sergey Brin）还在学校上学时，就体会到互联网的这个特性，发明了利用互联网的超链接来计算网页重要性的 PageRank 算法，这造就了 Google 早期的成功。

既然很多复杂的系统能够和图对应起来，那么一个系统简单与复杂的程度也可以

---

[1]　任何一张地图只用四种颜色就能使有共同边界的国家着上不同的颜色。

用图的很多概念来描述，系统中的很多问题也可以用和图相关联的算法来解决。比如我们今天觉得在互联网上查找信息要比过去在图书馆里查资料方便得多，一个主要的原因是在互联网这张"图"中，节点之间连通性好，而在过去靠参考文献连接的知识图中，很多节点之间没有连接，因此难以被发现。所幸的是，在互联网出现之前，关于图的连通性和最短路径等问题已经得到了解决，因此在互联网出现后，各种和信息服务相关的工具很快便被开发出来了。类似地，基于移动互联网的社交网络在连通性上要比原来的各种社交圈子都好得多，这是在社交网络上能够做到高效率的交流和交友的主要原因。连通性好带来的一个直接的结果，就是从一点到另一点的距离通常会变短。比如在图 5.4（a）中，由于连通性比较好，从 A 点到 B 点的距离就比较短；相反在图 5.4（b）中，连通性较差，从 A 点到 B 点的距离就较长。当然在这两张图中，我们假定了每条边的长度都是 1。此外，图的连通性也不能简单地用好和不好来描述，需要有严格的甚至定量的描述方法，这些我们在后面会讲到。

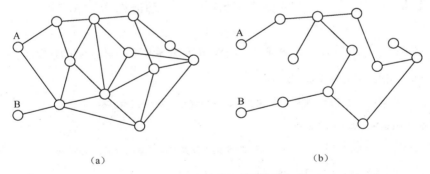

（a）   （b）

图 5.4　两张连接程度不同的图

　　如果一张图只考虑点和线的关系，而没有量化的度量点与线关系的方式，很多复杂的问题是没法解决的，比如在现实生活中的最短路径问题——今天各种导航工具都依赖于这个问题的解决来工作。不过，图论还有第二个来源，让它可以轻松解决很多需要量化度量的问题。除了最短路径问题之外，还有关键路径、最大流等一大堆问题。而最初利用类似图这个工具考虑流量等问题的人，不是数学家，而是物理学家古斯塔夫·基尔霍夫（Gustav Kirchhoff），他可谓是电路学之父。他利用电路图详细描述了电路中电流流动的情形，并且总结了一系列关于电路的基尔霍夫定律。这些定律后来启发了那些研究图的流量、有向图中的闭环问题的数学家。今天图论中关于最大流、网络平衡等的问题，都可以溯源到基尔霍夫的工作。事实上，在设计网络爬虫时，不仅仅要考虑互联网的连通性，还要保证利用最短路径找到网页，以及在下载网页时保证分布式系统流量的最大化，否则即使能够找到并下载互联网上的全部网页，那个时间也要以百年计。

图论除了上述两个来源，还有第三个来源，就是地图的染色。染色问题可以推而广之变成节点和边的染色，并且因此产生了一系列的工具。比如我们寻找一个网络中最大的流量，就可以利用对边染色的工具来完成。

就这样，图论经过上百年的发展，成为解决数学问题和计算机科学问题的重要工具。这个工具的核心自然是图，那么图的本质是什么？它是对离散的、有限集合中各个元素之间关系的描述。我知道这个解释有点绕口，我们不妨看两个例子。

例题 5.1　配对问题　★★★☆☆～★★★★★（每个具体问题的难度有差异）

配对问题是一大类问题，比如：

1. 某地有 N 名网约车司机和 M 名正在打车的乘客，他们如何匹配；
2. 婚恋网站上男女双方的配对。

此外，有一些配对未必是一对一的，但它们之间是有限数量的配对，比如：

1. 读者和被推荐的新闻之间的配对；
2. 搜索关键词和广告的配对；
3. 一个制造型企业内班组和产品的配对。

这些配对的算法是一对一配对算法的扩展。

上述问题其实都是等价问题，我们就以网约车举例说明。

在网约车下单的配对中，我们假定司机的集合是 U，乘客的集合是 V，它们没有交集。按照某种条件，一名司机可能会和几名潜在的乘客配对，我们在这名司机和乘客之间用一根连线表示他们的关系；反过来，一名乘客也可能和几名司机配对。我们用连线连接可配对的 U 中的司机和 V 中的乘客，就构成图 5.5 所示的一张图，每一名司机或者乘客是图中的一个节点，他们之间的连线就是图的边。由于这张图中所有的连线都横跨在不相交的 U、V 两个集合

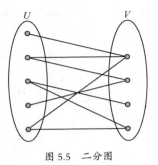

图 5.5　二分图

之间，每一个集合内部没有连线，因此这样的图被称为二分图（Bipartite Graph，或者 Bigraph）。

在上述问题中，司机也好，乘客也罢，不论一开始他们有多少可能的选项，一旦选定了与对面集合中的某个人配对，就不能再和其他人配对了，这是配对的规则。如何为每一个人选择配对的对象，最后让最多的乘客打到车，让司机有生意，就称为最大（最佳）配对问题。这是一个典型的图论问题，我们后面会详细讲解这个问题。

例题 5.2　博弈问题　★★☆☆☆

博弈问题同样是一大类问题，也是一个图论问题。既然是图论问题，就需要先确定这张图节点的集合，我们以下围棋为例来说明它。

围棋盘上有 361 个点位，很多人觉得它的节点的集合只有 361 个元素，其实它有多达 3^{361} 个元素，因为棋盘上的每一种布局都是一个节点。博弈问题对应的图是很大的，整个一局比赛构成这张大图，图中的连线就是从一个布局经过一手之后，进入另一个布局的过程。比如图 5.6 就是一盘围棋对弈的局部过程。图中左边的一列是围棋对弈进行到某一步时可能走出来的棋局（局部），中间一列是从该棋局出发由黑棋行棋后可能走出的棋局，右边一列是白棋回应后新的棋局。

由于围棋这张大图节点非常多，而围棋盘上几乎每一个空白点都能落子，也

就是说这张图上的边也特别多，因此下围棋问题比前面的配对问题要复杂得多。

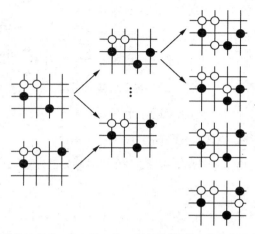

图 5.6　下围棋的过程是一张大图，每一种棋子的摆放方式都是图中的一个节点

上面这两个例子虽然在形式上大不相同，但是它们有三个相同之处。

首先，节点的集合都是有限的，尽管围棋的情况非常复杂，节点数非常多，它也是有限的，而不是无限的。

其次，节点之间的关系是事先确定的。这个性质在例题 5.2 中非常明显，因为从每一个节点出发，下一步能够进入哪些节点是非常清晰的，（在没有吃掉对方棋子的情况下）前后节点之间只差一个棋子。在例题 5.1 中，在一个特定时刻，一名司机可能服务的乘客也是有限的、确定的。

最后，两个节点之间的关系可以超越简单的有和无的关系，可以进行量化的度量。

在配对的例子中，一名司机和一名乘客的配对可以是综合考虑了很多因素后的一个权重，这些因素可以是两人的距离、预计的服务时间和潜在收益等。之所以人们通常将这诸多因素合并成一个权重，主要是出于简洁考虑，而如何将诸多因素变成一个权重，则要用到领域知识（Domain Knowledge）了，这不是本书要讨论的内容。

在围棋的例子中，连接两个节点的边的权重可以是胜率的增量，也可以是行棋的可能性。在博弈的过程中，后者是更多被考虑的因素。

结合上面的特点，我们可以严格地定义一张图了，它是一个三元组 (V,E,φ) 或者四元组 (V,E,φ,f)。其中，V 是节点的集合；E 是边的集合；φ 则是节点的集合 V 到边的集合 E 之间的映射，它定义了节点和边之间的对应关系；f 是边的集合 E 到实数集合的一个函数，代表每一条边的权重。在一些图论的问题中，边是没有方向性的，比如柯尼斯堡七桥问题的边。但是对于另一些问题，它则是有方向性的。比如在真实的交通图中，很多道路是单向的；此外，互联网的超链接也是单向性的，从网页 A 到网页 B 有一个链接，我们可以从 A 找到 B，但是这不等于能够从 B 找到 A。如无特别说明，下面内容中提到的图都是无向的。

要点

数学上抽象的图是点和线的结合，节点是对现实世界对象的抽象描述，边是对它们关系的描述。

思考题 5.1

除了上面举的例子，你能否举出五个其他现实世界中的例子，可以用抽象的图来描述？
（★★☆☆☆）

5.2 图的访问：遍历和连通性

在图论中，使用频率最高的算法就是图的遍历算法，也就是通过某种方式，访问到图中所有的节点。我们前面讲到的构建网络爬虫的问题，其核心算法就是遍历算法。

图的遍历和树的遍历有很大的类似性，有深度优先和广度优先两种策略，但是它们又有所不同。树的边不会构成一个环，但是图则不同，它有可能从一个点出发，沿着若干条边回到起点，比如图 5.4 中的两张图都存在这样的环。接下来我们就来看看如何利用深度优先算法遍历图 5.4（a）。为了便于描述，我们将图中的各个节点编上号，如图 5.7 所示。

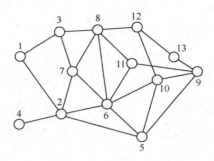

图 5.7　一张给节点编了号的图

现在我们从节点 1 出发，依照逆时针的次序依次访问它相邻的节点。它有两个相邻的节点 2 和 3，由于节点 2 在节点 1 左边（逆时针方向），我们先访问它。节点 2 有四个相邻的节点 4、5、6 和 7，我们先访问节点 4，访问后发现它并不连接其他可访问的节点，于是退回到节点 2，然后访问该节点的四个相邻节点中的左边第二个，也就是节点 5。这个回溯的过程很容易用递归的方法实现。遍历过程中的图如图 5.8 所示。

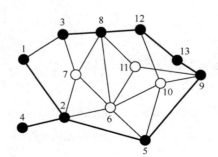

图 5.8　遍历过程中的图，黑色节点代表已经访问过的节点，加粗的边表示遍历的途径

在到达节点 5 之后，我们依照上述方法一直走到节点 3。这时一个小麻烦出现

了，在与节点 3 相邻的两个节点中，最左边的节点 1 其实已经访问过了，因此接下来应该访问节点 7，而不是节点 1。为了避免同一个节点访问两次，更重要的是，为了防止形成死循环，我们需要标记所有已经访问过的节点。在设计这个算法的数据结构时，可以为每个节点增加一个数据项，就是它的颜色，一开始它是白色的，在访问过后就改成黑色的。当我们遇到的一个节点没有可以再访问的相邻节点（或者说它所有的相邻节点都是黑色的）时，我们就需要回溯到上一个访问的节点，然后重新开始，就如同在节点 4 时回溯到节点 2 一样。最后直到所有的节点都被访问过为止，整个深度优先遍历的过程就完成了。图的深度优先算法的伪代码参见本章的附录一。

深度优先遍历的过程还带来了一个副产品，就是产生了图的生成树（Spanning Tree）。将图 5.8 所示的遍历过程中首次到达每一个节点的边和节点放到一起，就构成了一棵树，如图 5.9 所示，我们称这棵树为该图的生成树，它包含了图中所有的节点以及部分边。在很多应用中，我们只需要关注图的生成树，而不需要关注图中所有的边，因为前者已经可以让我们访问到图中所有的节点了。

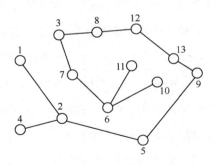

图 5.9　图的生成树

图的遍历分为深度优先和广度优先两种，后者和树的广度优先类似，需要用一个队列 Q 存储在遍历过程中优先访问节点的顺序。比如在上面的那个例子中，一开始队列 Q 中只有一个节点，就是起始节点 1，然后我们将与它相邻的节点 2 和节点 3 放入队列中，节点 1 在被访问结束后被移除，节点 2 成为队列中的第一个节点，然后它的相邻节点 4 和节点 5 被放入队列……最后，图中的节点按照下面的次序被一一访问到：1,2,3,4,5,6,7,8,9,10,11,12,13。

类似地，我们也可以根据访问到各个节点的路径，绘制出一棵生成树，如图 5.10 所示。广度优先遍历算法的伪代码参见本章的附录二。

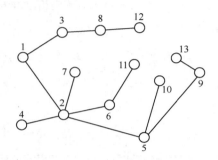

图 5.10　由广度优先遍历算法产生的生成树

到目前为止，我们所讲的图都是连通的，也就是说在图中任意选取两个节点，从其中的一个节点出发，经过若干条边可以到达另一个节点。但是，在实际应用中遇到的图未必都是连通的，无论是采用深度优先还是采用广度优先，都不可能一次遍历所有的节点，只能遍历图中连通的部分。为了完成对所有节点的遍历，需要在上述算法结束时，在节点的集合 G 中检查一下是否还有节点没遍历到。如果还有，就随机选取一个没有被访问到的节点，从那里开始重复上述过程，直到节点的集合中所有的节点都被访问过为止。如果我们把这样的访问过程记录下来，就得到很多棵独立的生成树，我们把它们称为森林。

有了上述算法，从理论上讲我们就可以完成对互联网的遍历，并且构建网络爬虫了。但是，任何一个在工程上有意义的网络爬虫都不是简单地实现上述遍历算法，还有诸多细节之处需要考虑周全。下面我们就来谈几个无法回避的问题，对工程没有兴趣的读者可以跳过这一节，直接进入 5.4 节的内容。

要点

深度优先遍历和广度优先遍历。

思考题 5.2

Q1. 修改本章附录中的深度优先和广度优先遍历算法，标出每一个节点相对于遍历起始节点的层级。遍历的起始节点为第一层，和第一层相邻的节点为第二层，以此类推。

（★★☆☆☆）

提示：要在遍历算法中将每一个节点的状态由未访问和访问两种，改为未访问、访问开始和访问结束三种。

Q2. 如何利用图的遍历算法，针对企业内部文件构建一个网络爬虫？

（AB，★★★★☆）

提示：要考虑计算机文件系统的结构特点以及互联网超链接的特点。

5.3　构建网络爬虫的工程问题

虽然从理论上讲实现一个网络爬虫非常简单，甚至最简单的网络爬虫的核心代码还不超过 100 行，但是如果不能很好地解决下面的工程问题，做出的网络爬虫几乎不可用。

1．图的有向性问题。

在前面讲到的图，或者说边，都是双向性的，比如说一条边连接了 X 和 Y，它可以从 X 访问到 Y，反过来也可以。但是，互联网的超链接是单向的，你通过网页 A 中一个指向网页 B 的超链接，可以跳转到网页 B，但是并不能反方向返回来。这样的图我们称为有向图，前面那种不强调方向性的图则称为无向图。

在有向图中，从节点 X 能到达节点 Y，并不意味着从节点 Y 也能到达节点 X。比如在图 5.11 所示的有向图中，可以从节点 1 到达节点 5，但是反过来不行。如果一张有向图可以从任意一个节点抵达另外任意一个节点，这种有向图则被称为是强连通的。不过，大部分有向图不具有强连通的特性。

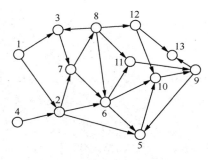

图 5.11　有向图

很多时候，适用于无向图的算法并不能直接套用到有向图中，好在有向图的遍历算法和无向图没有什么不同，因此在构建网络爬虫时，网络遍历的算法可以直接使用。不过由于看似相连的图未必是强连通的，从有向图的一个节点出发能访问到所有节点的可能性要小很多。

2．节点的不可枚举问题。

在前面讲到的遍历问题中，节点的数量是有限的，而且在一个集合中可以依次数出来。如果沿着图中的边遍历一遍之后，依然有节点没有访问到，这件事是可以判断出来的。我们可以从集合中再选取一个节点继续遍历。但是在互联网上不可能这么做，因为我们在发现所有的网页之前，根本不知道节点（也就是网页）的集合是什么。这就要求我们动态地发现所有的网页，然后将它们放到节点的集合中。比如，在图 5.11 所示的有向图中，无论从节点 1 出发，还是从节点 4 出发，都无法完成对全图的遍历。因此设法找到那些没有被发现的节点就成了构建网络爬虫的一个大问题。这个问题并没有理论上的完美解决方案，更多是靠经验。由于涉及的细节内容很多，这里我就不一一解释了，大家了解这个事实即可。

3．节点和链接的动态变化问题。

我们前面讲到遍历算法时，是假设整张图从节点到边都是静态的。但是互联网上的网页显然是动态的，每时每刻都有新的节点（网页）在产生、被删除和修改，都有一些链接失效、被调整或者新增。我们可能在扫描一个主页时发现了一些它所链接的网页，但是由于无法同时下载所有被发现的网页，而它们下载的优先级又不是很高，于是当真的开始下载时，我们发现那些网页已经不存在了。反过来，当下载了某个网页，以及它所链接的全部网页之后，为了防止陷入下载的死循环，我们会把这个网页的颜色从白色变成黑色，但是如果此后这个网页被更新、修改、链接了新的网页后，那些新的网页就会被漏掉。

4．体量问题。

即使网络的速度再快，在打开和下载网页时，也总有一个达成通信所需要的初始时间，这通常被称为通信握手的延时，而将下载的网页存到硬盘中也有一个信息写操作的延时。此外，有些网页和下载服务器之间隔着几台路由器，信息传输也有延时。这些延时决定了下载每一个网页的速度不可能太快。我们假定网络爬虫服务器下载一个网页需要 0.1 秒，一台服务器能同时开 16 个线程并行下载，而且没有故障，这样 1 秒也只能下载 160 个网页，这是高估过的上限，在工程上可能达不到这个速度。今天 Google 的网页有数百亿个，如果用一台服务器以这个速度下载，大约需要三年时间才能下载完这么多网页，这显然不现实。当然，今天的网络爬虫都有很多服务器并行工作，但这就又引出一个问题，那就是如何确保不会出现几台服务器在同时下载一个网页，而另外一些网页却永远没有服务器问津的情况。

5．并行工作的协调问题。

当网络爬虫程序在多台服务器上运行，或者哪怕是在一台服务器上多线程运行时，就产生了一个非常复杂的协调问题。比如，如何确保服务器 A 在下载了某个网页后，服务器 B 不再做重复的工作。一种直观的容易想到的办法是，A 在完成下载后，通知所有的服务器不要再做这个工作了，不过说起来容易做起来难。比如，让各台下载服务器直接向其他服务器发消息，这件事占用的带宽其实要超过服务器用于下载的带宽。因为假定有 1 000 台（这个数量对网络爬虫来讲并不多）服务器同时工作，每台服务器每次要通知其余的 999 台，如果下载 100 多亿个网页，就要发出去 10 多万亿条消息。我们即使把这些消息打包压缩发送，通信量也是不得了的。此外，要一台服务器存储一个已经被下载过的网页的列表，这个存储量也是不得了的，事实上它超过了今天一台最强服务器的内存容量。

解决这个问题主要的思路，是构建两级（甚至三级）的网络爬虫系统。在所有下载服务器之上，有协调各台服务器工作的"总服务器"，这一台（或者数台）总服务器告诉每一台下载服务器该下载哪些网页，但是这样它们显然就成了整个爬虫系统的瓶颈。为了再解决这个问题，这个多级的爬虫系统要构造成分布式决策、集中协调的模式。也就是说每一台下载服务器不需要接受总服务器的指令，就知道该下载哪些网页。当它们遇到新的网页之后，如果属于自己下载的，则完成下载工作；否则通知总服务器（或者相应的下载服务器）自己的发现，由其他相应的服务器去完成下载工作。在划分任务时，最简单的办法就是根据网页的 IP 地址来分配工作，这样各台下载服务器就不会做重复性的工作了。当然，这也带来一个问题，就是不同的 IP 地址下的网页数量可能相差巨大，不同网站服务器的带宽可能也有两个数量级的差别，因此会出现各台下载服务器工作负载不均衡的情况，而解决这个问题主要是靠计算机工程师对历史数据的统计以及经验的积累。

6. 网速限制问题。

下载网页时互联网各个网站的网速是一个瓶颈，因为互联网公司要将大部分网络带宽留给它的用户，而非网络爬虫。如何做到既不影响各个网站的服务，同时又能够以最快速度下载网页，则是工程的艺术了。这里面涉及很多细节，这里就不一一赘述了。

从上面对网络爬虫的一些细节的描述，大家可以发现一个在理论上看似不太复杂的问题，在工程上却可能极为复杂，可见要想成为一个真正能够解决复杂问题的工程师，没有数年全职的高水平工作的经验是不可能的。

至于构建一个网络爬虫该用深度优先算法还是广度优先算法，这个答案并非非此即彼。由于互联网是动态变化的，网络爬虫也只是力求在特定成本条件下尽可能多地下载最重要的网页。从网页的重要性来讲，通常一个网站的主页，也就是网站逻辑上的根节点最重要，这时候应该使用广度优先算法；从下载效率上来讲，显然应该先将一个网站的网页全部下载完，再去下载下一个网站，此时深度优先算法更有效。任何一个好的网络爬虫系统，都会在不同场景有机结合并应用这两种策略。通常网络爬虫系统需要有个专门模块，用于制定网页下载的策略。

通过网络爬虫这个例子我们可以看出计算机科学和计算机工程之间的差别。一个大学刚毕业，且了解一些互联网通信协议的人都可以写一个非常简单的网络爬虫程序，但是它基本上不可用，因为无法下载大量的网页。**计算机行业的从业者想真正实现一个搜索引擎可使用的网络爬虫，需要达到三级工程师的水平，能够应付遇到的各种复杂的工程情况，比如上述的六个问题。**一个计算机工程师能够考虑到这些问题，说明他有足够的经验；而要解决这些问题，还需要透彻理解计算机网络、存储、互联网特性等基本原理。

5.4 动态规划：寻找最短路径的有效方法

关于连通图，另一个经常讨论的问题是如何寻找两个点之间的最短路径，很多应用都与此相关。解决这一类问题的核心方法是动态规划。

在介绍动态规划之前，我们还是先来看一道很常见的练习题，体会一下如果一个图论问题用笨办法解决，情况可能会有多么糟糕，而如果找到了好方法，效率又能有多高。

例题 5.3 编辑距离问题（AB） ★★★☆☆

如何做一个自动校正（英文）拼写错误的程序？

很多人看到这个问题，首先会想到的是查字典。查字典确实可以检查出那些不在字典中的词，但是无法纠正拼写错误。根据我们日常的经验，拼写错的单词常常只会错一两个字母，不会一错一大片。我们不妨利用这个特点，将所有和被拼错单词相差一两个字母的单词都找出来。当然，如果找出来的单词比较多，还需要再想办法找出最有可能的。这样一来，上述问题就变成了两个子问题。第一个是如何找到可能的正确拼写；第二个是如何判断在几个相似的正确拼写中，哪一个是最有可能的。我们先来看第一个问题，这就涉及编辑距离（Editing Distance）的概念了。为了说明这个概念，先来看这样几组单词，分析一下它们的差异。在每一组单词中，前一种是正确的拼写，后一种是因为疏忽写错的。

1. evolution 和 revolution，后一种拼写比前一种多了一个字母 r，其他字母相同，我们称之为有一个插入错误，这两种拼写的差异是一个字母。

2. communication 和 connunication，后一种拼写将两个 m 写成了 n，其他字母相同，我们称之为有两个替换错误，这两种拼写的差异就是两个字母。

3. difference 和 diference，后一种拼写比前一种少了一个 f，其他字母相同，我们称之为有一个删除错误，这两种拼写的差异也是一个字母。

这种由于插入、替换和删除所造成的拼写之间的差异被称为编辑距离，以差异的字母数量来计量。对于上述三种情况，编辑距离都很好计算。但是对于插入、替换和删除错误混在一起的情况，编辑距离如何计算就大有讲究了，比如下面这个例子。

S1=difference，S2=diferennce，S1 和 S2 之间的编辑距离是多少？

从直观上感觉，它们之间的编辑距离应该是 2，即第二种拼写比第一种少了个 f，多了个 n，其他字母一一对应，如图 5.12（a）所示。但是，如果我们采用图 5.12（b）所示的对应方法，似乎编辑距离就是 4 了，因为两种拼写从第四个字母到第七个字母都不一致。这种差异来当两种拼写不一致时，如何将它们中的每一个字母对应起来。在第一种对应中，difference 中 3、4 位置的两个 f 对应于 diferennce 的一个 f，而 difference 第八个位置的一个 n 对应于后者 7、8 位置的两个 n。在第二种对应中，两种拼写从第四到第七个位置是直接对应的。

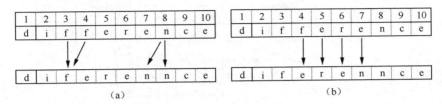

图 5.12　两种不同的对应，得到两种不同的编辑距离

那么哪一种距离的计算方法好呢？在计算机科学中，我们把编辑距离定义为两种拼写的最小差异，在上面的问题中，这个距离就是 2。顺便说一句，编辑距离满足在数学上距离所需要满足的三角形不等式，即拼写 X 和 Y 的编辑距离 D_1，拼写 Y 和 Z 的编辑距离 D_2，加起来要大于拼写 X 和 Z 的编辑距离 D_3，如图 5.13 所示。

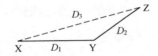

图 5.13　编辑距离符合三角形不等式

接下来我们看看如何计算两种拼写的编辑距离。我们把 difference 和 diferennce 放在图 5.14 所示的一个网格的两个维度上，每一个字母对应一段水平或者垂直的网格线（即图 5.14 中的边）。比较这两个词的编辑距离，实际上相当于从网格图的左下角走到网格图的右上角。这个网格图有 $11 \times 11 = 121$ 个节点，因为上述两个单词都有 10 个字母，所以无论是水平方向还是垂直方向，从第一个字母开始之前到最后一个字母结束之后都有 $10+1=11$ 个位置，两个词的组合就有 121 个交叉点。这些交叉点也对应于笛卡儿坐标系的坐标，比如起始点就是原点 $(0, 0)$，终点是 $(10, 10)$。该网格图有三种边，往右的、往上的和往右上方对角线的。为了避免过多的箭头影响图的视觉效果，我们仅仅用两个坐标轴的箭头表示方向，而省略了网格中每一条边的箭头。此外，我们也省略了所有对角线的边。

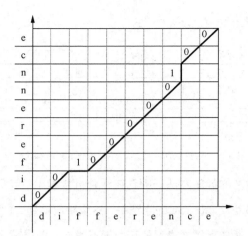

图 5.14　两种拼写所有可能的对应方式，可以用一个网格中
所有的路径来描述

网格图中每一条边的权重要么是 0，要么是 1，它们是这样定义的。

1. 水平的边权重都是 1，因为它表示在比较两个字符串时，水平方向的那个字符串跳过一个字符不比较，直接比较下一个。

2. 垂直的边权重都是 1，因为它表示垂直方向上的那个字符串跳过一个字符。

3. 斜对角线上的边，如果对应的水平和垂直位置的两个字符相同，权重为 0，否则权重为 1。

比如，从 (0, 0) 通过对角线到 (1, 1) 的边，权重就是 0，因为对应的字符都是 d，它们匹配；而从 (8, 7) 到 (9, 8) 的对角线边，权重就是 1，因为在水平方向上它对应字符 c，在垂直方向上它对应字符 n，它们不相同。

在上述有向的网格图中，从原点到右上角的任何一个路径，其实都代表一种 S1 和 S2 中字母两两对应的方式。比如网格图 5.14 中折线的路径，代表图 5.15 所示的对应关系。折线中的 0 表示两个字母对应是无误的，比如 d 对应 d，字母之间的距离是 0；1 代表有一个对应的错误，字母之间的距离是 1。这个对应最终导致两种拼写的编辑距离也是 2。它有一个插入错误，一个删除错误。

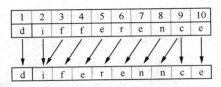

图 5.15　两个字符串编辑距离最小的对应方式

在一张有向的网格图中，从左下角（相当于对应于坐标系的原点）到右上角的路径数是拼写长度的指数函数，具体讲是我们前面讲过的卡特兰数。因此从中挑选一个最短的路径并非易事。所幸的是，有一种动态规划的算法，可以将这个指数复杂度的问题变成线性复杂度的问题。为了让算法具有普遍性，我们用一张普通的有向图 $G=(V,E,\varphi,f)$ 来说明，如图 5.16 所示。同时为了简单起见，我们假定有向边的权重都是正实数。

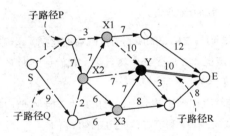

图 5.16　一张具有权重的有向图

如果我们要寻找从起点 S 到终点 E 的最短路径，不妨先倒过来想这个问题：假定已经找到了最短路径，即图中虚线和双线构成的路径，我们称之为路径 1，如果它经过 Y 节点，那么在这条路径上，从 S 到 Y 的部分，也就是虚线的子路径 P(S,Y)，必然是所有从 S 到 Y 路径中最短的。为什么这么说呢？因为假定还存在从 S 到 Y 更短的路径，比如图中点画线所表示的那条子路径 Q(S,Y)，那么只要用子路径 Q 代替 P，就可以和原来路径中的剩余部分 R(Y,E) 形成一条从 S 到 E 经过 Y 更短的路径，我们称之为路径 2。这就和我们讲的路径 1 是 S 到 E 经过 Y 的最短路径相矛盾了。矛盾的根源在于，我们所假设的子路径 Q 比子路径 P 短是错误的。

　　由于最短路径有这样的性质，我们就可以将一个"寻找全程最短路径"的问题，分解成一个个寻找局部最短路径的小问题，然后用递归的方式加以解决。比如要寻找从 S 到 Y 的最短路径，我们可以假定从 S 到 Y 上一级的节点 X1、X2 和 X3 的最短路径已经找到了，它们是 P(S,X1)、P(S,X2) 和 P(S,X1)，对应的长度是 L1、L2 和 L3。然后比较一下这三个数值：L1+10、L2+7 和 L3+7，看看哪一个最小。最小的那个就指示出从 S 到 Y 的最短路径。具体到图 5.16，显然是经过 X1 到 Y 的路径最短。

　　至于从起点到节点 X1、X2 和 X3 的最短路径，也可以用上述方法递归得到。有了这个递归算法，我们可以一层层地从终点 E 往起点 S 倒推，就能找到从 S 到 E 的最短路径。当然在计算机工程中，我们会把这个算法倒过来实现，具体描述如下。

算法 5.1　动态规划（Dijkstra 算法）

步骤 1，先算出起点 S 到与它相邻的所有节点的最短路径，也就是从 S 到这些节点的距离。然后把这些节点连同 S 放到一个集合中，我们称之为 V_1（有些书中也把起点放在单独的一个集合 V_0 中）。

步骤 2，找到从 V_1 能够直接到达的节点，算出从 S 到那些节点的最短距离，然后把新的一批节点，连同原来 V_1 中的节点，放到新的集合 V_2 中。

步骤 3，用类似的方法得到和节点集合 V_2 相邻的各个节点的最短路径，然后形成新的节点集合 V_3、V_4……直到起点 S 到终点 E 的最短路径被找到为止。

　　上述算法被称为 Dijkstra 算法，它的正确性有严格的证明。该算法是由荷兰科学家埃格斯格·迪克斯特拉（Edsger W. Dijkstra，又译作艾兹格·迪科斯彻）在 1956 年提出的，当时他只有 26 岁。1972 年，迪克斯特拉因此获得了图灵奖。Dijkstra 算法了不起的地方在于，它将原本的一个指数复杂度的问题，变成了一个平方复杂度的问题，因为该算法的复杂度只有 $O(|V|^2+|E|)$，其中 $|V|$ 是图中节点的数目，$|E|$ 是图中边的数目。比如，前面计算两个拼写的编辑距离的例子，采用 Dijkstra 算法也就是百十来次的运算，而如果采用枚举各种路径的方法，需要运算上亿次。Dijkstra 算法的伪代码参见本章的附录三。

现在回到拼写校正的问题，如果我们遇到一个词典中没有的词，可以假定它是由某个和它编辑距离非常近的词写错了所致，比如把 difference 写成了 diferennce。对于字母比较多的单词，这种方法可以纠正错了一两个字母的拼写，但是对于比较短的单词，其实这种方法并不太有效。比如 cupe 这个拼写，字典里没有对应的词，和它只差一个字母的单词有上百个，如 cup、cube、cue、cope、cape、cute、dupe 等，那么应该将它修改成哪一个呢？这就要看上下文了。我在《数学之美》中讲过，利用语言模型可以解决这个问题，也就是在诸多可能的拼写中算出概率最大的一个。不过，语言模型的解码过程其实也是一个在网格图中找最短路径的过程，只不过网格图的节点由字母变成了单词。

上面便是拼写校正算法的基本原理。不过，如果你想要做出一款好的拼写校正产品，还有几个细节需要考虑。

1. 将错误拼写和正确拼写的编辑距离从单纯的数字母差距变成加权的距离。比如考虑字母在键盘上的位置，会发现 R 和 T、Y 和 U、V 和 B 等字母比较容易打错（位置靠近），可以将它们之间的编辑距离设定为 0 和 1 之间的某个数，比如 0.2 而非 1。类似地，在汉语的拼写校正中，容易混淆的同音词的编辑距离，应该比一般的词之间来得小。

2. 在英语等拼音文字中，人们打字很快时会不小心漏掉单词之间的空格，因此在计算编辑距离时，还要考虑一种拼写对应两个单词的情形，当然也有少数情况是反过来的。此外由于很多人打字速度极快，两三个键几乎同时按下，有时会出现后面的字母写到了前面的情况。比如 th 敲成了 ht，按照编辑距离的定义，它们的距离应该是 2，但在实际的拼写校正中，将这类的距离设置为 1 效果更好。

3. 虽然在 Dijkstra 算法中距离采用了加法进行运算，但是在很多情况下，总的"距离"是各段距离相乘的结果，比如采用概率作为距离的度量便是如此。另外，在计算投资回报、利息、汇率等问题中，总的距离其实也是各个距离的乘积。不过我们可以把需要相乘的距离先取对数，这样它们之间还是相加的关系。

很多大学的考试和很多公司的面试都会考和拼写校正相关的问题。这倒不是要面试者真的做一个拼写校正程序，而是考查他们对动态规划的理解。掌握了动态规划，就能将很多问题化繁为简，才有可能做成别人无法做到的事情。**我们在前面讲到，对三级工程师的要求是能够把一件事情做到世界最好，对二级工程师的要求则是能做到世界上其他人做不到的事情，这些都需要从掌握动态规划这样的思想开始。**

在上述最短路径的问题中，其实有一个假设的前提，就是所有边的距离都是正数。如果出现了负数怎么办，那就要看是否存在一个距离总和为负数的回路（cycle）了。比如在图 5.17 中，虚线的回路距离之和加起来就是负数，在这样的图中，如果从 S 到 E 的一条路径包含了这样一个回路，那么只要在这样的回路中转无数圈，最后的距离想要多少就有多少，这时 Dijkstra 算法就不管用了。当然，对于图中由四个灰底节点构成的回路，回路总距离依然大于 0，并不会影响 Dijkstra 算法的使用。

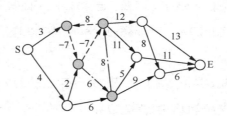

图 5.17　总距离为负数和为正数的回路

为了避免回路对有向图的影响，在有些问题中，我们会强制要求有向图不包括回路，这样的图有一个特殊的名称——有向无环图（Directed Acyclic Graph，DAG）。

有回路的有向图虽然会给图论的一些问题制造麻烦，但也有很多特殊的用途，特别是用于寻找有向图中距离总和小于 0（或者大于 0）的回路，这在金融市场的交易中经常被用到。我们不妨看一个简单的例子：对冲基金是如何炒汇赚钱的。为了简单起见，我们假定只有四种货币，彼此兑换的汇率如图 5.18 所示。

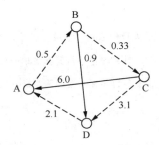

图 5.18　四种货币彼此兑换的汇率

　　图中各条边的权重代表将一种货币换成另一种货币的汇率。比如 1 元的货币 A 能换 0.5 元的货币 B。图中虚线的环是一个有向的回路。如果你拿着 100 元货币 A，沿着这个环兑换一圈的话，可以拿到大约 107 元货币 A。世界上很多和炒汇相关的对冲基金，天天就在寻找这样的回路。有了比特币后，比特币的一大用途也是炒汇（或者说利用比特币在各国价格的差异挣钱）。

　　从这个例子可以看出，一种现象对一类问题是麻烦，但是对另一类问题则可能是机会。

要点

在加权有向图中，寻找从某一点到另一点的最短路径是一个很有意义的问题，如果采用穷举的方法，是指数复杂度，而采用动态规划的方法，可以降为平方复杂度。

思考题 5.3

Q1. 长方体嵌套问题。（AB、FB、MS）

给定一个长、宽、高分别为 y_1、y_2 和 y_3 的长方体 Y，如何判断一个长、宽、高分别为 x_1、x_2 和 x_3 的长方体 X 是否能够放到长方体 Y 中？注意，长方体 X 的长、宽、高是可以旋转的，当 $x_1 < y_1$、$x_2 < y_2$、$x_3 < y_3$ 时两个长方体固然可以嵌套，但如果 $x_2 < y_1$、$x_1 < y_2$、$x_3 < y_3$，它们依然可以互相嵌套。（★★★☆☆）

如果是两个 N 维的超长方体，如何判断它们能否相互嵌套呢？（★★★★☆）

提示：使用动态规划方法。

Q2. 主干网的建设问题。

一家网络公司在科技园区有 N 栋大楼，它们可以被看成是分布在一个二维平面坐标系上的点 $P_1(x_1,y_1),P_2(x_2,y_2),\cdots,P_N(x_N,y_N)$，如图 5.19 所示。现在要拉一根主干光纤，水平地穿过园区，这根主干光纤放在什么位置，能使其到各栋大楼的总距离最短？（★★★☆☆）

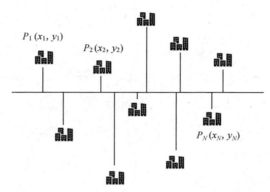

图 5.19　给定所有大楼的位置，拉一根主干光纤，使其到各栋大楼的总距离最短

5.5　最大流：解决交通问题的方法

对于有权重的有向图来讲，权重不仅可以代表距离的远近，也可以代表两个节点之间的带宽（或者流量）。今天许多和网络相关的问题都涉及流量。例如，互联网上网络的信息流量，公路网络的车流，供水或者供电系统的水流或者电流，甚至一些虚拟的网络（比如金融系统）中也有流量。对于一个已经建设好的网络，如何实现它的最大流就是一个算法问题了。

今天几个世界级的互联网公司，包括 Google、亚马逊和 Facebook 等，在全世界建有很多的数据中心。这些数据中心之间由高带宽的光纤相连，这样它们就一同构成了一个通信的网络。很多时候，这些公司需要在极短的时间里将海量信息从一个数据中心传输到另一个数据中心，比如 Google 在更新它的网页索引时，通常是在某一个数据中心生成索引数据，然后传输到全世界，以确保全世界数据的一致性。一套完整的网页索引数据可以有几拍字节（PB，1PB=1 000TB）之多。如果仅仅靠两个数据中心之间的带宽传输，速度是不够的，需要把全网的带宽用上，因此这时候如何安排数据中心之间主干光纤中的数据流动[1]是一个非常复杂的技术问题。不过它的数学原理并不复杂，主要是图论中关于流量的理论。为了说明这个理论，我们不妨先看下面这张带有权重的连通图，如图 5.20 所示。

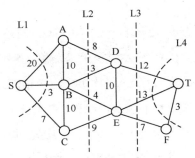

图 5.20   带有权重的连通图

在图 5.20 中，连接节点之间的边其实代表各种通道，上面的数字不再代表距离，而代表通道流量的上限，即通道的容量。每一条边的实际流量显然不可能超过通道的容量。另外，对于图中任何一个节点，进入的流量要等于输出的流量。值得指出的是，大部分教科书在讲到这个问题时用的是有向图，因为那样讲解比较简单，但是世界上很多和流量相关的问题都涉及无向图，因此我们从无向图的流量问题讲起。至于有向图的流量问题，它比无向图的更简单一些，读者朋友在阅读本节之后可以自己推导出来。

假定我们现在要从起始数据中心 S，最快速地将数据传输到目标数据中心 T，需要制定一个方案，使得从 S 到 T 的传输速率（也就是流量）可以达到最大。从图 5.20 大致可以看出，一些边由于自身的容量很小，可能会成为瓶颈，而要想实现网络流量的

---

[1] 数据中心之间的带宽一部分会被用于提供网络服务，另一部分（我们不妨称之为剩余带宽）则用于数据中心之间的数据传输。在本节的问题中，我们只考虑第二部分的带宽，也就是说我们假定数据中心之间全部的带宽都可以用于数据中心的数据传输。

最大化，就需要在一些节点处进行分流。比如从 A 到 D 的边流量最多是 8，显然消化不了从 S 到 A 传过来的最大流 20，因此需要从 A 到 B 分流，然后再想办法将分出的流量从其他路径传出去。

图 5.20 中的数字非常多，如果要硬凑出一个解决方案其实非常困难，而如果一条边一条边地去调整，计算的复杂度又将是指数级别的。因此解决这个问题就需要换一个维度来思考。

将一张连通图 G 从中间一刀劈开，分为 G1 和 G2 左右两部分，起始节点在左边 G1 中，目标节点在右边 G2 中，那么显然整个网络能够传输的最大流不会超过连接 G1 和 G2 这两部分的所有边的容量之和。比如说，我们把起始节点 S 放在 G1 中，图的其他部分都在 G2 中，如图 5.20 中左边的弧形切割线所示。从 S 出发的最大流显然无法超过被切割的三条边，也就是 SA、SB 和 SC 容量的总和，具体到这个问题中，它是 20+3+7=30。类似地，如果我们可以把目标节点放在 G2 中，其他的都放在 G1 中，就是图 5.20 中右边弧形的切割方式，网络中能够传输到 T 的总流量也一定不会超过 DT、ET 和 FT 这三条边容量的总和，也就是 12+13+3=28。

由于从 S 能够流出的流量可以达到 30，而流入 T 的流量最多只能达到 28，因此我们只能在两个流量中取小的那一个，也就是后一个。当然，我们还可以对图做其他方式的切割，条件就是 S 和 T 要分属于切割后的不同子图 G1 和 G2，比如在图中用线 L2 和 L3 做的两种切割。每一种切割方式会对应一个经过被切割边的最大容量，我们称之为这个切割的容量（Capacity of S-T Cut）。整个网络从 S 到 T 的最大流，不会超过所有切割方式中的最小切割流量（Minimum S-T Cut）。具体到上述问题，L2 对应的流量最小，为 8+3+4+9=24。

接下来的问题就是，是否有一种设定各条边上流量的方式，让从 S 到 T 的流量能够等于最小切割流量。答案是肯定的。如果我们再仔细观察一下图 5.20，应该能想到，L2 对应的切割其实相当于整个网络流量的瓶颈，要想让整个网络的流量达到最大，位于瓶颈之处的流量就必须饱和，也就是达到每一条通道的容量。如果被 L2 所切割的边当中有一条边的流量没有达到相应通道的容量，那么说明整个网络的流量还有进一步增加的可能性，于是我们就可以想办法调整每一条边的流量，直到经过 L2 的各条边的流量达到通道的容量为止。当我们构造出一种让流量达到最小切割的容量时也就证明了上述结论。

下面让我们来看看如何一步步地让网络流量达到最大。我们可以从任意一种流量分配方式开始，只要这种方式满足各节点进出流量平衡即可。图 5.21 所示是满足条件的、随意的一种初始流量状态。

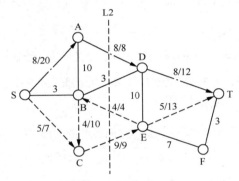

图 5.21　从 S 到 T 的初始流量分配（每一条边对应两个数值，第一个是流量，第二个是它的容量）

大家可以很容易地验证，图 5.21 所示的流量分配方案导致整个网络的流量只有 13，没有达到最小切割流量（即 24）。因此我们要找到原因，看看如何改进流量分配。

首先，我们来关注一下图中点画线的部分，即从 S 到 A，再到 D，最后到 T 的路径。在这条路径上，虽然从 S 到 A 和从 D 到 T 的流量还能增加，但是中间一段从 A 到 D 的容量已经用满了，它就成为整条路径的瓶颈。在没有新的通道能够提供流量时，暂时增加不了流量了。

接下来，目光转向图中虚线的部分，那里的问题比较多，特别是穿过切割线 L2 的两边的流量。从图 5.21 中可以看出，它既有从 L2 左边到右边的流量（在 CE 这条边上），也有从右边到左边（在 EB 这条边上）的，这样经过 L2 的两个方向的流量被抵消掉了一部分。

最后我们需要指出的是，从 B 到 D 的通道的容量，现在完全没有用上。

找到了问题的原因，我们来看看该如何改进，概括来讲有三种方法，依次使用。

首先，要将所有从右往左经过切割线 L2 的流量，也就是回流的流量，设置为 0，否则它对整个网络流量的提高是起负作用的。具体到这个问题中，就是将从 E 到 B 的流量设置为 0。当然，这样一来，E 和 B 两个点的进出流量就不平衡了。B 节点进入的流量是 0，出去的是 4；而 E 点进入的是 9，出去的是 5。为了恢复每一个节点进出流量的平衡，我们要依次使用第二种和第三种增加流量的方法。

接下来，增加那些流量尚未饱和的边中的流量，以维持各个节点流量的平衡。比如 E 和 T 之间的流量还没有饱和，我们增加它，就可以让 E 点的流量平衡。类似地，可以提高 S 到 C 的流量，同时还要减少从 B 到 C 的流量，否则 C 点的流量进出就不平衡了。当然，减少了 B 到 C 的流量后，B 点的流量又不平衡了。于是我们就要采用下面的方法继续增加流量。

最后，利用那些还没有利用的通道，平衡各点的进出流量。在这个问题中，就是增加从 S 到 B 的流量。经过这样调整后，图中各个节点的流量就都平衡了，如图 5.22 所示。在该图中，向上的箭头代表流量增加，向下的箭头代表减少，打叉的代表降为 0。在改进后，网络的流量可以增加到 17。

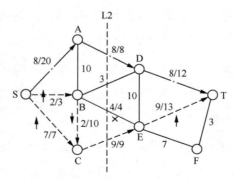

图 5.22　改进从 S 到 T 的流量分配

上述改进过程理解起来并不难，但是要让计算机来自动完成，逻辑上还得简化。

　　我们不妨分析一下上述三种操作的本质是什么。我们来看一下 S → B → E → T 这条路径，它三条边的流量原来是 0、–4 和 5。为什么流量会有负数呢？因为从 E 到 B 的流量是 4，就意味着反方向从 B 到 E 的流量是 –4。这条路径上各条边的流量调整后变成了 2、0 和 9，比原来分别增加了 2、4 和 4。因此我们可以认为，S → B → E → T 这条路径整体的流量增加了 2。当然，这样无法解释为什么从 B 到 E、从 E 到 T 的流量增加是 4，不用担心，我们还有一条流量增加的路径尚未分享。

　　我们从图 5.22 中可以看到 S → C → B → E → T 这条路径上每条边的流量也在增加，分别增加了 2、2、4、4。我们可以认为这条路径的整体流量也增加了 2。由于上述两条路径在 B 和 E 之间是重叠的，因此从 B 到 E 的流量增加了 4。

　　由此可见，调整流量的本质就是找到一条从 S 到 T 流量尚未饱和的路径，然后增加它上面每一条边的流量（当然减少某条边上反方向的流量也等同于增加这条边的流量）。这条流量可以增加的路径，被称为增广路径（Augmenting Path）。可以证明，只要从 S 到 T 的流量还没有达到最小切割流量，就能不断找到增广路径，直到流量达到这个值为止。图 5.23 给出了流量调整结束后，从 S 到 T 的流量达到最大流的情况。值得指出的是，B 和 E 之间的边原来流量的走向是从 E 到 B，现在反了过来，也就是说其流量从 –4 变为了 +4。同时我们可以看出，在最小切割线 L2 上的边的流量都饱和了，因此这张有向连通图的流量也不可能再增加了。

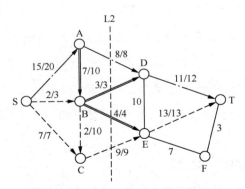

图 5.23　从 S 到 T 的流量达到最大流的情况

上述算法被称为福特 - 富尔克森算法（Ford-Fulkerson Algorithm），它是由莱斯特·福特（Lester Randolph Ford Jr.）和德尔伯特·富尔克森（Delbert Ray Fulkerson）于 1956 年提出来的，该算法的伪代码参见本章的附录四。

福特 - 富尔克森算法比较直观、好理解，当网络中各条边的容量相近时，这种方法很有效，试不了几次就能达到最大流，这是它的优点。但是如果网络中各条边的容量差好几个数量级，福特 - 富尔克森算法收敛得很慢。最糟糕的情况是，如果容量最小的边的容量只有 1，而容量最大的边的容量达到 F，那么整个算法的复杂度会和 F 成正比，即 $O(|E| \cdot F)$，其中 E 是边的总数，而 F 需要是一个整数。如果 F 是浮点数，虽然福特 - 富尔克森算法稍作调整也能使用，但是收敛会非常慢。为了解决这个问题，叶菲姆·迪尼茨（Yefim Dinitz）、埃德蒙兹和卡普在 20 世纪 70 年代基于福特 - 富尔克森算法，提出了改进的埃德蒙兹 - 卡普（Edmonds-Karp）算法，其复杂度为 $O(|V||E|^2)$，其中 V 是节点总数。这个算法的复杂度和通道中各条边的容量无关，这是它的优点。不过，对于一个复杂的网络来讲，埃德蒙兹 - 卡普算法的复杂度其实不低。

现实生活中的最大流问题要比上述理论问题更为复杂。比如像 Google 这样的全球数据公司，世界各地的数据中心之间，网络流量应该怎么分配就是一个非常难的工程问题。2002 年，我入职 Google 时，和我同一天入职的一名博士得到的任务，就是优化各个数据中心之间的流量分配。他本以为有个半年时间就能够完成，结果一做就是四五年，越做发现这里面的问题越多，也比想象的复杂，这个项目也从他一个人的短期任务变成了一个团队的长期工作。那里面有很多问题教科书上从来没有给过答案，甚至在云计算诞生之前也没有人知道那些问题的存在。比如下面四个问题完全是开放式的，之前不仅没有答案，甚至没有人遇到过。

1. 优化网络流量的多重标准。

在前面的讲述中，最大流其实只有一个确定的量化标准，也就是单位时间里从起点到终点能够传输的信息或者物品的总量。但是在真实的网络世界里，无论是互联网还是铁路、公路运输网，不同的信息、不同的物品传输的优先级是不同的，网络的有效性不能简单地以绝对总量来衡量。有些信息可能需要以较快的速率传递，有些信息必须要在限定的时间内传输完毕，甚至很多时候"优化"与否本身不完全能用量化的方式度量，在这样的前提下如何优化网络流量就是一个很复杂的问题了。

2．网络流量的动态变化。

在前面的讨论中，我们假定每一条边的容量都是固定的，网络的管理者能够完全控制它。此外，需要传输的流量也是已知的。但是在真实的互联网上，流量不仅是变化的，而且怎么变化管理者也不知道，比如一群用户突然开始大量传输数据。不仅如此，网络的容量可能也不是固定的，因为某些容量被用于了特殊任务，真正能够提供给服务的容量也是在变化的。在这种情况下，优化网络让整体的传输效率最高就非常具有挑战性了。

3．传输方向的切换或者改变传输线路的延时。

我们在前面介绍增广路径时讲到，有些时候为了增加从起点到终点总的流量，在某一段线路上信息流动的方向需要改变，同时为了利用一些"空闲"的线路，可能要在某些节点处进行分流。虽然从理论上讲，在一条线路上，信息一开始是从左往右传，然后反过来传输，这个过程可以在瞬间完成，但实际上存在不可忽略的延时。网络上的很多节点并非几何上没有大小的一个个点，而是一台台中继的服务器或者路由器，改变它们的工作状态也需要时间。而且那些服务器为了提高信息传输的实时性，常常需要把信息临时存到缓存中再转发。改变信息传输的方向或者路径，所有缓存中的信息就都作废了，再填充缓存需要较长的时间。

4．网络的故障。

网络的故障可能是非人为的，也可能是人为造成的。比如某条线路断了，或者某台服务器或路由器坏了，就是非人为故障。此外，人为的失误也会造成故障，比如因为网速设置超过了容量，传输的错误率太高，看似线路还在工作，其实它已经因为反复重新传输而堵死了。不论是哪种故障，都需要重新规划流量的分配。比如在图 5.23 中，如果 A 节点消失了，和它相连的边就不存在了，这时网络最大的流量会降到 10，而为了达到这个流量，在 B 和 C 之间的流量传输原本是从 B 到 C，现在要改为从 C 到 B。

此外，为了防止流量过分依赖于某个节点或者某条线路，再分配流量时会尽可能平衡每一个节点或者线路上的流量，以防意外发生时影响太大。

解决上述具体问题，需要在最大流算法上进行很多变通。一般的工程师不了解这些方面的知识并不影响工作，但如果是大互联网公司运维团队的技术负责人，或者从事网络流量管理工作的人，就需要有这方面的经验了。而那些全球性的互联网公司对于某些岗位的求职者，也会考查这方面的知识。上述问题并没有绝对正确的答案，但是思考过这些问题、想到过各种极端的情况的人，相比完全没有概念的人，无论是在面试时还是工作中，都会占据很大的优势。

在其他的网络中，还有很多复杂的具体问题需要解决。但是不论那些问题如何变化，我们都需要把握一些主线，最大流算法就是其中之一。

最大流算法的精髓，就是通过在两个维度不停地切换来解决问题。如果我们把一张图中的流量看成水平维度的变量，对于图的分割看成垂直维度的操作，那么要计算流量的大小，就不妨换一个维度对图进行切割。由于流量总是要经过切割线，因此换一个维度看问题，不仅可以知道水平流量的极限是多少，而且可以知道通过切割线的哪些通道流量不饱和，这样就知道了调整流量的方向。但是直接调整切割线上不饱和路径的流量，会破坏整个网络各节点流量的平衡。因此我们要再回到水平的维度，寻找增广路径，在维持各个节点流量平衡的情况下，经过不断迭代，算出网络从起点到终点的最大流。

在流量问题中有一个特殊的问题，就是二分图的最大配对问题。

要点

最小切割流量和最大流之间的关系。

思考题 5.4

假如一个网络的主干网已经建成，从数据中心 S 到数据中心 T 最佳的流量分配方式也已经
计算出来。现在有一根光纤（连接这个网络中两个特定的数据中心）传输的容量增加了一倍。
如何用最有效的方法调整网络的流量分布？（★★★★☆）
提示：不要从头重新计算最大流，而要寻找新的增广路径。

5.6　最大配对：流量问题的扩展

有了图论的基础，现在我们就可以讨论本章一开始讲的二分图的最大配对问题了。

二分图是一种特殊的图，我们先比较严格地定义一下它。二分图 $G=(V,E)$ 的节
点集 V 被分成了两个独立的、不相交的子集 V_1 和 V_2，即满足 $V_1 \cap V_2 = \varnothing$。所有的边
都是"横跨在" V_1 和 V_2 之间的，即任给 $(u,v) \in E$，那么必须满足 $u \in V_1$ 且 $v \in V_2$，
或者 $v \in V_1$ 且 $u \in V_2$，如图 5.24 所示。显然，在二分图中，V_1 的节点之间或者 V_2
的节点之间是不可能有边将它们相连的。这其实很好理解，在本章已经讲过的几个例
子中，我们知道司机不可能和司机配对，广告不可能和广告配对。

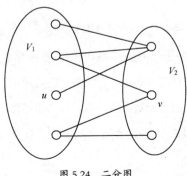

图 5.24　二分图

二分图中的一个配对问题，是在两个分离的节点集之间寻找一些边，让 V_1 中的一些点和 V_2 中的另一些点产生一一对应关系。注意，我们这里说的是一一对应，而不是一对多或者多对一的对应。因此图 5.25（a）中黑粗线所示的对应是一种配对，而图 5.25（b）和图 5.25（c）中黑粗线所示的对应都不构成配对，因为它们要么出现了一对多的情况，要么出现了多对一的情况。这个道理也很容易理解，一名乘客不可能同时乘坐两辆车，而一名司机也不可能同时驶向两个不同的地方 [1]。

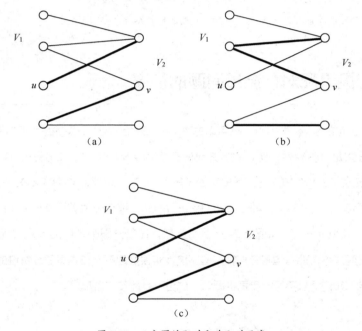

图 5.25　二分图的配对和非配对示意

在二分图的配对示例中，有些配对只能将左右两个点集中的少数节点对应起来，有些则可以让很多节点对应起来，在大部分的应用中，我们希望和更多的节点对应。那么一定存在一种最大配对，让产生对应的节点数达到最多。比如在打车软件中，让最多的乘客打到车；或者在婚恋的配对中，让更多的男女能够配对。对于

---

[1]　拼车实际上是多个单，每个单还是一对一的关系。

图 5.24 所示的二分图，图 5.26 所示的配对方式是一种最大配对。

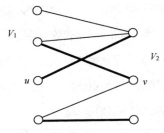

图 5.26　二分图的一种最大配对

当然，在很多现实的问题中，每条边是有权重的，而不会都是 1，最大配对不仅要让更多的节点参与到对应中，还需要让配对后所有参与了配对的边的权重之和达到最大。所幸的是，这并不会影响我们寻找最大配对的算法，因为只要做很小的变通即可。因此我们暂时不考虑权重的影响。接下来就看看如何利用前面讲到的寻找最大流的算法来解决最大配对问题。

我们先把图 5.24 所示的二分图重新画一下，如图 5.27 所示。在图中，我们在左边的节点之前加入了起始节点 S，在右边的节点之后加入了目标节点 T。为了清楚起见，我们把左右子图的切割线 L 也画出来了。

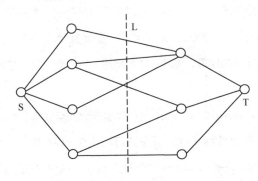

图 5.27　将二分图扩展为一张有起始节点和目标节点的连通图

从图 5.27 中可以看出，要实现 L 两边节点的最大配对，就等同于实现从 S 到 T 的最大流。有两对节点能配对，流量就是 2；有三对能配对，流量就是 3。而最大流

问题可以直接用福特 - 富尔克森算法解决。这种算法虽然对那些边的最大容量和最小容量之比很大的图来说效率不高，但是在二分图中，边的最大容量和最小容量都是 1，因此这种算法的复杂度只有 $O(|E|)$，非常有效。特别是当二分图两个分离的子集之间边的密度不是很高的时候，它几乎就是和节点数量成正比。至于二分图配对时的增广路径怎么找，有一种比通常的连通图更巧妙的办法，即所谓交替路径的办法，这在《算法导论》一书中有详细的介绍，这里就省略了。

对于每条边有不同权重的情况，稍微改进福特 - 富尔克森算法后，可以得到复杂度为 $O(\sqrt{|V|}\cdot|E|)$ 的埃德蒙兹算法（Edmonds' Algorithm）。

关于埃德蒙兹算法的细节我们就不讲了，有兴趣的读者朋友可以阅读参考书《算法导论》。这里需要特别指出的是，配对问题虽然很多时候看起来规模较大，但是计算的复杂度是有限的。比如出租车司机和乘客配对的问题，即便是在北京这样的大城市，正在工作的司机的数量超过 10 万，想打车的人可能有几十万，对计算机来讲也都算不上什么，如果再考虑到安排司机只接附近的生意，图的密度也不是很高，这样边的数量可能只有司机数量的几十倍。因此使用福特 - 富尔克森算法完成一个城市里司机和乘客的配对，时间不会太长。但是如果算法没有选对，那复杂度就很容易成百上千倍地增长了。至于婚恋网站，因为它基本上是静态的，配对的难度更低，配对一次后，若新的（用户登录）数据进来，只要做一些增量调整即可。当然，在那些网站，如何计算一对男女配对的权重，也就是完美程度，则是艺术了，它比计算机算法可能更重要。

相比之下，像 Google 和 Facebook 这种体量庞大的互联网公司，想要达到广告和内容最佳的配对效果，计算量巨大。很多人可能会想：只要广告的主题和展示的内容（Google 搜索的结果，或者 Facebook 的帖子）相关不就好了吗？其实问题不是那么简单，因为每个广告主每天是有预算的，Google 和 Facebook 这些公司每天要想办法把广告主们的预算都花完，而且花得好，因此并非一定要先展示最相关的广告，而是要优化全天的内容和广告的配对。这张图的计算量就大了。所幸的是，配对得稍微有欠缺，不过是少挣一些钱的问题，不会像配对错了司机和乘客，可能产生很大的负面影响。Google 云计算系统的核心模块 MapReduce，最初就是为了优化广告配对而设计的，在使用了 MapReduce 后，广告系统的全局优化才成为可能，而且 Google 调试了超过一年的时间，才让系统真正实现最优化。Facebook 在开展类似的工作时，虽然有了 Google 的经验，但是依然花了很长的时间才做到令自己满意的效果。这些系统实现起来还有一个难点就是，无法完全准确地预测在接下来的几小时里，自己的网站上会出现什么内容。比如在超级碗比赛的那天，16 ~ 20 点大家搜索或者阅读超级碗比赛的内容较多，20 点之后情况怎么样并不知道，这时是该将和超级碗有关的广告预算在 20 点之前都花完，还是说要留一些放在 20 点之后？

在上述三类问题中，最难的是最后一类广告配对问题，不仅体量大，而且带有不确定性；第二类是网约车的配对或者外卖的配对，虽然看上去体量也很大，但是因为可以根据区域做垂直划分，每一个问题就简单很多，它的难点在于动态变化所带来的不确定性；从算法上讲，最容易的是相对静态的配对，比如婚恋的配对，它的难度并非来自工程，而来自对两性关系理解的艺术。

最大配对问题是很多计算机公司面试时常考的，它通常会因为各个公司业务的不同，以各种变种的形式出现。如果你是一家有数千人的计算机或者互联网公司的技术负责人，可能需要解决类似于网约车配对或者外卖配对这样体量很大的问题。**能够看出这些具体的问题是图论中的配对问题，同时明白配对问题和最大流问题的关键，就达到了四级工程师的水准；如果能够考虑清楚各种复杂的情况，并解决这个问题，就达到了三级工程师的水平。**你只要理解这里面的基本原理以及最大配对的本质，这一类问题无论怎样变化便都不在话下了。

要点

最大流问题和最大配对问题从本质上讲是一回事，或者说它们是等价的，理解等价思想的本质是成为顶级计算机专家的必要条件。

虽然福特-富尔克森算法在特定条件下效率较低,但这种情况在实际应用中出现的概率并不大。

思考题 5.5

Q1. 某公司人力资源部门收到了 M 个合格的求职者的简历,要将它们分发给 N 个部门。每份简历符合一个或者几个部门的要求,但是每个人的简历最多送给 k 个部门,每个部门最多可接收 d 份简历。如何实现求职者和部门之间的最大配对?

(LK、AB,★★★★☆)

提示:每个人符合多少个职位,就将简历复制多少份。

Q2. 在上述问题中,如果每个人的简历和某个部门的要求不是简单的匹配与否,而是有一个介于 0 和 1 之间的匹配度,如何修改以实现上述问题的最大配对?

(AB,★★★★★)

● **结束语** ●

图是一个抽象的数学概念,但是现实中的很多目标都可以用图来描述。图的核心是点与线,点(节点)代表实体,而线代表点之间的关系。如果这种关系不是简单的有和无,而是有一个量化的度量,那么对应的图就是加权图。

关于图有一系列算法,可以直接用来解决很多具体的问题。最常用的算法包括图的遍历,计算图中任意点之间的最短距离,分配各条边的流量以便从一点到另一点的整体流量达到最大,二分图的配对问题,等等。

附录一 图的深度优先遍历算法

对于图 $G=(V,E)$，我们先对它进行初始化，将 V 中的所有节点 u 标识成 not_visited，即 u.tag=not_visited。

```
1  DFS（G）{ // 深度优先算法
2    for all u∈V {
3    // 如果这个节点还没有被访问到，从它开始访问
4     if (u.tag = = not_visited)
5       DFS-Traverse(G, u);
6    }
7  }
8  DFS-Traverse(G, u) {
9    u.tag  = visited; // 将 u 标识为访问过的节点
10    for all v in u.Adjacent { // 对于每一个和 u 相连的节点 v
11     if (v.tag == not_visited)  // 如果 v 没有被访问过，从 v 开始访问
12       DFS-Traverse(G, v);
13    }
14  }
```

另外，如果想避免写递归的算法，可以用一个堆栈将上述算法变成普通的循环。

附录二 图的广度优先遍历算法

树的定义和初始化同上。我们需要一个队列 Q 存储节点，它的初始状态为空。

```
1  BFS(G, s) { // s 是图中的任意一个起始节点
2    EnQueue(Q, s); // 将 s 送入队列中
3    while (Q not empty) { // 如果 Q 不为空
4     u = DeQueue(Q); // 从队列中取出第一个节点
5     u.tag = visited;
6     for all v in u.Adjacent {
7      if (v.tag == not_visited) // 如果 v 没有被访问到，送入队列
8        EnQueue(Q, v);
```

```
9        }
10       }
11 }
```

附录三　利用动态规划计算最短距离的伪代码（Dijkstra 算法）

对于一张有权重的图 $G=(V,E)$，如果 $(u,v) \in E$，即 (u, v) 是图的一条边，它的权重为 weight(u,v)。

我们需要两个数组 distance 和 previous，分别记录从起点 s 到每一个点 u 的最短路径的距离（初始化为无穷大），以及在这条最短路径中 u 的前一个节点（初始为未定义）。我们还需要一个队列 Q 存放将要计算距离的节点（初始为起点）。

动态规划算法如下：

```
1   Dijkstra(G, s) { // s 为计算的最短路径的起点
2   EnQueue(Q, s); // 将起点送入队列
3     while (Q not empty) {  // 如果队列不空，取出队列中的第一个节点
4       u = DeQueue(Q);
5       for all v in u.Adjacent {  // 处理和 u 相邻的点
6         // 如果从 u 走到 v 比原来从 s 到 v 的路径更短
7         // 更新从 s 到 v 的路径，将 v 的前一个节点设置为 u
8         if (distance[u] + length(u, v) < distance[v]) {
9           distance[v] = distance[u] + length(u, v);
10          previous[v] = u;
11        }
12      }
13    }
14 }
```

附录四　最大流的伪代码

对于一张有权重的图 $G=(V,E)$，如果 $(u,v) \in E$，即 (u, v) 是图的一条边，它的权重为 capacity(u,v)，表示这条边的容量。我们需要用另一个数组 flow(u,v)，表示每条边

已经分配的流量，它们被初始化为 0。此外我们需要一个临时数组 remaining(u,v)，表示每条边还剩余的可分配流量。由 remaining 这个数组和节点的集合构成一个剩余流量图 G_r。如果 u、v 之间没有了剩余流量，则 (u, v) 这条原属于图 G 的边，就不在剩余流量图 G_r 中。

福特 – 富尔克森算法如下：

```
1  Ford-Fulkerson(G, start, end) { // start 为起点，end 为终点
2     while ( 在 Gr 中存在从 start 到 end 的一条路径 path) {
3        remaining(path) = min{ remaining(u,v), (u,v) 在路径path上 };
4        for each (u, v) in path { // 对于 path 上所有的边，做如下处理
5           // 如果这条边已经被分配了流量，增加其流量，否则减少其反方向流量
6           if (flow(u, v) >= 0) {
7              flow(u,v) += remaining(path);
8           }
9              else flow(v,u) -= remaining(path);
10       }
11    }
12 }
```

第 **6** 章

化繁为简——分治思想及应用

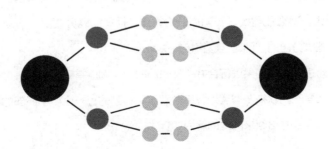

如果说在计算机科学中第一重要的思想是递归，第二重要的恐怕就要算是分治（Divide and Conquer）算法了。对分治算法理解的水平和应用得得心应手的程度，是衡量一个人计算机科学素养的标尺。这一关不突破，就无法成为四级工程师。

很多人会讲，分治算法我了解，但是对不起，你可能只是了解了它最浅层面的东西。事实上，一个计算机从业者，对分治算法的理解可以分为三个层次。第一个层次是了解它的皮毛，会做算法书中的一些练习题，这类人能够从事计算机的技术工作，但是很快会遇到职业发展的天花板。第二个层次是能灵活运用它的思想方法，用计算机来解决大问题，对于这类人的工作，人们会讲，"咦，分治算法还能这么用，书上可没有讲过"。第三个层次，也是最高的层次，是把分治算法发扬光大，解决那些在别人看来无解的问题，这类人有不少在计算机科学和工程上做出了突破性贡献，比如我们后面会讲到的在 Google 发明云计算工具 MapReduce 和人工智能工具 Google 大脑（Google Brain）的那些人。因此，在顶级计算机公司的面试中，面试官经常会考面试者一些和分治算法有关的问题，以考查他们对计算机理论和技术的了解程度。我自己在申请 Google 工作时，就被问到如何进行大规模矩阵相乘的问题，这就要用到分治算法了。当然，后来我也会考别人和分治算法有些关联的问题。

分治算法的道理讲起来很简单，基本上就是下面这三步。

首先，它将一个复杂的问题分成若干个简单的子问题进行解决。这一步被称为分割（divide）。

然后，解决每一个子问题。这一步被称为征服或者解决（conquer），也就是分治这个词中"治"的来源。在这一步中，如果子问题非常简单，就直接解决了；如果子问题依然很大，那么还需要递归调用分治算法，把子问题分成更小一级的问题来解决，直到那些被分出的子问题能够直接解决为止。

最后，对子问题的结果进行合并（combine），得到原有问题的解。

当然，如果子问题被一层层地往下分解了，得到的每一个微小局部的结果要一级级地合并，直到合并出原来问题的解为止。

从分治算法的思路可以看出，它通常是和递归算法相关的，但是递归并非使用分治算法的必要条件。这一点很多教科书没有强调，而给的例子又常常是和递归相关的，因此很多人误以为它们必须在一起使用。我们在后面矩阵相乘的例子中可以看出，分治算法的核心在于分割与合并，而不在于递归。

为了让大家对抽象的分治算法有感性的认识，本章用各种实际的例子加以描述，它们有些和递归有关，有些无关。这里基本上遵循前面提到的理解分治算法的三个层次，由浅入深逐渐递进。

6.1 分治：从 $O(N^2)$ 到 $O(N\log N)$

大部分学习计算机科学的人接触到分治算法是从归并排序（Merge Sort）开始的，这一来是因为排序问题比较直观、好理解，二来是因为归并排序算法本身在解决这个问题时给使用者带来了巨大的好处，它将算法的复杂度从 $O(N^2)$ 降低到 $O(N\log N)$。

要理解归并排序算法的好处，先要说说直接排序算法的问题。假如我们要对一个有 N 个元素的数组 $a_1, a_2, a_3, \cdots, a_N$ 进行排序，如果采用对 a_i 和 a_j 两两比较的办法直接排序（比如冒泡排序或者交换排序），复杂度是 $O(N^2)$，计算量可以写成 kN^2，其中 k 是一个和 N 无关的常数 [1]。这种方法的问题在于元素的数量（即有些书中所说的"问题的大小"）翻一番，计算量就要翻两番，也就是增加到原来的四倍。这种按照平方速率增加的特性，既是直接排序算法的问题所在，也给我们指出了改进算法的思路，那就是把一个大问题变成两个小的子问题。

如果我们将这个大数组一分为二，变为 $a_1, a_2, \cdots, a_{N/2}$ 和 $a_{N/2+1}, a_{N/2+2}, \cdots, a_N$（当 N 为 2 的幂时）两个子数组，再对每一半分别进行排序，那么每一个子问题的计算量就是 $k\left(\dfrac{N}{2}\right)^2$，两个加起来就是 $\dfrac{k}{2} \cdot N^2$，比原来少了一半。当然，在计算机算法中，计算量

---

[1] 从理论上讲完全无关，在工程上有一点点关系。

少一半没有什么意义，不过如果我们不断分割下去，每次减半，累积起来的效果就不是计算量减半了，可能会带来数量级的不同，这一点我们在后面会看到。这就是归并排序采用分治算法减少计算量的思路。

当然，两个子数组分别排序之后，还要把它们合并起来，这就是"归并排序"名称的由来，而上面所描述的过程也基本上和分治算法的三个步骤是对应的，只是第二个和第三个步骤的细节需要完善。

我们先来看看如何将两个已经排好序（假设是从小到大）的序列 $A=a_1,a_2,a_3,\cdots,a_n$ 和 $B=b_1,b_2,b_3,\cdots,b_m$ 合并到新的序列 $C=c_1,c_2,c_3,\cdots,c_{n+m}$ 中。显然，c_1 应该是 a_1 和 b_1 中更小的那一个，比如我们假定 a_1 更小，于是 $c_1=a_1$。接下来我们要确定 c_2 是哪一个。由于 a_1 已经被处理完了，序列 A 中最小的元素是 a_2，因此 c_2 只可能是 a_2 或者 b_1，在这个例子中，它是 b_1。归并排序的归并过程如图 6.1 所示。

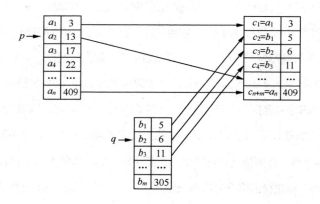

图 6.1　归并排序的归并过程

对于一般的情况，假如我们用上述方法已经排好了结果序列 C 中的前 k 个元素，要考虑第 $k+1$ 个元素是哪一个，需要比较 A 和 B 两个序列中尚未被处理的元素中"最靠前"的两个。为了记录已经处理了哪些元素，我们事先准备两个指针 p 和 q，让它们分别指向序列 A 和 B 中当前要对比的元素的位置。比如在上面的例子中，在排第三个元素时，A 和 B 尚未处理的最靠前的元素都是第二个，于是 p 和 q 指向各自第二个元素。如果 a_p 比 b_q 小，那么就将 a_p 放入序列 C 中，当然，p 要指向 A 中的下一个元素；否则，b_q 被放入 C 中，q 指向 B 中的下一个元素。

就这样，不断比较 A 和 B 中当前的元素，调整相应的指针，直到有一个序列的元素都被处理完，而另一个序列剩下的元素直接复制到 C 序列中即可。

整个合并的过程需要把序列 A 和 B 中所有的元素扫描一遍，因此计算量是 $O(m+n)$。

解决了合并的问题，分治算法的第三步就有了答案，但是如何对两个长度为 $N/2$ 的子序列排序依然是个问题，这时我们就要用到递归了，也就是说，我们对这两个子序列也要用到归并排序本身。这样，一个归并排序算法的伪代码可以写成如下形式。

算法 6.1　归并排序

```
1   // 对从 begin 元素开始到 end 元素结束的序列 A 进行归并排序
2   Merge-Sort(A, begin, end) {
3       if (begin < end) {
4       mid =⌊b(begin + end)⌋ / 2;
5       Merge-Sort(A, begin, mid);
6       Merge-Sort(A, mid+1, end);
7       // 把A[begin, mid] 和 A[mid+1, end] 这两个数组合并，结果复制回A
8       Merge(A, begin, mid, end);
9       }
10  }
```

至于归并函数 Merge() 如何实现，它很简单，这里就省略了，把它留作练习题。实际上写归并函数是硅谷一些公司的面试题，Google 早期也用过，但是因为过于简单，很快就被弃用了。

上述基于递归的归并排序显然不如冒泡排序或者交换排序看上去直观，而且每一次对子序列排序完，还需要合并子序列，那么它的计算复杂度是否会大呢？我们就来分析一下。

我们知道归并排序的计算量是元素个数 N（N 为 2 的幂）的函数，不妨写成 $F(N)$，那么用同样方法对长度减半的子序列排序，计算量就是 $F(N/2)$。由于两个子序列合并还需要 $O(N)$ 的额外计算量，不妨写成 kN，于是就得到这样一个关于 $F(N)$ 的递归公式：

$$F(N)=2F(N/2)+kN \tag{6.1}$$

把 $N/2, N/4, N/8, \cdots$ 代入式（6.1），就得到

$$F(N/2)=2F(N/4)+ k\frac{N}{2}$$

$$F(N/4)=2F(N/8)+ k\frac{N}{4}$$

$$\cdots$$

$$F(1)=1$$

将上述递归公式一个个代回式（6.1），就得到

$$F(N)=2F(N/2)+kN \tag{6.2}$$

$$=2 \cdot 2F(N/4)+2 \cdot k\frac{N}{2}+kN$$

$$=2^2 \cdot F(N/4)+2 \cdot kN$$

$$=2^3 \cdot F(N/8)+3 \cdot kN$$

$$=\cdots$$

每代入一层，等号右边第一项系数就翻倍，但是函数 $F()$ 中的变量值就减半，而后面的那一项就增加 kN。

由于 N 二分 $\log N$ 次就到 1，无须再分了，因此它只有 $\log N$ 层，最后我们得到

$$F(N) = 2^{\log N} \cdot F(1) + kN\log N \tag{6.3}$$

$$=N+kN\log N$$

$$=O(N\log N)$$

这样，排序的复杂度就从 $O(N^2)$ 变成了 $O(N\log N)$。

从算法的时间复杂度上，我们可以看到分治算法的优点。在排序算法中，大部分复杂度为 $O(N\log N)$ 的算法要采用分治的策略，除了堆排序。对于 $O(N^2)$ 和

$O(N\log N)$ 两种复杂度在计算时间上的差异，前面已经举了一些例子来说明，想必大家能体会到这个差异之巨大。不过，对于归并排序算法需要多使用多少额外的空间，很多算法书其实并不讨论，以至于很多人觉得要多用 $O(N\log N)$ 的存储空间，因为每次归并的结果存在一个临时的数组 C 中，这样的递归要进行 $\log N$ 层。但实际上，只需要 $O(N)$ 的额外空间就够了，因为当 A 和 B 两个序列合并到 C 之后，A 和 B 的空间就释放了。我们把每一次合并过程中 A 和 B 序列占的空间称为"源数据空间"，C 序列占的空间称为"目标数据空间"，它们的大小显然是相同的。因此在两层递归之间，上一层的目标数据空间就是这一层的源数据空间，而上一层的源数据空间因为里面的数据不需要再保留了，所以直接用作这一层的目标数据空间即可。也就是说，在一层层递归的过程中，只需要能存两份数据的空间，让它们交替扮演"源数据空间"和"目标数据空间"身份即可。这样的程序如何实现，给大家留作思考题。

在归并排序算法中，用递归的方式实现子序列的排序是一个关键点。另一个值得一提的细节是两个排好序的序列合并的算法。它本身很简单，但是有很多变种，不仅在面试中会考到，而且在工作中会直接使用。接下来我们就来看两个从归并排序算法引出的问题。

例题 6.1　25 名选手争名次问题（GS）　★★★☆☆

有 25 名短跑选手比赛竞争前三名，赛场上有五条赛道，因此一次可以有五名选手同时比赛。比赛并不计时，只看相应的名次。假设选手的发挥是稳定的，他们相互比赛的结果是不变的。比如约翰比张三跑得快，张三比凯利跑得快，那么约翰一定比凯利跑得快。最少需要几次比赛才能决出前三名？

我最早了解到这个问题，是一位面试高盛的朋友告诉我的，他没有答好，拿来考我，我一下就答上来了。他说你真聪明，我说不是聪明，是因为我学过计算机的理论，知道这类问题怎么解决，不信你再去问两个计算机行业的技术专家。他还真拿这个问题去问了微软和雅虎的两个资深计算机工程师，他们俩也马上答出来了。

这里面用到的，其实就是归并排序算法中的合并步骤。当然，一个人如果没有吃透计算机算法，单凭头脑聪明，解决这个问题并不容易。据我所知，硅谷的一些计算机公司，包括 Google 也用过这个问题面试工程师。后来我拿这个问题去考腾讯和 Google 的求职者，大部分人需要八次才能找出前三名。他们具体的做法如下（即方法 1）。

步骤 1，将 25 名选手分为五个组，每组五名选手。为了便于说明，我们不妨把这 25 名选手根据所在的组进行编号，A1 ~ A5 在 A 组，B1 ~ B5 在 B 组……E1 ~ E5 在最后的 E 组。

然后让每个组分别比赛，排出各组的名次来。不失一般性，我们假定他们的名次就是他们在小组中的编号，即 A 组的名次依次是 A1、A2、A3、A4、A5，B 组和其他组的名次类似，如表 6.1 所示。

步骤 2，让各组的第一名（表 6.1 中编号标记为粗体的选手），也就是 A1、B1、C1、D1、E1 再比一次，这样就能决出整体第一名。不失一般性，我们假设 A1 在这次比赛中获胜，这样我们就知道了第一名。

由于 A1 是整体第一名，A2 可能也很厉害，只是运气不好，小组赛遇到了 A1，因此当 A1 获得整体第一名后，A2 就应该作为整体第二名的候选。接下来，就进入步骤 3。

步骤 3，A2 和另外四个组的第一名竞争整体第二名。我在表 6.2 中用粗体划定了这种情况下参加第七次比赛的五名选手。如果这一次 A2 赢了，他显然是整体第二名，就由 A3 递进参加争夺整体第三名的比赛。如果 A2 没有赢，另四个组中的某个第一名赢了，那个赢的人是整体第二名，就由那个组的下一名选手递进角逐整体第三名。

表 6.1　五个小组各组选手的名次

A 组	B 组	C 组	D 组	E 组
A1	**B1**	**C1**	**D1**	**E1**
A2	B2	C2	D2	E2
A3	B3	C3	D3	E3
A4	B4	C4	D4	E4
A5	B5	C5	D5	E5

表 6.2　在未完全优化的方法中，决出整体第一名后竞争第二名的选手（粗体）

A 组	B 组	C 组	D 组	E 组
	B1	**C1**	**D1**	**E1**
A2	B2	C2	D2	E2
A3	B3	C3	D3	E3
A4	B4	C4	D4	E4
A5	B5	C5	D5	E5

步骤 4，让步骤 3 选出的五名选手进行争夺第三名的比赛，至此整体前三名全部产生。

上述方法不能算错，但是不算完美，因为我们还可以找到更好的。想到这种方法的人，多少知道一点归并排序的合并算法，但是不能活学活用，而是生搬硬套了。

那么这个问题最好的答案是什么呢？其实前六次比赛都是必需的，一次也省不掉。但是在第七次比赛中，它使用了方法 1 忽略的一个信息，那就是在第六次比赛（即各组第一名竞争整体第一名的比赛）结束之后，最后的两名选手已经没有资格角逐前三名，因为在他们前面已经有三人跑得更快，所以应让他们退出比赛。不失一般性，我们假定这时 D1 和 E1 退出比赛，B1 的名次比 C1 靠前，当然 A1 已经是第一名了，他也不用参加第二名和第三名的争夺了，于是就空出了三个比赛的位置，需要从其他选手中挑出候选人。

那么谁还会是整体第二名的候选人呢？根据锦标赛排序的原则，直接输给整体第一名的人，也就是 A 组中的 A2，以及最后附加赛输给他的 B1，仅此两名选手而已。接下来我们要问，除了 A2 和 B1，谁还会是第三名的候选人呢？在 A1 参与的某一次比赛中的第三名，他们是 A3、C1，或者输给整体第二名候选人 B1 的那个人，即 B2。

因此，整体第二名和第三名的候选人一共只有五个，即 A2、A3、B1、B2 和 C1，即表 6.3 中编号为粗体的选手，他们刚好凑一组。第七次，让这五名选手再跑一次即可。这样加上前六次，只需要赛七次，这是最佳的方法。

表 6.3　采用优化后的方法，参加第七次比赛争夺整体第二名和第三名的选手（粗体）

A 组	B 组	C 组	D 组	E 组
	B1	**C1**	D1	E1
A2	**B2**	C2	D2	E2
A3	B3	C3	D3	E3
A4	B4	C4	D4	E4
A5	B5	C5	D5	E5

这种方法为什么比很多人想到的赛八次的方法更有效一点？原因是少做了一些无用功。

在方法 1 中，最后两次让 D1、E1 不断参加没有必要的比赛，实际上是浪费资源。我们在使用计算机软件（包括手机 App）时，会发现很多功能完全相同的软件，有些运行速度很快，有些很慢，主要差别在于那些慢的软件做了很多无用功。

　　后来我再把这个问题拿去问一位在高盛的朋友，他马上就答上来了，他没有学过计算机，答上来完全靠智力。因此，如果你天资聪颖，恭喜你，你的智力会让你做事比别人容易，但如果你像我一样资质平平，也没有关系，多理解计算机算法的精髓就好了。这就如同你只有一杆100年前的毛瑟枪，能否打中目标只能靠天分了，但是如果你有一杆最先进的狙击步枪，有瞄准镜帮助，打中目标就容易很多，因为你的武器不同了。计算机算法的精髓，就是计算机从业者的武器。

　　上面这个问题还有一个更适合考查计算机从业者技术水平的版本，也就是在 N 个排好序的序列中选出最大（或者最小）的 K 个元素。这也是硅谷的很多公司过去常考的一道面试题。这道题比较正规的描述如下。

例题6.2　从 N 个排好序的序列中选出 K 个最大元素的问题（AB、MS）　★★★☆☆

$A_1, A_2, \cdots, A_N$ 是 N 个排好序的序列，怎样最快地从中选出 K 个最大的元素？

　　我们在讨论这个问题时，通常假设 N 不是 1、2、3 这样很小的数字，而是比较大的数字，因为 N 很小的时候，这个问题同合并两个排好序的序列没有什么差别。对这个问题的解答，其实综合了归并排序算法和堆排序算法。大致的思想可以用图 6.2 来示意。

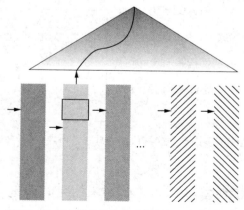

图 6.2　从 N 个排好序的序列中选出 K 个最大元素

在图 6.2 中，每一个垂直方向的长条代表一个从大到小排好序的序列，我们将每一个序列中最大的元素挑出来建立一个堆。堆有一个很好的性质，即顶部的元素是最大的，这样我们就得到 K 个最大元素中的第一个。在建立堆的过程中，我们要记下堆里面的每一个元素来自哪个序列。比如在图 6.2 中，顶部的元素来自第二个序列，它被取走之后，我们要把第二个序列中的第二个元素，即图中用方框标识的元素放到堆中，以便它参与和堆中其他元素的比较，选出剩下元素中最大的（也就是全部元素中第二大的）。这个过程叫作堆重建（reheap）。当然，为了记录每个序列中尚未处理的最大元素的位置，我们要给每一个元素设置一个指针。图 6.2 给出了当最大元素从堆中被移走，第二个序列中的第二个元素补进堆中之后，各个序列指针的位置。

例题 6.1 和例题 6.2 的差别在于，前者每一次可以比较五个数的大小（五个人的快慢），而后者一次只能比较两个。要比较 N 个数的大小并且挑出一个最大的，至少需要进行 $\log N$ 次，这是在已经建立好堆的情况下（否则是 N 次）。可见堆排序是解决这个问题的关键。

上述方法的计算量很小。我们知道建立一个包含 N 个元素的堆只需要 $O(N\log N)$ 的计算量，这是一次性开销。而每次从堆中挑选最大的元素需要 $O(\log N)$ 的计算量，挑选 K 个需要 $O(K\log N)$ 的计算量。因此一共只需要 $O((K+N)\log N)$ 次。通常 K 和 N 相比各个序列中元素数量的总量要小很多。如果 K 的规模和所有元素的总和相当，不如直接使用下一节将要介绍的分割算法。

解决例题 6.2 的方法在工作中有很多实际的应用。比如在美国的好大学里，申请者常常来自世界各国，不同国家的人其实很难直接比较。因此在招生录取时，这些大学经常采用的做法是将每一个主要的国家看作一个队列，剩下来的小国作为一个单独的队列，这样大约有 N 个队列。每一个队列中的人彼此不难排序，第一步是先将每个国家的人分别排好序。然后将这 N 沓卷宗放在一起，把每一沓最上面的候选人进行比较，比出一个最好的作为录取的第一人。这个人来自哪个国家，相应的那个队列里的

第二份卷宗就成最上面的了，然后再比较各个队列最上面的候选人，选出第二人，就这样比下去，直到用完全部的招生名额。

一个机构在给员工晋升时，也常常采用类似的做法，各个部门内先排队，然后各个队列排第一的先比较，选出第一个该晋升的人，然后再比较接下来各个队列的第一名，不断挑选，直到名额用完为止。

另一个通常用来说明分治算法的例子是快速排序，当然没有公司会直接考查这个算法，但是里面的精髓经过变换之后，就能考查出一个人的计算机科学素养。通常一个高级工程师，也就是四级左右的工程师，应该能得心应手地解决这一类问题。

要点

利用堆这样一个数据结构，可以实现 N 选 K 的操作，当 $K<<N$ 时，这种方法几乎是最佳的。

思考题 6.1　杨氏表格（Young Tableaus）问题

杨氏表格可以被认为是一个 $M×N$ 的矩阵，矩阵的每一行都从小到大排序，最小的在最左边，每一列又是从上到下按照由小到大排好序的。杨氏表格中可以有空的元素，我们可以认为它是无穷大。比如下面就是一个杨氏表格。

$$
\begin{array}{ccc}
3 & 6 & 8 \\
4 & 9 & 20 \\
13 & 14 &
\end{array}
$$

（1）将数组 (7, 15, 3, 2, 4, 6, 5, 11, 9) 放入一个杨氏表格。

（2）对于一个二维数组，判断它是否为一个杨氏表格。

（3）对于一个未填满的杨氏表格，如何插入一个新的元素？

（4）对于一个 $N×N$ 的杨氏表格，不采用任何现有的排序算法，如何将这 $N×N$ 个元素排序？（★★★★★）

提示：问题（3）的算法复杂度为 $O(M+N)$，问题（4）的算法复杂度为 $O(N^3)$。

6.2 分割算法：快速排序和中值问题

在讲述快速排序之前，我们先来看这样一道例题。

例题 6.3（AB）　★★★★☆

一个未排序的序列里有 N 个元素，如何找到其中最大的 K 个元素？

这是 Google 早期的一道面试题，这道题的解题思想可以用在很多场景中，比如要找到某一个时间段一款游戏"最深度"的 100 个玩家、城市某个地点附近最近的 10 个加油站、社交网络上某一时段最热门的 10 个话题等。对于这个问题，Google 期待的答案是这样的（这是一个五级到四级工程师能够给出的答案）。

1．建立一个由 $K+1$ 个元素组成的最小堆（Min Heap），即堆的顶部是最小的元素，我们知道它一定不会是最大的 K 个元素之一，将它从堆中删除。

2．把序列中剩下的 $N-K-1$ 个元素按顺序选一个放进堆的顶部，调用维护堆的算法，保证顶部依然是堆中最小的元素，然后删除，再放入序列中下一个未处理的元素，直到序列中的元素都被处理一遍。

3．堆中除了顶部的元素，剩下的 K 个元素就是原来序列中最大的。

很多人看到从 N 个元素中选 K 个最大的，会想到建一个堆，但是他们把堆建错了，建成了最大堆（Max Heap），即最大的元素在顶部。最大堆对于解决这个问题一点用都没有，因为当前堆中最大的元素，未必是将来 K 个最大的元素之一，我们不知道这个元素是否该保留。比如有一个数组，用前 K 个元素构成的最大堆如图 6.3 所示。

如果数组中剩下来的元素是 127, 301, 1, 66, 88, 101, 46, 50, …，这时 45 就该被淘汰

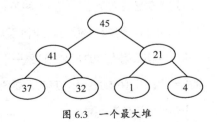

图 6.3　一个最大堆

掉，因为剩下的元素中有七个比它大的。但如果剩下来的元素是 $-1,-5,3,0,77,\cdots$，似乎它有可能最终被保留下来。也就是说，即使在这个堆里找到了一个最大的元素，它和最后 K 个最大的元素也不相关。当然，可能有人会问，在序列中的某个元素大于堆中最小的元素时，怎样将那个最小的元素替换掉。问题是，我们只知道最大堆中最小的元素在二叉树的叶节点上，但不知道具体在哪里，而叶节点有 $(K+1)/2$ 个，找到它和比较堆中 K 个元素是同一个数量级的任务。可见，最大堆解决不了这个问题。而解决这个问题的关键是逆向思维。也就是说，通过筛除掉 $N-K$ 个最小的元素，来达到找到 K 个最大元素的目的。

上述算法的复杂度是 $O(N\log(K+1))=O(N\log K)$。

这个问题看似是挺简单的堆排序问题，但是有大约一半面试 Google 的人做不出来。能给出上面的答案或者类似的答案，我们也满意了。直到有一天我的一个同事说，某个面试者对这个问题的思考更深入一些，采用了分割算法（Partition Method），给出了线性复杂度的解决方法。我一听，觉得这个面试者想得很深入，我们决定录用他。在介绍他的方法之前，我们先来看一道更直观的例题。

例题 6.4（AB）　　★★★★☆

给定一个非常巨大的数组，如何找到它的中值（Medium Value）。注意，中值不是平均值，而是指一半元素比它大，另一半元素比它小。

这道例题是我结合那位员工解题的思路，把例题 6.3 简化得到的，它也是我面试工程师时考得最多的一道题。这个问题看似简单，但是一大半求职者答不好，那些人会直接回答采用排序的方法。这是一个很糟糕的回答，因为没有一家计算机公司愿意雇用一个只知道排序的人，其实只要稍微动一点脑筋的人就应该想到，我们期待的肯定不是排序这样的方案。

当然，还有人会使用前面那种从 N 个元素中选取最大的 $N/2$ 个元素的算法。那个

算法在 $K<<N$ 的时候确实很有效，但是当 $K=N/2$ 时，它的算法复杂度是 $O(N\log(N/2))=$ $O(N\log N)$，和排序相同。要想最有效地解决这个问题，就要采用分割算法。

绝大多数教科书是把分割算法作为快速排序中的一个步骤来讲解的，因此很多人想不到单独应用它。为了方便读者理解分割算法的本质，我们还是先来复习一下大家熟悉的快速排序算法，对于计算机技术人员来讲这个算法并不陌生，在通常情况下它是效率最高的排序算法，也是分治算法很好的应用。没有学过计算机算法的读者朋友也不用担心，因为这个算法很容易理解。我们举一个具体的例子，大家就能明白快速排序的原理了。

快速排序和归并排序很相似，都是先将一个大数组（无序的序列）一分为二（divide），然后对两个子序列分别排序，再合并结果，完成整个数组的排序。但是快速排序和归并排序又有下面两点不同。

首先在将一个序列一分为二的时候，快速排序不是从中间直接分开，而是把大的数放到一个子序列中，小的数放在另一个里面。当然，要做到这一点，在分割数组时就要做更多的工作，这也是快速排序中最复杂的一步。

具体来讲，我们要挑选一个枢值（Pivot Value）v，然后让序列中的所有元素 a_i 和这个枢值一一比较。如果 a_i 大于或等于枢值 v 就把它放在 v 的右边，如果 a_i 小于枢值 v 就把它放在 v 的左边。这样把数组中所有的元素扫描并和枢值比较一遍后，放在枢值左边的都比枢值小，自然也比枢值右边的小，这个性质很重要。为了让大家对这个过程有更直观的印象，我们来看一个具体的例子，用下面这个数组中的第一个值作为枢值，对整个数组进行一次分割。

20, 3, −4, −5, 10, 33, 0, 71, 41, 6, 8, 21, 30, 9

分割结果如下：

3, −4, −5, 10, 0, 6, 8, 9, (20), 33, 71, 41, 21, 30

在完成将原来的序列一分为二之后，接下来就是要对每一个子序列进行排序了，这是分治算法中征服（conquer）的那一步。显然，我们可以用递归的方法继续调用快速排序，完成子序列的排序。对左边的子序列，我们选第一个值 3 作为枢值；对右边的子序列，我们选它的第一个值 33 作为枢值。这样分割后的结果，以及接下来几步递归的结果表示在图 6.4 中。在图 6.4 中除了"6,8,9"这个子序列还需要进一步分割，剩下的都已经分割到一个元素，也就是说分割和征服的步骤完成了。

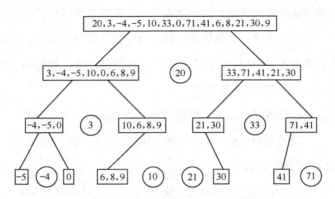

图 6.4　快速排序前三层的分割结果

最后，我们需要把各层的子序列按照"左边一枢值一右边"的次序合并（combine）。由于我们在分割时保证了左边的小、右边的大，因此合并的过程不需要做任何比较，直接进行即可。这是快速排序和归并排序的第二个不同之处。

整个序列通过快速排序后得到的结果如下：

−5, −4, 0, 3, 6, 8, 9, 10, 20, 21, 30, 33, 41, 71

下面是快速排序算法的伪代码。

算法 6.2　快速排序

```
1  QuickSort(A, start, end) {  // 主程序运行时调用 QuickSort(A, 1, N)即可
2      if (start < end) {
3      // 对序列进行分割，分割点为左子序列结束的位置
4      left_subarray_end = Partition(A, start, end);
5      QuickSort(A, start, left_subarray_end); // 对左子序列排序
6      QuickSort(A, left_subarray_end + 1, end); // 对右子序列排序
```

```
7      }
8  }
9
10 Partition(A, start, end) {
11     // 枢值 pivot 直接选了数组中的第一个，这里可以使用其他的选取方法
12     pivot = A[start];
13     left_position = start -1;
14     right_position = end + 1;
15     while (TRUE) {
16         // 找到序列左边第一个大于枢值 pivot 的元素
17         repeat right_position = right_position - 1;
18         until A[right_position] <= pivot;
19         // 从后往前找到序列右边第一个小于枢值 pivot 的元素
20         repeat left_position = left_position + 1;
21         until A[left_position] >= pivot;
22         if (left_position < right_position) { // 如果序列没有比较完
23             A[left_position] 和 A[right_position] 交换；
24         } else {
25             return right_position;// 如果序列比较完了，返回枢值所在位置
26         }
27     }
28 }
```

对比归并排序和快速排序这两种排序，我们发现快速排序由于在第一步一分为二时做的工作多，在最后一步合并时做的工作可以少很多。接下来的问题是，同样使用了分治的思想，哪一种排序算法更有效一些呢？我们先来估算一下快速排序算法的复杂度。

假如我们选择的枢值大致将序列及其子序列分成了元素数量之比为 $r : (1-r)$ 的

两部分。当然，$\frac{1}{N} < r < 1 - \frac{1}{N}$，我们不妨认为 $r>0.5$。如果 $r>0.5$，我们把 $1-r$ 看成 r 即可。

在快速排序最顶层，即对整个序列扫描时，我们做 N 次比较。

在递归的第二层，即对左、右两个子序列扫描时，我们要分别做 Nr 和 $N(1-r)$ 次比较，加起来还是 N 次。当然由于枢值不需要比较，因此实际上需要比较 $N-1$ 次。

类似地，每一层递归总的来讲都要扫描和比较大约 N 次。因此快速排序算法总的计算量就是 NL，其中 L 是递归的层数。由于每一次分割将子序列分为元素数量之比为 $r:(1-r)$ 的两部分，因此进行 $\min\{\log_{1/r}N, N-1\}$ 层的递归，就能保证分割到只有一个元素。由此可见，快速排序算法的复杂度取决于枢值的选取和分割的效果。我们假定 $r=2/3$，也就是说每次分割后一边是另一边的两倍。递归的层次大约是 $1.7\log N$，这时快速排序算法的复杂度也是 $O(N\log N)$。快速排序算法最坏的情况是复杂度为 $O(N^2)$，这种情况发生在数组已经排好序的情况下，每次挑的枢值都是最小或者最大的。不过，一般来讲随机选取枢值的结果不会很糟糕。今天大家为了避免在选取枢值时发生极端的情况，设计了一些简单有效的枢值选取方法，解决了这个问题。

当然，大家可能还有一个疑问：既然快速排序算法通常的复杂度和归并排序算法一样，为什么我们还要用它呢？这主要是因为平均来讲它的速度是归并排序算法的三倍，而且这种表现很稳定，所以这在工程上还是有意义的。事实上，自从英国计算机科学家托尼·霍尔在 1960 年发明了快速排序算法之后，它一直是全世界使用得最多的排序算法。霍尔后来也成为第一位因为发明算法而被封为爵士的计算机科学家。

至于同样是分治算法，为什么快速排序算法比归并排序算法快，我打个比方，大家就清楚了。假如有一个学区，里面有 10 万名高中学生，如果让大家到一所超级大的学校上大课，再从中挑出学生中的学习尖子，效率一定高不了。这就相当于冒泡排序，每一个人都要和所有人去比。如果我们把 10 万人随机地放到 10 所学校中，每所学校只有 1 万人，先从各学校各自挑出学习尖子，再彼此进行比较，这就有效得多了。这就是归并排序算法的原理。

　　如果我们先划出几个分数线，根据个人成绩的高低把这 10 万名学生分到 10 所学校去，第一所学校里的学生成绩最好，第十所最差，再找出学习尖子，那就容易了，工作量也最小，这就是快速排序算法的原理，也是快速排序算法比归并排序算法更快的原因。

　　接下来我们就把关注点放到快速排序算法里面的核心算法——分割算法，看看它是如何帮助我们快速找到大数组中值的。

　　首先，随机从数组中挑选一个元素 v 作为枢值，用它把数组按照元素的大小一分为二。当然，除非你的运气特别好，第一次就随机挑上了中值，否则划分的结果肯定是一边多一些、一边少一些。比如大于枢值的一边有 60% 的元素，另一边有 40% 的元素，如图 6.5 所示。很显然，中值一定在元素多的一边，也就是大于枢值的一边。因此第二次我们只要在多的一边随机选取一个数字，再做一次划分，看看是否平衡就可以了。如果还没有，重复上面的过程即可。

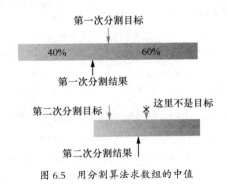

图 6.5　用分割算法求数组的中值

　　需要强调的是，第二次分割要考虑的数字比第一次少了一小半（40%），如果还没找到，第三次划分的范围又缩小了一小半，直到找到为止。当然每一次分割的目标是让原先的数组在新的枢值两边达到平衡，因此如果第一次分割后，多的一边有 60% 的元素，第二次分割的目标是在剩下来的子序列中找到 1 : 5 分割的位置。也就是说第二次分割后，我们希望有 10% 的元素小于新的枢值，50% 的元素大于它，如图 6.5 所示。

假定每一次分割后，下一次需要考虑的元素大约是前一次的 r（$r<1$），这种方法通常的计算量就是

$$N + Nr + Nr^2 + \cdots = \frac{N}{1-r} \qquad (6.4)$$

假如我们每次剔除 1/3 的元素，下一次只要考察前一次的 2/3 个元素，这样整体的计算量为 $\frac{N}{1-2/3} = 3N$，相当于将整个数组扫描三遍。因此用分割算法找中值的时间复杂度是 $O(N)$，是线性的。下面是相应算法的伪代码，它要调用前面快速排序算法中的 Partition() 函数。

算法 6.3　按比例分割算法

```
1   // 主程序运行时调用 PartitionByRatio(A, 1, N, N/2) 即可
2   PartitionByRatio(A, start, end, target_position) {
3     if (start < end) {
4       // 调用 Partition() 函数，得到分割点
5       left_subarray_end = Partition(A, start, end);
6       // 如果返回的分割点恰好是目标的分割点，算法结束
7       if (left_subarray_end == target_position)
8         return;
9       // 如果返回的分割点在目标分割点的左边，分割右边的子序列
10      if (left_subarray_end < target_position)
11        PartitionByRatio(A, left_subarray_end, end, target_
position);
12      else // 否则分割左边的子序列
13        PartitionByRatio(A, start, left_subarray_end, target_
position);
14    }
15  }
```

一些人会奇怪，上述寻找中值的方法，过程和快速排序算法差不多，何以

将 $O(N\log N)$ 复杂度降到了线性复杂度 $O(N)$，这里面效率的提高完全来自少做了很多无用功。从结果来看，快速排序算法不仅将中值找到了，而且还把任意两个元素的大小关系排出来了，而基于分割原理的中值算法只找到了中值，并不知道比它大的元素彼此之间的关系，当然对于比它小的元素也是如此。因此快速排序算法肯定要做很多计算，而那些计算对我们的问题其实没有帮助。从过程上看，虽然快速排序和中值算法都要进行多次的迭代，但是前者每一次都是针对完整的数组进行迭代的，而后者每次迭代比较的元素的数量是呈等比数列递减的，这是造成两者计算量差异的根本原因。能够理解中值算法比快速排序算法复杂度低的原因，知道哪一部分计算精简了，就有成为三级工程师的潜力。事实上，如果一个人能够在面试那么短的时间内想出用分割算法寻找中值，通常已经达到四级工程师的水平了。

当然，还会有人讲，$\log N$ 是一个增长很慢的函数，计算复杂度增加 $\log N$ 倍没什么了不起。这种看法不完全错，但是从事计算机行业的工作者习惯于让算法尽可能地少做无用功，因为那些无用功对效率的影响可能远远超出我们的想象。比如在上述问题中，如果 N 非常大，$O(N\log N)$ 复杂度和 $O(N)$ 复杂度在工程上还是有很大差别的。假如我们要寻找 10 亿个数字的中值，采用排序的方法大约需要 300 亿次计算，而采用这种分割的方法大约只需要 30 亿次计算，计算量相差一个数量级。事实上，10 亿在今天大数据的时代并不是什么了不起的数据量，一款游戏一天产生的日志条数都可能超过这个数量。作为计算机行业的从业者，不理解、不体会 $O(N\log N)$ 复杂度和 $O(N)$ 复杂度的差异，说明要么经验太少，要么还没培养出对计算机科学的感觉，这一关如果跨不过去，就只能停留在五级工程师的水平。

有了中值问题的解法，我们将这个算法稍作修改，回过头来解决例题 6.3，即从 N 个元素中挑选最大的 K 个元素的问题。中值问题其实是 N 选 $N/2$ 的问题，是 N 选 K 的特例而已，可以直接调用前面求中值的算法 PartitionByRatio。只不过我们分割的目的不是分为数量之比为 1:1 的相等的两部分，而是数量之比为 $K:(N-K)$ 的两个不等的部分，因此运行 PartitionByRatio(1,N,K) 即可。

从理论上讲，利用求中值的方法完成 N 选 K 的过程，计算复杂度只有 $O(N)$，比采用堆的方法——复杂度为 $O(N\log K)$ 更有效，但是由于求中值的方法计算量常常是线性函数的很多倍，因此它是否更有效，要看 K 本身的大小，如果 $K \ll N$，在工程上还是直接使用堆比较好。

N 选 K 问题有很多实际的应用，而且应用场景可能差异较大。比如要在一亿个游戏玩家中选择 100 个最活跃用户给予奖励，这就是 $K \ll N$ 的情况。但是在很多和机器学习有关的场景中，就需要找到 N 个元素中最大的一半，或者类似的比例。比如一种机器学习涉及 10 亿个特征，出于计算和存储成本的考虑，我们只能保留一部分，当然要保留最有效的（最大的）那一部分。通常，特征数量和机器学习效果是正相关的，比如经常表现为图 6.6 所示的一种关系。在图 6.6 中，横坐标是特征数量，纵坐标是机器学习效果。

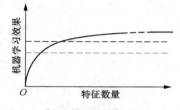

图 6.6　特征数量和机器学习效果的关系

我们常常想知道如果保留 10%、20% 或者 50% 的特征，机器学习的效果如何。根据资源和所期望的效果，我们找到一个性价比最高的点，这个问题就是 N 里面选 $N/2$ 或者 $N/10$ 个元素的问题了。这时候分割算法要比基于堆的算法更有效。

今天，虽然中值问题的解答方法早就被公布在互联网上了，但是 Google 和其他一些计算机公司依然会考一些由它衍生出来的问题，比如让求职者分析一下这个算法的复杂度，让求职者有效选取枢值以防止分割结果过于不平衡的情况，以及在不同情况下如何有效实现 N 选 K 的问题。如果求职者是靠刷题得出的答案，被再往深了追问时总会露出破绽；只要真正理解了这个算法的精髓，不管问题如何变化都不会被难倒。

我们在面试求职者时常常从中值问题开始，但是目的是引出下面一个问题，即中值问题的分布式版本。

例题 6.4a　★★★★☆

假定一个数组非常巨大，在一台服务器上保存不下，要保存在 1 000 台服务器上，如何找到它的中值？

解决了单机版本中值问题的大部分人被问到这个问题时依然会找不到头绪，很多人甚至又回到了排序的老路上，这是很让我吃惊的。

绝大部分人在这个问题上受困走不出来，原因在于试图先找到每一台服务器上子序列的中值，然后再试图找到中值的中值。但实际上，这些子序列数值的分布可能和整个序列的分布完全无关，因此各个子序列中值的中值不是整个序列的中值。一些人后来在意识到这个问题之后，试图在各个子序列的中值的基础上，通过一些小修小补，最后得到整个序列的中值，这种努力其实是徒劳的。

那么对于这个看似很复杂的问题该如何解决呢？我们还是要先回到问题的原点。既然要找整个序列的中值，我们就应该用一个枢值来对整个序列分割，而不是让每一台服务器独自运行分割算法 6.3。当然，可能大家会想这个数组太大，一台服务器放不下。我们不可能在服务器之间挪动数据，否则传输成本太高。因此我们要做的是，在逻辑上把这个大数组作为一个整体进行分割，在物理上采用分治算法，把任务分配到各台服务器上处理，让它们并行工作，而且大部分工作要在本地进行，避免大量数据的传输。基于这些原则，我们可以这样来构建一个有效的算法。

算法 6.4　分布式中值算法

步骤 1，随机挑选一个数值 v_1 作为枢值，并且将它发给每一台服务器。

步骤 2，在每一台服务器上，用 v_1 对相应的子序列进行分割，结果如图 6.7 所示。

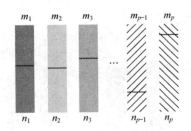

图 6.7　用枢值分割多台服务器上的各个子序列得到的结果

步骤 3，每一台服务器计算出小于（或等于）和大于枢值的元素的数量，我们假定它们分别是 $m_1, m_2, m_3, \cdots, m_p$ 和 $n_1, n_2, n_3, \cdots, n_p$。

步骤 4，我们可以把这些数目送到一台专门负责协调各台服务器的计算的特殊服务器上。在那台服务器上，我们算出整个序列中小于（或等于）枢值的元素的数量，即

$$m=m_1+m_2+m_3+\cdots+m_p$$

以及大于枢值的元素的数量，即

$$n=n_1+n_2+n_3+\cdots+n_p$$

步骤 5，比较 m 和 n 哪个大，我们就能知道下一次迭代时该在哪一边选取枢值了，然后选取新的枢值。

选定了新的枢值后，重复上述步骤 1 ~ 5，直到整个序列小于（或等于）和大于枢值的元素的数量相等。

假定各台服务器上的元素数量加起来是 N，上述方法总的计算量依然是 $O(N)$，由于其被分配到 p 台服务器中，每台服务器平均的计算量为 $O(N/p)$。

在上面的方法中，分治算法的第一步，将大问题分割成较小的子问题是自然完成的。第二步，解决每一个子问题则和我们前面讲到的归并排序算法有所不同了，因为它不是先得到子问题完整的解，再合并成最终大问题的解，而是每一步都需要进行合并。图 6.8 和图 6.9 分别展示了这两种算法的任务流程。当然，第三步，也就是合并的过程同样需要做相应的调整。也就是说，分布式中值算法用到了分治算法的思想，但是并没有照搬后者的做法，而是根据问题本身的特点进行了调整。

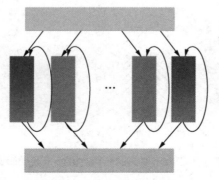
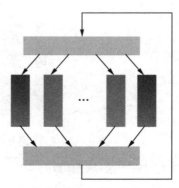

图 6.8　归并排序算法的任务流程图　　图 6.9　分布式中值算法的任务流程图

　　能够自己想出这个问题如何解答的人，在 **Google 面试者中不到 5%**，从水平上讲他们应该已经达到**三级工程师**的水平了。如果不受启发就能自己想出上面的方法，或者类似的方法，是可喜可贺的事情，说明他对于计算机科学精髓的掌握足以达到世界顶级计算机公司的要求了。当然，要做到这一点，需要达到对分治算法理解的第二个层次，仅仅看懂了书中的几道例题，以为分治算法就是排序中把数组一分为二是远远不够的。分治算法的精髓是将不容易解决的大问题分解为小问题，然后一个个解决，而不是简单的二分递归。图 6.8 和图 6.9 其实给出了分治算法的两种流程，这些流程在很多教科书中并没有介绍，因为它们是针对具体问题从分支思想的底层逻辑构建出来的，对于其他问题一定还可以画出其他的流程图。**要想成为一流的软件工程师，就需要有能力解决其他人无法解决的大问题，当大家都有同样的计算资源时，就看谁有能力把大问题分解了，分治算法是首选的工具。**

要点

利用分割算法可以在 $O(N)$ 时间内找到一个大数组的中值，这种方法之所以比排序算法快，是因为它不需要比较出任意两个元素的大小。

思考题 6.2　三选一枢值挑选法

分割算法一个潜在的风险就是枢值没有找好，以至于每次分割左右两边不平衡。一种防止最坏情况发生的方法是每次随机选取三个数，然后取中间的一个作为枢值。试估计用这种方法选取枢值，枢值正好落在数组各元素值中间 1/3 位置的可能性。试论证这种方法和随机挑选一个枢值，无论是在快速排序还是在寻找中值时，算法复杂度相同。（★★★★☆）

6.3　并行初探：矩阵相乘和 MapReduce

　　分治算法不仅可以用于处理数组这样线性的数据结构，而且可以用于图、矩阵等复杂或者多维数据的计算。读者如果能够灵活应用分治的思想解决这一类问题，对这种方法的认识就进入第二个层次了。下面我们就用这个工具来解决本章开头提到的大规模矩阵乘法运算的问题。

例题 6.5（AB、FB）　★★★☆☆

如何实现大规模的矩阵乘法运算?

这是个开放式问题，因为问题本身并没有讲矩阵有多大、是否稀疏等。在工作中遇到这个问题时，需要根据矩阵的不同性质选择最适合的方法。如果在面试时遇到这个问题，先要尽可能地了解关于矩阵特性的信息，比如它的体量有多大、是否稀疏、在处理时更在意的是速度还是空间等，这些都需要在面试中和面试官沟通、了解清楚。我记得自己应聘 Google 被问到这个问题时，先用了两分钟把问题的细节问清楚。具体到 Google 这家公司，它最重要的一项技术 PageRank 的计算本身就是一个矩阵相乘的问题。在 Google 内讨论这个问题时，通常假设的前提是矩阵的横、竖两个维度都有几亿个元素。这样的矩阵相乘显然无法在一台服务器上直接完成，甚至不可能用一台服务器将数据都存储下来。即便用很多服务器，可能很多数据需要存储在硬盘上，而无法完全装进内存中。因此解决这个问题就必须善用分治算法。

在阅读下面的实现大规模矩阵相乘的分治算法之前，大家可以回顾一下第 3.6 节介绍的矩阵相乘的基本知识，以及如何存储稀疏矩阵。为了描述简单起见，假设稀疏矩阵的压缩存储对我们来讲是透明的。在接下来的讨论中，假定矩阵是用二维数组直接存储的，这样我们容易通过行和列的序号访问到矩阵相应元素的数值。

假定有两个矩阵 A 和 B，乘积为 C。具体来讲：

$$A = \begin{pmatrix} a_{1,1} & a_{1,2} & \cdots & a_{1,N} \\ a_{2,1} & a_{2,2} & \cdots & a_{2,N} \\ \vdots & \vdots & & \vdots \\ a_{M,1} & a_{M,2} & \cdots & a_{M,N} \end{pmatrix} \tag{6.5}$$

$$\boldsymbol{B} = \begin{pmatrix} b_{1,1} & b_{1,2} & \cdots & b_{1,K} \\ b_{2,1} & b_{2,2} & \cdots & b_{2,K} \\ \vdots & \vdots & & \vdots \\ b_{N,1} & b_{N,2} & \cdots & b_{N,K} \end{pmatrix}$$

$$\boldsymbol{C} = \begin{pmatrix} c_{1,1} & c_{1,2} & \cdots & c_{1,K} \\ c_{2,1} & c_{2,2} & \cdots & c_{2,K} \\ \vdots & \vdots & & \vdots \\ c_{M,1} & c_{M,2} & \cdots & c_{M,K} \end{pmatrix}$$

其中矩阵 $\boldsymbol{C}$ 中的第 i 行、第 j 列是按照如下公式计算的:

$$c_{i,j} = \sum_{s=1}^{N} a_{i,s} \cdot b_{s,j} \tag{6.6}$$

简单地讲,就是矩阵 $\boldsymbol{A}$ 的第 i 行的每一个元素乘矩阵 $\boldsymbol{B}$ 的第 j 列对应的每一个元素再相加。

需要指出的是,即使采用稀疏矩阵的压缩存储方法,一台服务器也存不下整个大矩阵,因此每一个矩阵要存到多台服务器上,我们假定需要 10 台服务器。对于矩阵 $\boldsymbol{A}$ 来讲,将其按行拆成 10 份,即 $A_1, A_2, A_3, \cdots, A_{10}$,这样便于计算。显然,每一个子矩阵 A_i(其中 $i=1,2,\cdots,10$)的每一行长度依然是 N,也就是说它们依然有 N 列。不过它们只有 $M/10$ 行,如图 6.10 所示。

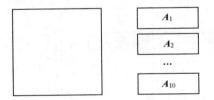

$\boldsymbol{A}$: $M×N$ 的矩阵 $A_1, A_2, \cdots, A_{10}$: $M/10×N$ 的矩阵

图 6.10   将矩阵 $\boldsymbol{A}$ 按行分成 10 个子矩阵 $A_1, A_2, A_3, \cdots, A_{10}$

将子矩阵 $A_1, A_2, A_3, \cdots, A_{10}$ 和 $\boldsymbol{B}$ 相乘,就得到结果矩阵中所对应的每个 1/10 部分,我们不妨将它们写成 $C_1, C_2, C_3, \cdots, C_{10}$。这样,在存有 A_1 的那一台服务器上可以计算出 $\boldsymbol{C}$ 的子矩阵 C_1,如图 6.11 所示。

图 6.11　第一台服务器完成前 1/10 的计算量

同理，可以在第二台、第三台……第十台服务器上计算出其他元素。当然，细心的读者可能会发现，矩阵 B 和矩阵 A 一样大，一台服务器同样存不下。不过没有关系，同样可以按列将矩阵 B 分割为 10 份，它们分别为 $B_1,B_2,B_3,\cdots,B_{10}$，存在 10 台不同的服务器上，每台只存了矩阵 B 的 1/10。如果将子矩阵 A_1 和子矩阵 B_1 相乘，就得到了原先子矩阵 C_1 的 1/10，不妨记作 $C_{1,1}$；类似地，子矩阵 A_1 和子矩阵 B_2 相乘得到的结果记作 $C_{1,2}$，等等。最后把 $C_{1,1},C_{1,2},C_{1,3},\cdots,C_{1,10}$ 合并到一起，就会还原子矩阵 C_1，相应的列和 $B_1,B_2,B_3,\cdots,B_{10}$ 中的各列分别对应，如图 6.12 所示。显然，C_1 的第五部分 $C_{1,5}$ 是由矩阵 A 的第一个子矩阵 A_1 和矩阵 B 的第五个子矩阵 B_5 相乘得到的结果。

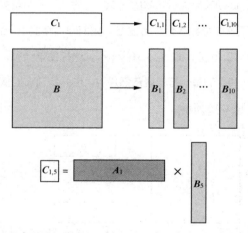

图 6.12　第一台服务器的工作被分配到 10 台服务器中，以及其中的第五台的情况

接下来我们需要讨论在不同计算资源条件下，应该采用的不同方法。

我们先假设只有 10 台服务器，每台服务器可以存下矩阵 A 和矩阵 B 的 1/10，以及结果矩阵 C 的 1/10。为了简单起见，假设第 i 台服务器存的是 A_i、B_i，当然，它还

需要存放计算结果 C_i。

一开始的时候，我们只能在各台服务器上计算出 $C_{i,i}$。在这一步完成之后，我们需要将 B_1 传送到第二台服务器上，B_2 传送到第三台服务器上……最后将 B_{10} 传送到第一台服务器上，如图 6.13 所示。这样我们就计算出 $C_{i,i+1}$ 以及 $C_{10,1}$。接下来将矩阵 B 的 10 个子矩阵数据依次在服务器中传送，这样循环一圈，如图 6.13 所示，可以完成 $C_1,C_2,C_3,\cdots,C_{10}$ 的计算。

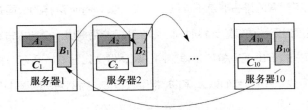

图 6.13　用 10 台服务器实现大矩阵的乘法运算，矩阵 B 的 10 个子矩阵需要在这些服务器中循环传送

接下来假设有 100 台服务器，可以将 $A_1,A_2,A_3,\cdots,A_{10}$ 和 $B_1,B_2,B_3,\cdots,B_{10}$ 这 20 个子矩阵每一个复制 10 份，传送到这 100 台服务器中，如图 6.14 所示。这是我在面试时给出的方法，也是当时 Google 的实际做法。

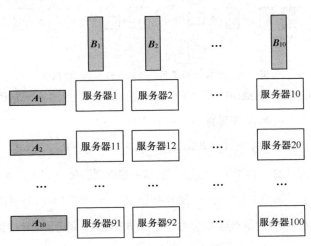

图 6.14　用 100 台服务器实现大矩阵的乘法运算

显然，使用 100 台服务器要比使用 10 台服务器快 10 倍。由于每一台服务器只需要完成原来计算量的 1%，因此总的计算量并没有增加。

最后，我们来看看如果服务器的数量增加到 1 000 台，能否进一步缩短计算时间。

很多时候，我们不仅关心如何通过并行处理，把大到无法完成的计算完成了，而且还希望缩短计算时间。比如计算 PageRank 的问题，虽然 100 台服务器可能已经可以实现计算了，但是可能要两周甚至更长的时间，如果那样的话，新出现的网页就可能找不到，或者搜索的排名非常不准确。今天，像 Google 这样的公司并不缺计算资源，它们希望通过云计算缩短计算时间。那么我们能否提供一个技术方案，把计算时间再缩短为原来的 1/10 呢？答案是肯定的，具体做法如图 6.15 所示，将每一个子矩阵 A_i 和 B_i 再分成 10 份，我们以 A_1 和 B_1 相乘获得 $C_{1,1}$ 为例来说明具体的算法。

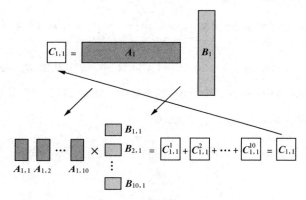

图 6.15　用 10 台服务器并行完成两个子矩阵相乘

我们把 A_1 按照列分成 10 小份，即 $A_{1,1}, A_{1,2}, \cdots, A_{1,10}$，然后把 B_1 再按照行也分成 10 小份，即 $B_{1,1}, B_{2,1}, \cdots, B_{10,1}$，于是有

$$C_{1,1} = A_{1,1} \cdot B_{1,1} + A_{1,2} \cdot B_{2,1} + \cdots + A_{1,10} \cdot B_{10,1} \tag{6.7}$$

我们不妨把上述计算用 10 台服务器完成，也就是说每一个 $A_{1,i} \cdot B_{i,1}$ 的计算分别占用一台服务器，其中 $i=1,2,\cdots,10$。需要指出的是，利用式（6.7）计算矩阵 C 中的每一个元素 c_{ij} 时，每一台服务器中小矩阵 $A_{1,i}$ 和 $B_{i,1}$ 相乘，只得到最终结果的 1/10。因此每一台服务器都会产生 $C_{1,1}$ 的一个中间结果，不妨假设它们是 $C_{1,1}^1, C_{1,1}^2, \cdots, C_{1,1}^{10}$，计算

公式如下：

$$c_{i,j}^1 = \sum_{s=1}^{N/10} a_{i,s} \cdot b_{s,j}$$

$$c_{i,j}^2 = \sum_{s=N/10+1}^{2N/10} a_{i,s} \cdot b_{s,j} \qquad (6.8)$$

$$\vdots$$

$$c_{i,j}^{10} = \sum_{s=9N/10+1}^{N} a_{i,s} \cdot b_{s,j}$$

我们想要计算的 $C_{1,1}$ 是这 10 个中间结果之和。上述计算过程展示在图 6.15 中，对比图 6.14，我们将一台服务器的工作交给了 10 台服务器处理。

当每一台服务器上的计算任务完成后，各台服务器会将中间结果传到一台特定的服务器上进行合并，得到最终的结果。这样，我们就用 10 倍的服务器将计算时间缩短为原来的 1/10，其实这就是 MapReduce 的根本原理。将一个大任务拆分成小的子任务，并且完成子任务的计算，这个过程叫作 Map，相当于分治算法中的分割。将中间结果合并成最终结果，这个过程叫作 Reduce，相当于分治算法中的合并。当然，如何自动拆分一个大矩阵，保证各台服务器负载均衡，如何合并返回值，就是 MapReduce 在工程上所做的事情了。在没有 MapReduce 时，不仅分割任务常常要工程师们自己做，而且每一个任务分配到哪台服务器也要自己设置，MapReduce 相当于一个傻瓜相机版的跨服务器的分治算法，帮助工程师很方便地利用云计算所提供的巨大计算资源，完成对超大规模任务的计算，同时利用并行处理缩短计算时间。可以讲，**MapReduce 的设计者们对于分治算法的理解要远远超出一般的从业者，他们不仅知道如何将大量复杂的计算问题通过分治算法来解决，而且还能够开发出一种比较通用的工具解决一大批问题。这些人已经达到二级工程师的水平了。**事实上 MapReduce 的两个主要发明者杰夫·迪安和桑杰·戈马瓦特因为这项发明当选了美国工程院院士。

2014 年之后，MapReduce 的实现进行了升级，采用更少依赖磁盘的机制，让 Map 和 Reduce 这两部分能够结合得更紧密，从而提高整体效率。基于 MapReduce 思想，Apache 软件基金会（Apache Software Foundation）推出了开源机器学习框架 Apache Mahout。虽然后来 Apache Mahout 采用启动开销（overhead cost）更低的 Apache Spark（主要是受限于 Hadoop 设计中的性能问题而非 MapReduce，这里不展开），但是这些软件工具背后的算法思想并没有发生太多变化。

到目前为止，我们谈论的都还是比较容易拆分的问题，它们不论规模有多大，拆分之后各部分之间没有什么耦合性。但是，很多复杂的问题并非如此，一个大任务即使拆解为很多部分，每个部分之间也有很强的耦合性，解决这样的问题，就需要计算机工程师们对分治算法的理解上升到第三个层次了。

要点

根据不同数量的资源，设计不同的方法解决同样的问题。理想的情况是，增加 10 倍的资源，计算速度也能提高 10 倍。

思考题 6.3

假如在进行矩阵乘法运算时，网络中传输数据的速度是服务器处理这些数据速度的 1/10，试分析在本节的算法中，相比采用 10 台，采用 100 台和 1 000 台服务器的速度分别提高了多少。（★★★☆☆）

6.4 从机器学习到深度学习：Google 大脑

当下各种机器学习的方法都非常热门，这要感谢 Google 的 AlphaGo 和中国很多公司的人脸识别系统。但是机器学习能有所突破，要感谢近 20 年来很多人努力将那些复杂的算法通过分治的方法实现了。

机器学习的训练算法大多具有这样的特点：计算量大而且不好拆分。我们前面讲到的矩阵相乘，很容易把一个矩阵拆分为行和列，然后单独运算。对于这样的问题，只要拆解的逻辑想清楚了，找到数学上等价的公式，大问题就能够变成小问题解决掉。但是，机器学习的训练的各个部分可能是紧耦合在一起的，无法直接采用分治算法来解决，需要修改分治算法本身。我们打个比方，假如有两个 100 位的数字要做加法运算，你很难把它变成 100 个一位的数字之间做加法，因为要考虑进位问题，而最高位（最左边）两个数字的相加，会和最低位（最右边）两个数字计算的结果有关。

我们先来看看机器学习的共同特点和训练时遇到的普遍问题。假定设计了一个模型 M，里面有 N 个特征（feature），$F=\{f_1,f_2,f_3,\cdots,f_N\}$，所谓机器学习就是通过数据训练得到这 N 个特征所对应的参数 $\{a_1,a_2,a_3,\cdots,a_N\}$。比如一个深度学习模型（即一个深度神经网络）的参数就是有向图中边的权重。当然，今天的深度学习也可以帮助挑选模型的特征集合 F，这部分内容我们暂且跳过，现在假设有了特征集合来求参数。在进行机器学习时，需要使用训练样本，也就是常说的数据，我们假定数据的集合为 $D=\{d_1,d_2,d_3,\cdots,d_K\}$，$N$ 和 K 都是巨大的，当然 K 还是比 N 要大得多。

这个训练过程通常需要由多次迭代完成。每一次的迭代过程可以分为两步，它们交替进行。第一步是利用前一次得到的模型 M0 对样本数据进行估计，然后对比估计的结果和真实的结果。第二步是根据对比的结果（或者预先设置的目标函数），修改对每一个特征参数的估计，也就是调整模型，得到一个新的模型 M1。当然，我们可以再从 M1 出发，用上述方法得到 M2，直到得到满意的模型为止。我们把这个过程表示成图 6.16 所示的流程图。特别要注意的是图中粗箭头的闭环，它包含了整个机器学习过程中最重要的两个步骤，即与训练数据的拟合以及更新模型。

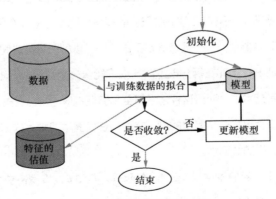

图 6.16 典型的机器学习流程

从理论上讲，在训练过程的每一次迭代中，每一个样本数据都会和模型的每一个特征发生关联，因此这样的关系我们可以看成一个矩阵关系。由于样本数据量和模型的规模都很大，再考虑到模型中的特征可以自由组合，计算量更是巨大，因此需要使用分治算法，在很多服务器上并行地进行机器学习的训练。通常任务是按照数据切分的，如图 6.17 所示。这样做有两个好处：首先，数据量远远大于模型的规模，模型有可能在一台服务器上存下，数据则肯定办不到；其次，数据之间是相互独立的，而模型特征之间可能有相互的联系，有时两个（或者更多个）特征的参数需要同时调整，因此它们必须放在同一台服务器上。如果机器学习的规模比较小，进行这样的分割就能够借助分治原理完成机器学习，训练出相应的模型。

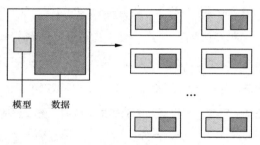

模型　数据

图 6.17　按照数据切分

但是，当机器学习的规模比较大之后，这样的简单分割就不管用了。

今天，随便一个机器学习的模型都会达到一台服务器装不下的地步，比如 Google 用于机器翻译的模型本身就要存储于几十台服务器中。因此要想借助分治原理实现机器学习，就需要把模型根据特征分解成很小的模块，比如特征 f_1 在第一台服务器上，特征 f_2 在第二台服务器上……但遗憾的是，由于一个模型的特征之间有关联性，比如 f_1 和 f_2 必须一同训练，因此在拆分模型时，就不能像分割数据或者矩阵那样自由了。怎样分割模型就是艺术了，而且这种艺术甚至和模型本身的特点有关。

我们不妨用下面这样一个简单的例子来说明在机器学习中怎样拆分模型，而不至于破坏它的特征之间的关联性。

假定一个机器学习模型中只有三个特征，f_1、f_2 和 f_3，模型需要拆成三部分，训练的数据集合也只有 $d_1, d_2, d_3, \cdots, d_8$ 八个数据子集。假定一台服务器只存得下数据的一个子集，以及一个特征相关的部分模型（模型的 1/3），而特征和数据的关联性如表 6.4 所示。

表 6.4 的前三行表示某一个特征在训练时所需要用到的数据。比如第一个特征 f_1 会用到 d_1,d_2,d_3,d_4,d_5,d_6 数据子集，因此模型中和

表 6.4 模型的特征和数据的关联性

特征	对应的数据
f_1	d_1,d_2,d_3,d_4,d_5,d_6
f_2	d_1,d_2,d_3,d_7,d_8
f_3	d_2,d_4,d_7,d_8
f_1,f_3	d_2,d_4
f_1,f_2,f_3	d_2

这个特征相关的部分都需要加载到 d_1,d_2,d_3,d_4,d_5,d_6 所在的服务器上，如图 6.18 所示。

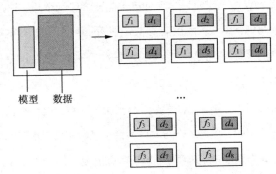

图 6.18 将大模型拆成小模块，根据训练时所用到的数据，将部分模型和相应的数据放在同一台服务器中

在表 6.4 中，后两行表示机器学习模型中不同的特征之间可能有关联，比如 f_1 和 f_3，它们在使用数据子集 d_2 和 d_4 训练时，参数是同时改变的，因此这两部分模型必须出现在同一台服务器中。这时就有麻烦了，因为这台服务器可能放不下这么多东西，于是就要把每一个数据子集分得更细，比如做如图 6.19 所示的处理。

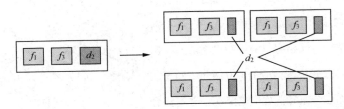

图 6.19 如果一些模型的参数必须放到同一台服务器中，导致服务器的任务过重，就需要用多台服务器来分担相应的计算

总的来讲，采用分治算法完成耦合得很紧密的大模型，连同大量数据一同训练，是一件非常困难的事情。从理论上讲，具有 N 个特征的机器学习模型可以有 2^N 种组合。虽然实际情况不会这么复杂，但对具有关联性的特征解耦合绝非易事，对此我深有体会。

2000 年前后，我在约翰·霍普金斯大学做博士论文时，机器学习的规模就远远超过一台超级服务器所能完成的了。我通常需要用 20 台左右的超级服务器（太阳公司或者 IBM 公司最强的商用服务器，这在 Google 云计算出来前算是非常奢侈的）同时工作。即便如此，完成一次机器学习训练也需要大约两个月，这对人的要求就很高，不仅算法不能有任何错误，而且需要非常仔细地通过手工方式对模型的特征集合进行解耦合。所幸的是，加州大学伯克利分校开发了一种半成品的子任务管理工具和监控软件，有点像 Google MapReduce 的前身，利用这个软件可以把一个个子任务自动地送到空闲的服务器中运算。当所有的子任务都成功算完之后，归并结果并进行模型更新的程序才开始启动。这种工作方式只适合于经验非常丰富的计算机从业者。这里面最难的还不是像排序或者矩阵乘法那样分割训练数据、合并结果，而是对机器学习模型特征的解耦合。

从图 6.18 到图 6.19，在解耦合的过程中，免不了要多做很多重复性的工作，多使用很多倍的存储空间，这是没有办法的事情，因为只有这样才能让原本大得无法完成的计算任务得以在相对小的服务器上完成。在这方面堪称经典的就是被称为 Google 大脑的深度学习工具。

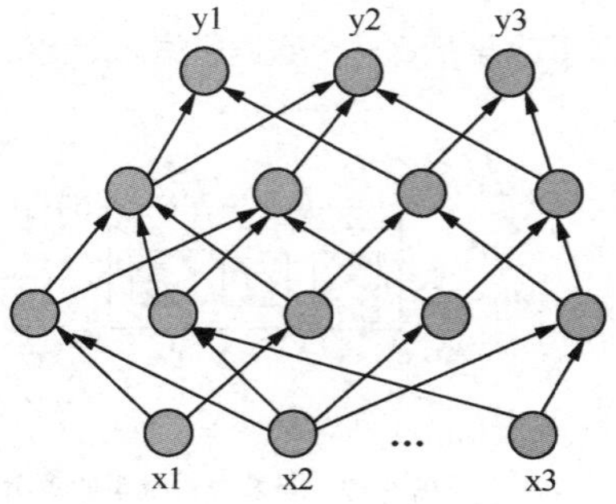

深度学习是人工智能中最热门的工具之一，从本质上讲是一个层次很深的人工神经网络，而一个人工神经网络可以被简单地看成一张自底向上分层的有向图，如图 6.20 所示。对于人工神经网络这个概念，我们需要花一些笔墨介绍一下，对它比较熟悉的读者朋友可以跳过这

图 6.20　一个典型的人工神经网络

几段内容，直接将关注点放在分治算法上。

在图 6.20 所示的网络中，最下面的一层通常被称为输入层，最上面的一层通常被称为输出层，中间还有两层，它们通常被称为中间层。每一层之间由单方向的、有权重的边连接，它把边末端节点上的值加权后向上一级节点传递。在每一个节点上有一个非线性函数，被称为神经元函数，它通过计算下面各条边传递上来的数值，产生这个节点自身的数值，当然这些数值也要向更上一级的节点传递。经过这样一级级的数值传递和在节点上的"综合"（即按照神经元函数计算），在输出端会得到不同的值。我们根据这些不同的值决定这个神经网络工作的结果。比如：我们可以用它来做决策，输出端的三个节点，即 y1、y2 和 y3，分别代表围棋某一步的三种走法，哪个节点的值最大，我们就采用哪种策略；当然，它们也可以代表买入、持有、卖出股票三种投资决策，哪个数值大就采用哪一种。

在这个人工神经网络中，输入值无疑将决定输出的结果。不同的问题、不同的对象会有不同的输入值。比如下围棋和人脸识别的输入值就不可能相同。而做同一件事的时候，输入值之间也不相同，比如我们要做人脸识别，张三的照片和李四的照片输入值就不一样。做同一件事的时候，要保证在输出端得到我们想要的结果，就需要把网络本身设计和训练好。在这个网络中，每一层有多少节点、每层节点之间怎么连接、每一个节点的神经元函数如何定义，这些是神经网络设计的问题，总的来讲是靠经验来解答的。而边的权重则是靠所谓深度学习训练得到的，它基本上就是按照图 6.16 所示的流程进行的。

一开始，我们会给这个网络的每条边设定一个初始的权重，可以把这些边看成人工神经网络的特征，它们的权重就是人工神经网络模型的参数。将一些训练数据输入网络的输入层后，经过计算，在输出层就得到一些结果，比如说，对人脸识别的结果。我们可以将这些结果和真实的识别结果比较，构建出一个成本函数（Cost Function）C。成本函数表示了根据人工神经网络得到的输出值（分类结果）和实际训练数据中的输出值之间的差距。而我们训练人工神经网络的目的就是调整边的权重，使得成本函数降到最低。

图 6.16 中的"与训练数据的拟合"步骤，其实就是将一大批训练数据送入人工神经网络计算成本函数的过程。要想让成本函数降到最低，就需要用训练数据对特征进行一些估值。然后在成本函数的指导下，根据估值来调整边的权重。这就是图 6.16 中的"更新模型"步骤。

人工神经网络其实早在 20 世纪 50 年代就被提出来了，但是在随后的近 50 年里，使用的效果一直不好，原因是人工神经网络的规模上不去。如果人工神经网络规模较小，就做不了什么事情；如果规模大了，存储量和计算量大得惊人，再大的服务器也运行不了。到了 21 世纪，由于计算机的速度和容量按照摩尔定律给出的指数速度增长，计算机的速度比半个世纪前提高了上百万倍。再到 2010 年以后，云计算的兴起使得同时使用成千上万台计算机成为可能。在这个前提之下，利用人工神经网络就可以干更大的事情了。Google 大脑就是在这样的前提下诞生的，而其创新之处也在于利用云计算实现了人工神经网络的分治算法。

接下来让我们看看 Google 大脑是如何实现的。它的训练算法的精髓还是分治，不过是针对机器学习专门改进之后的分治算法。训练大规模的人工神经网络的难点在于，不仅要把数据分割成小的子集，而且需要把一个人工神经网络切成数千块。前面提到模型的特征之间存在耦合性，因此每一块里面的计算并不是完全独立的，而要考虑上下左右很多块的计算结果（参见图 6.19）。这种耦合性从图 6.19 中可以看出。从理论上讲，当切的块数比较多以后，相互关联的模块数量与块数的平方成正比。也就是说，如果把模型分成 10 份，从理论上讲，在训练时要考虑 100 种关联。Google 了不起的地方就在于在工程上做了合理的近似，解决了上述难题。

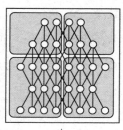

接下来，我们用图 6.21 所示的一个（五层的）人工神经网络来说明 Google 大脑的具体做法。

图 6.21　将一个人工神经网络分成四块来训练

为了不至于把图画得太乱，很多节点之间的链接都被省略了。在这样的人工神经网络中，虽然每一个模块从理论上讲会和同一排以及上下两排的很多模块具有关联性，但是 Google 假定每一块的训练只涉及八块 [1]，这样计算量虽然增加了近一个数量级，但基本上是线性增加，只有这样才能将一个大问题分解成小到每一台服务器能够处理的问题。

除了能够并行地训练人工神经网络的参数外，Google 大脑在减少计算量方面做了两个改进：第一个改进是减少每一次迭代的计算量，第二个改进是减少迭代的次数。这些内容我们就省略了。

接下来，我们来看看 Google 大脑中的存储问题。由于只有输入端能接触到训练数据，因此这些数据存在输入端的服务器（计算模块）本地。而每台服务器每一次迭代训练得到的模型参数则要收集到一起，放在模型参数服务器中（图 6.22 中灰底的模块），并且在下一次迭代开始之前传输到相应计算模块的服务器中（图 6.22 中带斜线的模块），如图 6.22 所示。

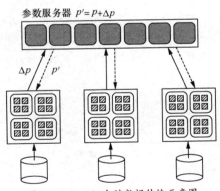

图 6.22　Google 大脑数据传输示意图

对照在本章一开始讲的分治算法的三个步骤，参数服务器的作用就是完成第一步的分割和最后一步的合并。

Google 大脑是一个通用的机器学习工具，它采用深度人工神经网络，而非其他类

---

[1]　当前被训练的模块相当于九宫格中央的一块，周边的八块都和它相关联。

似的机器学习算法，这主要是出于三点考虑。首先，人工神经网络的算法比较成熟，这样作为一种通用工具，它的适用范围可以很大。相比之下，很多和人工神经网络效果相当的机器学习算法，实现起来和具体问题的关系太大，通用性不佳。其次，人工神经网络对称性很好，这才使得它可以分割为很多小的模块。最后，人工神经网络各个模块之间虽然有关联，但是可以在精度损失不大的条件下解耦合。Google 大脑团队能够将一个看似很难分解的大问题在误差允许的范围内用分治算法解决，说明他们吃透了这种方法的精髓，同时也为将分治算法用于云计算做出了贡献。

Google 大脑实现起来的工程难度要高于 MapReduce，研发 Google 大脑的团队的水平接近 1.5 级工程师的水平，而其实际发明者也是迪安。我们之所以说接近 1.5 级的水平，没有说达到了这个水平，是因为可能这项工作的水平比提出深度学习基础算法要略低一些。后一项工作是真正的 1.5 级的水平，三位提出人杰弗里·辛顿（Geoffrey Hinton）、约书亚·本吉奥（Yoshua Bengio）和杨立昆（Yann LeCun）因此获得了图灵奖。

要点

分治算法的第三个层次就是吃透了这种方法的精髓，能够分解看似耦合度很高的任务，在算法上有所突破。

思考题 6.4

如何用多台服务器实现大矩阵求逆？（★★★★★）

● —— 结束语 —— ●

虽然计算机相比人类能处理规模大得多的问题，而且计算速度非常快，但是世界上依然有很多规模巨大的问题不方便直接解决，这要么是因为计算量太大，要么是因为数据量太大、占用资源太多，当然也可能两者兼而有之。分治算法通过化整为零，让这些问题能够得以解决。因此，能否掌握好分治算法这个工具，决定了一个人能够用计算机完成多大、多难的任务。

　　计算机从业者对分治算法的理解通常有三个层次。第一个层次是理解它的大致原理，理解归并排序和快速排序算法，并且能套用教科书中的例子解决一些问题。第二个层次是理解它的本质，遇到参考书中没有答案的问题，或者前人没有遇到的新问题，能够用这个工具解决。到了这个层次的计算机从业者，在工业界就可以立足了。第三个层次是对分治算法的应用有所贡献，这就可以在学术界立足了，当然前提条件是吃透分治算法思想的精髓。对大部分人来讲，达到第二个层次是一个比较现实的目标。这不是靠写了很多低水平的代码来实现的，而是要掌握计算机科学的精髓，特别是这种分治算法的精髓。至于如何达到第三个层次，则既需要一个人具备丰富的经验和扎实的理论基础，也有赖于个人的悟性了。

第 **7** 章

权衡时空——理解存储

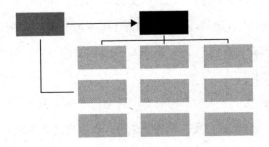

计算机中的很多问题都会涉及存储。我们先来看一道例题。

例题 7.1（MS、AB） ★★★☆☆

给定一个 32 位或者 64 位的二进制数，如何有效地数出其中 1 的数量？

这道题很容易理解，比如两个二进制数 1001 1010 0000 0011 0001 0001 1010 1000 和 0001 1001 1010 0000 1101 1010 0110 0011，它们分别有 11 个 1 和 14 个 1。

解决这个问题似乎并不难，我们只要一位位地数一下有多少个 1 就可以了。不过，如果你给出这样的答题思路，说明你并不比任何从未接触过计算机的人有更多的计算机科学的知识。实际上这是 MS 和 AB 早期的一道面试题，上述解答方法效率太低，是无法让这两家公司满意的。

这个问题通常的解法有两个。第一个解法是 AB 给出的，即所谓 $x\&(x-1)$ 算法。它的好处是实现代码非常短，而且很容易通过硬件实现。但是这种方法的道理不是很直观，因此绝大部分人在第一次看到这个问题时很难想到。此外，这种方法只能保证平均运行时间的减少，并不能保证最坏情况比顺序数 1 的个数的方法更好，因此我们就不推荐这种方法了，有兴趣的朋友可以参看本章的附录。第二个解法是 MS 给出的，它也曾经出现在 AB 的答案中，看似有点笨，其实却非常精妙。该方法的思路简单地讲，就是用空间换时间，具体做法如下。

我们把上述"很长的"二进制数 B 以 8 位为一个单元（8 位二进制数在计算机里是 1 字节）分成几部分，B_1, B_2, B_3, …显然 $B=B_1B_2B_3$…由于 8 位二进制数只有 256 种可能性，我们可以将每一种可能性对应的 1 的数量存起来，形成一个有 256 个元素的数组 $i[]$。在这个数组中，$i[0]=0,i[1]=1,i[2]=1,i[3]=2,\cdots,i[17]=2$（17 表示成 8 位二进制数是 0001 0001，正好有两个 1），$\cdots,i[255]=8$（255 对应的二进制数是 1111 1111，有 8 个 1）。

这样，对于任何一个 8 位二进制数，只需要查一次表，即可知道它有多少个 1，而对于 32 位二进制数，我们只需要进行 4 次这样的查表操作。这张表需要占用 256 字节（B）的存储单元，这是开销。这种解决方法的核心是空间换时间。

当然，我们也可以以 4 位或者 16 位二进制数为基本单元，建立二进制数值和其中所含 1 的个数的对应表。如果我们以 k 位二进制数为一个单元构建对应表，计算的时间就将缩短为原来的 $1/k$。对于长度为 $|B|$ 位的二进制数，原来数出里面 1 的个数的计算时间是 $O(|B|)$，现在变成了 $O(|B|/k)$。当然，从理论上讲，只要 k 是常数，计算时间就和原来一位一位地数处在同一个数量级，不过在工程上这种做法还是很有意义的，因为这种操作可能很频繁。

从上面的复杂度分析可以看出，k 选得越大，查表的次数越少，计算的时间越短，当然占用的空间也越大。在一种极端的情况下，当 $k=|B|$ 时，只需要一次查表操作就可以了。那么问题来了，假如不考虑空间的成本，也就是占用的内存（或者其他存储设备），是否 k 越大时间越短？

我的一位朋友在面试 Google 时，恰好被阿兰·尤斯塔斯（Alan Eustace）问到了这个问题，他们之间有着非常深入而有趣的讨论。当时尤斯塔斯还不是全公司主管工程的第一把手，而是 Google Research 的负责人，因此会面试一些一线的工程师。我的这位朋友对计算机体系结构还是有深刻理解的，她一眼就看出来尤斯塔斯设置的陷阱。在真实的计算机中，处理器通常不是直接从内存读取数据的，而是从处理器和内存之间一种被称为高速缓存（Cache）的存储器中读数据的。高速缓存的容量很小，存不下很大的数组。比如英特尔酷睿 i7-3770K 处理器，单核第一级高速缓存（L1）的容量只有 32KB，即便是第三级高速缓存也只有 2MB（四核共享 8MB），和几吉字节的内存根本不在同一个数量级。如果缓存存不下对应表怎么办呢？只能存到内存中，但是这样一来读取的速度就慢了，通常会慢一个数量级。假定我们用了一个 2^{32} 大小的数组，需要 4GB 的存储单元，它显然放不进缓存，于是 99.9% 以上的查找都需要不断将对应表分块从内存搬到高速缓存中。这样一来，在大对应表中的一次查找时间，要远比在小对应表中多次查找花的时间多很多。这位朋友的回答让尤斯塔斯非常满意，而她也对尤斯塔斯留下了很深刻的印象——一个在明星公司做到管理层顶层的人，居然还能这么了解技术细节。

这道面试题看似简单，但出得非常好。除了考查求职者是否掌握空间换时间原理外，还能够考查出求职者对计算机体系结构，特别是存储结构的了解程度。在任何时候，成为一个好的计算机工程师都需要了解计算机的存储结构。虽然今天的计算机操作系统基本上保证了写应用程序的工程师不需要了解计算机存储的细节，但是想成为能够写系统程序的工程师（这样的工程师通常需要三级以上的水平），就必须对此有充分的了解，否则无法真正控制自己写的程序的执行效率。

与存储相关的理论和技术可以大致从两个维度来讨论。

第一个维度是围绕着数据使用的特点和存储设备的特点展开的，比如我们需要顺序访问数据还是随机访问数据、需要一次获取大量的数据还是一次只取得一个数据等。不同的应用会有最适合自己的数据访问和使用方式，而不同的设备也会有自己效率最高的数据访问和使用方式，它们不仅需要匹配，而且我们常常还不得不在计算机系统的限制下设计数据使用的方式。当然，当某些应用非常普及之后，也有可能需要根据应用来设计系统，比如后面会讲到的 Google 文件系统（GFS）和数据库系统 BigTable。

第二个维度则是围绕存储系统本身的层次结构展开的。从信息的角度来看，计算机本质上是传输、处理和存储信息的机器。传输和处理信息可以被认为是直进直出的。即使是写操作系统的软件工程师，通常也不需要了解处理器是如何设计的、计算机的总线是如何传输数据的。但是存储信息则是要经过很多层次的，很多时候，即使是开发应用程序的工程师也需要了解存储系统的层次结构（Hierarchy of Storage）。

接下来，我们就分别从这两个维度了解一下存储。

7.1　访问：顺序 vs. 随机

图灵在设计图灵机时，只是提出这种逻辑上的计算机有存储能力，而且是无限的存储能力，完全没有考虑如何实现。等到了莫奇利、埃克特和冯·诺依曼设计真正的计算机时，由于当时无法实现大数据量存储，只能用电子管搭建少量的寄存器存几十个数据，因此寄存器里的数据都可以直接访问。另外，早期的计算机瓶颈在于计算速度，使用的数据并不多，没有人觉得数据的访问是一个问题。

今天，计算机在工作时涉及的数据无论是在体量上还是访问的频率上，都是过去不可比的，因此如何访问数据就成了一门学问。我们这里所说的访问（access）包括数据的读和写。通常，访问数据的方式无非是顺序访问或者随机访问。

顺序访问数据通常就是从头到尾依次访问（当然也可以从中间某个位置开始依次访问）一批数据。顺序访问有点像生活中排队买火车票，售票员总是在喊"下一个"，而排队中的人总是记住他前一个人。如果你在排队的时候想去接杯水，可以和前后的人打一个招呼然后暂时离开；等你接完水回来，想找到自己的位置时，你需要从队列的开头（或者某一个你能定位的位置）依次把队伍中的人扫一遍，找到你前后的人，然后回到自己原先的位置。

在大量使用磁媒介存储（比如过去用的录音带或者录像带）的时代，顺序存储信息，然后顺序访问信息是一件很自然的事情——你要想跳到某个电影第 30 分钟的位置，需要从头把录像带过一遍。这就是顺序访问存储的内容。你不可能直接跳过前面30 分钟的内容，一下子定位到想观看的位置。

顺序访问方式适合于读取或者写入大量的数据。比如你打算从头到尾看一部电影，不妨顺序地看，播放机会一帧一帧地显示画面。同理，要想在 1 月 1 日把一个单位里所有人的工资调整一遍，或者给每一个人发送一份工资单，顺序访问是一个很好的方法。但是如果我们只想回顾电影中间的一个情节，或者调出某一个人的工资单，顺序访问存储的数据显然效率不高，因为在我们真正访问所需要的信息之前不得不从头走一遍，找到相应的位置，这个准备时间太长了。这时候，我们肯定希望能够直接访问到任意一个特定的数据，而不需要从头开始。这就是随机访问。

我们还是以排队的例子来说明什么是随机访问，假如你到银行办理业务，银行给你一个号码，你就不用站到队里了，也不用关心前后是谁。广播叫到你的号，就轮到你了。虽然柜台通常是顺序叫号，但是工作人员其实可以随机找到拿某个号码的人。比如有些银行给予一些 VIP 客户优先权，如果你是 VIP 客户，来得晚也可以先服务。与此类似，读小说时想随机跳到某一页读，直接翻到那一页即可，不用把前面的内容都看一遍。当然，要做到随机访问，需要把存储单元编一个号，就如同给每位顾客编号或者给书本的每一页编号一样。

在随机访问中，对内容的编号很重要，无论是在银行拿的号还是书的页码，都是一种编号。在计算机中，这种编号被统称为地址，存储单元可以有地址，外围设备、网络连线可以有地址，抽象的文件或者某一个要显示的像素也可以有地址。有了地址，随机访问才成为可能。当然，地址也有助于顺序访问。

大多数人从直觉出发，觉得随机访问更灵活，更方便。不过在很多场合，顺序访问要比随机访问效率高很多。我们不妨再来看下面这道例题。

例题 7.2 高频单词二元组问题（AB、NU）　★★★★☆

如何用一台服务器从海量文本（也被称为语料库）中，比如 1TB 的数据中，统计出出现频率最高的 100 万个单词二元组？

所谓单词二元组是指在文本中前后相邻的两个单词。比如在前面的一句话中，"如何 - 用""用 - 一台""一台 - 服务器"都是二元组。

从事自然语言处理工作的人对这个问题再熟悉不过了，因此当我去 Google 面试被问到这个问题时，多少感到有点庆幸，不过这个问题有很多隐含的限制条件，解决起来需要一些技巧。从表面上看，这个问题和统计语言现象有关，但其本质是考查一个人对计算机存储的理解。求职者如果不熟悉计算机存储的特性和管理方式，难免掉入这样或者那样的陷阱。我本人因为从事自然语言处理很多年了，而且最初使用的计算机内存容量特别小，所以对如何在有限的资源条件下完成这一类任务有不少经验，Google 面试官遇到过的问题我都遇到过，对方对每一个细节的追问我都能轻松应对，因此我对这个问题的回答让他们很吃惊。后来我也用这个问题面试过上百人，我原本以为这个问题应该很容易，但是结果有点出乎我的意料，真正能够给出完美答案的人只有个位数，而这些人不是之前从事过和计算机存储相关的工作，就是做过自然语言处理。

在解答这个问题之前，我们先来讲三种在工程上行不通的做法。

第一种做法是直接定义一个二维的大数组来存储每一个二元组出现的次数。

在计算机处理文字时，我们通常需要先给每一个单词设定一个编号。比如词典中有 20 万个词，我们就将词的编号设定为 1,2,3,…,200000。比如对于该问题中的第一句话，"如何用一台服务器从海量文本……"，"如何"对应 3452，"用"对应 29938，"一台"对应 93827，等等。任何一个二元组的出现次数，其实都可以对应于 20 万 ×20 万的二维数组中的一个元素，比如"如何 – 用"对应于数组中第 3452 行、第 29938 列的元素，如果看到这个二元组，就将相应的元素加 1。

这种做法简单是简单，但是忽略了计算机的存储能力根本没有这么大。我们就假定英语词典里有 20 万个单词，两个单词在一起的组合是 400 亿个，存储每一个二元组出现的次数需要 4 字节 [1]，一共需要 1 600 亿字节，即 160GB。不要说在 2000 年前后没有这样的服务器，今天一般的服务器内存容量也远小于这个数。考虑到英语的词汇量还不止 20 万个，假设文本中可能出现的各种符号、代码和数字，在 1TB 数据量的文本中能够见到的单词数量通常是几百万个，甚至更多，因此这种用简单的二维数组计数的做法根本不可行。

第二种行不通的做法是直接套用我们在前面第 3.6 节中介绍的矩阵压缩存储的方法。这种做法利用了二元组矩阵非常稀疏的特点，比前一种做法好很多。在现实的世界里，所有的多维度大矩阵都是稀疏的，即非零元素占比很低。

---

[1] 常见词的数量可能有上百万个，2 字节的短整数类型是存不下的，因此需要使用 4 字节的长整数类型。

但是，第 3.6 节中介绍的矩阵压缩存储的方法要求事先知道矩阵的每一行有多少个非零元素。比如在二元组的列表中，第一个词和其他 2 500 个词形成了二元组，第二个词和后面的 4 090 个词形成了二元组……这样，我们就把第 1 ~ 2500 存储单元留给了第一个词对应的二元组，把第 2501 ~ 6590 存储单元留给了第二个词对应的二元组……这种存储方法对于使用稀疏矩阵毫无问题，但是对于做统计来讲并不方便，原因是在统计完所有的二元组之前，我们不知道每一行有多少个非零元素。虽然我们可以在每一行预留一些空间给非零元素，但是一旦预留的空间被提前填满，就需要动态调整前后几行的非零元素，要么一个一个往前挪，要么往后挪，以便腾出一些空间。这不仅麻烦，而且非常花时间，几乎不可行。当然，有人可能会问是否能在每一行多留一些空间。由于每一个词可能构成的二元组数量相差巨大，比如"的"字几乎可以和所有词形成二元组，如果我们按照每一个词可能构成的二元组的上限来预留空间，这和前一种做法直接存储二维矩阵没有什么区别。

第三种做法在前面两种做法的基础上又做了改进，它是用简单的哈希表来存储所有的二元组，具体的做法大致如下。

1. 顺序扫描文本。

2. 对于每一个二元组，以二元组的两个词组合在一起作为它在哈希表的键。

3. 如果这个二元组已经在哈希表中，则将该二元组相应的出现次数加 1。

4. 否则，就在哈希表中插入这个二元组，相应的出现次数设置为 1（因为是第一次出现）。

这个算法看上去很完美，但它只是从理论上讲如此，在工程上依然不可行，其原因还是占用的存储空间太多。事实上 Google 出这道考题，就没打算给求职者足够的内存空间直接使用。

在自然语言中，如果原始文本占用的空间是 1TB，把二元组统计一遍，结果存起来需要 1/4 ~ 1/2TB。为什么需要这么大的存储空间呢？因为大部分二元组只出现一两次，接下来还有 1/4 左右的二元组只出现几次。这种现象被称为齐普夫定律（Zipf's

Law），即在自然语言的语料库里一个单词出现的频率与它在频率表里的排名大致成反比［比如"的"这个字在汉语中出现的频率排第一，它出现的频率大致是排第二名的"是"这个字的两倍，大致是排第 100 名左右的那些词（或字）的 100 倍］。无论是单词的词频，还是二元组、三元组的频率都符合这种统计规律。显然，这么大的内存需求不是一台服务器可以满足的。当然，有人可能会想到用硬盘替代内存，这样就能够实现一个很大的哈希表。但是用硬盘替代内存，速度会降低为原来的千分之几。在理想状态下，如果内存能装下整个哈希表，上述问题可能只要几小时就算完了，但是如果哈希表存在硬盘里，耗时增加上千倍，那可能就得一年了。

上述方法的问题是缺乏可行性，而不是方法本身错误。但是很多人对这个问题给出的解决方法则是错误的，也就是说，他们得到的结果并不是我们要找的最高频的 100 万个二元组。在这些错误的方法中，最常见的是一种利用堆这个工具建立一个"优先队列"的方法，很多面试 Google 的人都试图使用这种方法。由于这种错误具有普遍性，我们将它的流程描述如下。

首先，建立一个有 100 万个元素的堆，它的初始值为空。

其次，对于文本中遇到的所有的二元组，如果它们已经出现在堆中，则将它们的计数增加 1，然后调整堆；如果它们不在堆中，就加入堆中，直到这个堆填满。

再次，不断扫描语料库，更新这个堆。

最后，输出这个堆中的二元组和它们的数量。

这个方法的问题在哪里？它只能统计出语料库中前 100 万个二元组的出现次数，而不是最高频的那 100 万个二元组，虽然两者可能有些重叠。根据上述过程，任何二元组在第一次出现时，它的出现次数只是 1，肯定竞争不过已经在优先队列中的二元组，即便这个二元组在后面出现的次数再多，也统计不进去。

当然，还有人试图做一些变通，比如允许新发现的二元组暂时进入这个堆，然后再看看是否需要淘汰。但是这些二元组在什么情况下被淘汰则是一个大问题，是继续扫描了几万字的文本，还是什么其他条件？实际上由于文本的随机性，我们无法在看到一个新的二元组时，预测它只是"昙花一现"，还是"后劲十足"。此外，在扫描文本过程中淘汰出去的那些相对低频的二元组，可能在剩下的文本中经常出现，一旦被淘汰，就再也回不来了。

知道我们不能怎么做之后，就可以讨论该怎么做了。

对于这个问题，不仅要找到理论上正确的做法，而且还要找到工程上可行的做法。那些可行的做法可以分为两类，第一类做法是做一些工程上的近似，第二类做法则是不做任何近似。

我们先说说第一类做法，其核心是先圈定一个范围，大致找出哪些二元组可能进入"前 100 万"。在具体的做法上，通常又有下面两种做法。

第一种是随机抽样，比如抽样 0.1% 的数据，即 1GB 的数据。然后，统计这 1GB 的数据中二元组出现的次数，保留频率最高的 1 000 万个二元组作为候选。然后我们假定 1TB 数据中最高频的 100 万个二元组就在这 1 000 万个候选之中。在扫描 1TB 的数据时，凡是遇到不属于这 1 000 万个候选中的二元组，一律略过不予统计。

如果采用这种方法，抽样的随机性很重要，否则统计的结果和真实情况会有很大的偏差。这一点我们在后面介绍随机性时会详细论述。

第二种则是利用齐普夫定律来限定范围，近似估算。我们可以先统计一下每个词本身出现的次数，也就是词频，然后排序。由于词频分布符合齐普夫定律，绝大部分单词只出现了很少几次。如果某个单词只出现了两次，与之相关的二元组的出现次数肯定不会超过两次。因此，任何含有低频词的二元组都不用考虑。这样一来，虽然单词的数量有 20 万甚至上百万个，但是需要统计的词的数量要少很多，也就两三万。这样，两三万的词构成的二元组内存还是存得下的。不过即便如此，也需要采用哈希表，而不是简单的二维大数组来存储二元组的出现次数。

这一类做法可能会有一定误差，但是在实际应用中，误差非常小，不到万分之一。也就是说通过合理近似的方式挑出来的这 100 万个最高频的二元组，只有末尾的不到 100 个可能和不做任何近似得到的结果是不一致的，这在工程上是可以接受的。

如果在面试中能够给出上述答案，一般来讲就可以通过面试了，因为这说明求职者有一定的工程经验，并且懂得一些统计学的原理，他应该达到了四级工程师的水平。当然，如果遇到个别较真的面试官，可能还会让求职者找到非近似的算法。

第二类做法则是用分治算法解决问题。

我们不妨回顾一下归并排序的要点，它是把要排序的数据分成大小大致相同的两部分，分别排序后对各种结果进行归并。这种思想也可以用于统计二元组的频率。

我们把全部的文本数据 D 分为 N 份，$D_1, D_2, \cdots, D_N$。在云计算中，这样的每一份被称为一个 shard。假如我们分 1 000 份，每一份 D_i 的数据量只有总数据量的 1/1 000，也就是只有 1GB 的数据。这么多数据显然就可以直接用哈希表统计二元组的频率了，因为相应的哈希表内存装得下。为了后面便于讲述，我们不妨用 <x,y> 代表一个二元组，其中 x 和 y 分别为前一个和后一个单词的序号，它们的取值范围均为 1 到 20 万。

我们将从 D_i 统计得到的二元组频率表用 C_i 来表示，C_i 中的每一行就是 <$x,y,\#(x,y)$>，其中 $\#(x,y)$ 表示 <x,y> 在 D_i 中出现的次数，整个表用哈希表的方式存储，这样可以根据 <x,y> 值马上在二元组表中找到对应位置。在得到 C_i 之后，我们可以把 C_i 按照二元组中 x 的编号和 y 的编号从小到大排好序，写回磁盘中。当 C_i 被写到磁盘上的时候，可以用压缩数组存储的方式顺序存储。由于 C_i 的文件大小比 D_i 小，写 C_i 的时间要比写 D_i 短。当然我们不能一个数据一个数据地写，那样太慢，而需要批量写入，好在现在的操作系统都支持这样的操作。这样统计一遍下来，大致的时间就相当于把数据备份了一遍（读一遍，写一遍），中间的计数和排序相比在磁盘上备份数据所花的时间是微不足道的。

上述操作从本质上讲完成了两项工作：一项是把原本没有序的文本文件，按照词编号的顺序排了一个序，当然排序的结果放在了 1 000 个文件中，而不是一个文件中；另一项则是在每一个数据子集之内合并了相同二元组。

在这个过程中我们会得到一个副产品，就是每一个词的词频（称之为 F），并且对它进行排序，这个数据后面用得到。

接下来，我们将对每一个数据子集得到的结果序列 C_i（$i=1,2,3,\cdots,1\,000$）进行归并。由于每一个 C_i 都是按照二元组单词 x、y 的序号排好序的，因此两个这样的序列可以用归并排序中的合并算法进行排序。大致的算法如下。

算法 7.1　合并二元组

假定要合并 C_i 和 C_j，我们有两个指针分别指向这两个序列中尚未合并的元素中最前面的那个。

步骤 1，比较两个序列最前面的两个二元组 $< x_i, y_i, \#(x_i, y_i) >$ 和 $< x_j, y_j, \#(x_j, y_j) >$。

步骤 2，如果 $<x_i, y_i>$ 和 $<x_j, y_j>$ 相同，合并这两个二元组并写到结果中，即把 $< x_i, y_i, \#(x_i, y_i) + \#(x_j, y_j) >$ 写到结果中，然后将两个队列的指针都往后移一位，以便接下来合并 C_i 和 C_j 各自的下一个二元组。

如果 $<x_i, y_i>$ 排在 $<x_j, y_j>$ 之前，将 $< x_i, y_i, \#(x_i, y_i) >$ 写到结果中，然后将 C_i 的指针往后移一位，以便将来合并 C_i 的下一个二元组和 C_j 当前的二元组；否则把 $< x_j, y_j, \#(x_j, y_j) >$ 写到结果中，然后将 C_j 的指针往后移一位，以便接下来合并 C_i 当前的二元组和 C_j 的下一个二元组。

重复步骤 1 和步骤 2，直到这两个序列中所有的元素合并完毕。

显然，合并所需要的时间是序列长度 m 的两倍，即 $2m$，如果是 k 个序列同时合并，合并的时间为 $km \log k$。这里面另一个关键的问题就是几个序列合并后新序列的长度是多少。从理论上讲，新序列的长度应该在 m 和 $2m$ 之间；根据工程经验，对于自然语言所产生的二元组序列，两两合并后新序列的长度通常是 $1.3m \sim 1.6m$。10 个这样的序列合并后，长度会在 $3m \sim 5m$，也就是说是原来 10 个序列 $10m$ 的存储大小的 $1/3 \sim 1/2$，具体能减少多少，就看原先的 10 个文本序列在内容上有多少相似性了。特别值得指出的是，在进行归并过程中，并不需要把每一个序列都读到内存中保留，甚至不需要同时打开所有的文件，而是可以打开一部分文件，从每一个文件中读一部分，处理一部

分，再写一部分。这有点像我们采用流媒体看视频，下载一点，播放一点，只需要存当前播放的视频内容即可。也就是说，归并本身使用的内存很少，不用担心存不下，这里的瓶颈在于计算机系统能够同时打开多少个文件，同时进行归并。

如果每一次将 10 个序列归并成一个，那么我们做三次就可以将所有的序列合并成一个。有了这样一个包含了所有二元组出现次数的序列，我们很容易找到频率最高的 100 万个二元组。具体的操作可以使用在前面第 6.2 节讲到的并行寻找中值的做法。至于为什么要采用并行的版本，这个问题留作思考题。此外，我们也可以直接删除低频的二元组，特别是大量只出现几次的那些二元组，然后对剩余的少数二元组排序。

假设每一次结果序列的长度是原来 10 个序列总长度的一半。三次下来，相当于将全部序列复制了 1.75 次。再考虑到从文本数据 D_i 产生这些二元组序列 C_i 相当于把原始数据复制了一遍，这样总的运算时间相当于把数据复制了三次左右的时间。这样的时间复杂度是可以接受的，而且可继续改进的空间其实也不大了。当然，如果每次合并 32 个文件，只需要把全部数据合并两次就够了，因为 $32^2 > 1\,000$。

我们把上述过程用三张图来形象地表示，如图 7.1 所示。

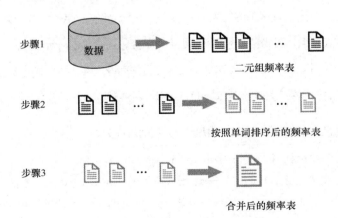

图 7.1　计算 1TB 文本数据中所有二元组的频率的示意图

当然，在实际的操作中，不必等到所有的子序列都归并为一个之后，再去找这 100 万个高频二元组。由于最初产生的 1\,000 个子序列已经根据单词的编号排序，我们在将 1 000 个子序列 C_i 合并成 100 个子序列（我们假定它们被称为 R_k）时使用一个小技巧，对 100 个结果子序列 R_k 按照单词的编号做一次整理。这样就可以省去最后一次归并，即第三次由 10 个子序列归并成一个序列的过程。

回顾一下算法 7.1 的执行过程，我们就能知道为什么它可以被改进了。在算法 7.1 中，第 1 ~ 10 个子序列 $C_1,\cdots,C_{10}$ 归并成第一个结果序列 R_1，第 11 ~ 20 个子序列 $C_{11},\cdots,C_{20}$ 归并成第二个子序列 R_2，以此类推，如图 7.2 所示。

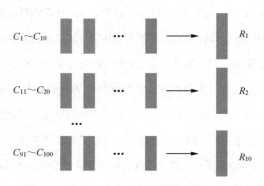

图 7.2　二元组子序列按照产生的顺序直接合并

按照上述方法归并得到的结果 $R_1,\cdots,R_{10}$，每一个都包含序号为 1 ~ 200000 的单词所构成的二元组，因此它们中的二元组会有重复，还需要进一步归并。如果以二元组的第一个单词 x 的序号来决定这个二元组在合并后进入哪一个结果列表中，我们就能保证合并后的结果文件中没有重复的二元组。具体做法如下。

算法 7.2　归并二元组，由 x 的序号决定二元组的目标列表

我们以 100 个子序列为一组，可合并成 10 个结果子序列。

在算法 7.1 的基础上，我们由二元组 $<x,y>$ 中 x 的序号决定该二元组的目标列表。

如果 x 为 1 ~ 20000，该二元组合并到第一个结果子序列中，我们不妨称之为 R'_1；

如果 x 的序号为 20001 ~ 40000，该二元组归并后的结果放在子序列 R'_2 中；

······

x 的序号为 180001 ~ 200000 的二元组被归并到 R'_{10} 中，如图 7.3 所示。

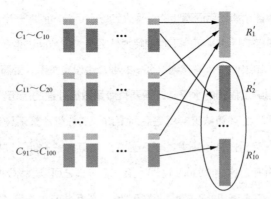

图 7.3 二元组子序列按照词进行合并（所有子序列的第一部分合并到第一个目标子序列中）

这样一来 $R'_1, R'_2, \cdots, R'_{10}$ 彼此之间是不可能有重复的二元组的。当然，当我们将 1 000 个子序列都合并完毕之后，R'_1 和 R'_{11}（第 200 个子序列的合并结果）、R'_{21}、R'_{31} 等之间还是有重复的二元组，类似地，R'_2 和 R'_{12}、R'_{22}、R'_{32} 等也有重复的二元组。

在第二次合并时，显然要将 R'_1 和 R'_{11}、R'_{21}、R'_{31} 等合并，因为它们都包含 x 从 1 到 20000 的词。合并后的结果假定是 S_1，它们是所有 x 序号为 1 ~ 20000 的二元组最终的频率。类似地，R'_2 和 R'_{12}、R'_{22}、R'_{32} 等合并后的结果 S_2 是所有 x 序号为 20001 ~ 40000 的二元组最终的频率，等等。这时我们不需要做第三次合并，只需要对 $S_1, S_2, \cdots, S_{10}$ 使用求中值分割算法（并行处理版本的），就能找出前 100 万个最高频二元组了。

至此，这道面试题才算完美地解决了。下面我们来分析一下上述算法的复杂度，它的计算过程基本上分为了三个大的步骤。第一步是从原始数据 $D=D_1, D_2, \cdots, D_{1000}$ 统计出频率数据 $C_1, C_2, \cdots, C_{1000}$，这部分的时间被限制在备份一份数据上，复杂度为 $O(|D|)$。第二步是合并统计频率数据 $C_1, C_2, \cdots, C_{1000}$ 到数据 $S_1, \cdots, S_{10}$，这部分时间不超过备份两遍频率数据的时间，因此其复杂度小于 $O(|D|)$。在实际问题中，它大约相当于备份原始数据一半的时间。第三步是从归并之后的频率数据 $S_1, \cdots, S_{10}$ 中找到最高频的 100 万个二元组，如果采用分割算法，这部分时间从理论上来讲是频率数据大小的线性函数。为了避免在这一步的处理过程中反复读 / 写硬盘，通常我们直接删除掉低频的二元组，保证剩余的二元组能够全部装进内存中。这部分实际花的时间比第二步还

短。总的来讲，统计频率和后面两步的处理大约各占运算时间的一半。

介绍了这么多细节，大家可能不难理解为什么绝大多数面试者在这个问题上很难有完美的表现了。如果你没有考虑到这么多的细节也没有关系，**要解决这个问题，面试者不仅要达到四级工程师的水平，还需要有海量数据处理的经历。**

值得一提的是，上述算法其实就是后面要讲到的并行计算工具 MapReduce 的单机版。将一个大任务拆解成不重叠的子任务，这是其中的 Map（映射）过程；将子任务得到的结果合并，这是 Reduce 过程。第一个步骤之所以被称为映射，是因为要根据某一个特定的值来对要处理的数据进行划分，然后将它们送到不同的服务器中处理。在这个任务中，从 $C_1, \cdots, C_{1000}$ 合并到 $R'_1, R'_2, \cdots, R'_{100}$ 这一步，是根据 x 的值映射的。

现在，让我们来看看这个问题考查的是什么。它主要考查一个人对计算机存储的理解，特别是随机访问和顺序访问的关联。计算机的很多算法本身和具体的计算机无关，只和数学有关，比如图论的很多算法都是数学问题。只不过那些问题在计算机中很常见，因此计算机的发展促进了那些问题的解决。但是有关存储的问题则与计算机密切相关。就计算机的存储设备而言，有些既适合于顺序访问，也适合于随机访问，比如计算机的内存和处理器内部的高速缓存，有些则只适合于顺序访问。除此之外，在计算机中，有些访问存储设备的操作，读/写一个数据与读/写1 000 个（甚至100 万个）的耗时差不多。因此在解决和存储相关的计算机问题时要考虑这些特点。

具体到寻找高频二元组的问题，原始数据，也就是文本数据的语料库在逻辑上是随机的，也就是说，第一个单词后面跟随什么单词完全是随机的，第一句话后面是什么内容更是随机的，因此将文本中的某一个二元组 $<x, y>$ 记录下来是一件随机的事情。但是，文本数据的存储（在磁盘上）让它们只能顺序访问。这是随机访问和顺序访问的第一个矛盾。接下来，记录每一个二元组的时候，需要随机访问存储器（内存），但是可供随机访问的内存容量非常有限，外部的存储器（硬盘）虽然空间充裕，但是几乎无法进行随机访问。因此，解决这个问题的关键，就是如何尽可能地将算法中需要随机访问存储器的部分，用顺序访问存储设备的方式替代。当然，这种替代可能会使计算量增加好几倍。但是在没有足够强大的计算工具时，用时间换空间是解决大计算问题唯一的方法。

就具体的解决方案而言，核心思想有两个：首先是将大问题分解为很多小问题，这是分治算法的灵魂；其次是在第二步合并时，按照结果（二元组序列）的编号把结果文件分成很多份，而不是按照原始的数据进行划分。这样做的优点是，结果的每一部分（shard）之间没有重复，这就省去了很多存储空间，同时也节省了计算时间。**如果你能把这些细节想清楚，就有了成为三级工程师的潜力。**

从上面的分析中大家可以看出，这个问题其实和自然语言处理没什么关系。事实上在 2000 年前后，Google 的业务中和自然语言处理相关的工作并不多，甚至懂自然语言处理的人也不多。但是 Google 的很多核心业务，比如 PageRank 算法、广告的匹配、寻找用户点击数据和搜索结果的相关性都要用到稀疏的二维矩阵，它的存储和使用对 Google 来讲是一个基本的、回避不掉的问题。只不过在计算 PageRank 时二元组 $<x,y>$ 中的 x 被超链接所在的网页取代，而 y 被超链接指向的网页取代了；在广告匹配中，x 是几十万种广告，y 是几万种相关的搜索结果。之所以让面试者统计二元组频率，是因为以这种方式问问题不涉及具体的业务，既能让人关注于问题本身，又不至于泄露商业秘密。事实上，越是大公司，在选择面试问题时越谨慎，避免问和业务太相关的问题，但是会把要考查的知识点和知识面隐藏在普通的问题中。

寻找高频二元组是一个开放式的问题，这一类问题常常没有完全对和错的答案，只有好和不好的答案，或者可行和不可行的解决方案。此外，这一类问题还可以让面试官和面试者进行进一步讨论，不断往深里探究。如果面试者迅速地完美解决了上述问题，面试官通常会进一步询问，比如让面试者再设计一个使用二元组（而不是统计二元组）的存储结构。

在前面介绍统计二元组频率时提到，采用随机的存储访问方式要比顺序的好，因为我们在文本中见到的二元组是随机的。但是在使用时，通常的场景是需要根据二元组的第一个词 x 一次性调出它后面所有可能跟着的词，无论是进行语音识别、机器翻译，还是提示搜索关键词，都是如此。此外，在匹配搜索广告时，也是根据搜索关键词将相关联的广告都找出来。这个时候就需要根据二元组的第一个词 x，一行一行地存储二元组的列表，然后在使用时顺序访问它们了。这些内容我们在前面已经讲到了。

解决和存储相关的问题，需要了解计算机的存储结构，以及不同存储设备的特点。下面就让我们来看看计算机存储系统的层次。

要点

顺序访问、随机访问。

计算机中的某些存储设备只方便顺序访问，不方便随机访问。在进行海量数据处理时，要争取在扫描数据时将所有该做的工作做完，避免反复读 / 写数据。

思考题 7.1

在算法 7.1 中，当我们统计完全部的二元组后，希望用分割算法找到频率最高的 100 万个。但是二元组存储在硬盘中，不方便我们随机访问，因此我们要采用在第 6.2 节中讲到的分布式中值算法来进行分割。我们只有一台计算机，为什么要采用并行的算法呢？它是如何实现的？（★★★★☆）

提示：根据内存的大小，将全部的二元组分成很多子列表。

7.2 层次：容量 vs. 速度

在介绍计算机的存储结构之前，我们先来了解一下计算机中各种存储器的性能。当然，我们在衡量存储器的性能时不能简单地看其读 / 写一个存储单元的时间，而要考虑至少这样三个指标：

1. 大量顺序访问（读 / 写）数据时的速率，这在通信上被称为传输的带宽；

2. 访问一个存储单元的时间；

3. 一次访问的准备时间。

为什么要有三个指标呢？如果是大量顺序访问存储单元，其实有第一个指标就够了，但是如果是随机访问某个特定的存储单元，则需要使用后两个指标，特别是对于外部存储设备，准备时间常常要比真正访问数据的时间长很多。比如说，如果从硬盘中读取大量的数据，每秒可以读几亿字节，这是传输的最大带宽。但是这并不意味着读 1 字节数据的时间是几亿分之一秒，因为读 1 字节和读 100 万字节（1MB）的耗时差不多。

7.2.1 从 CPU 高速缓存到云存储

当然，存储信息的速度快与慢是相对于处理器处理信息而言的，我们选用工作频率（也被称为主频）为 3.3GHz 的英特尔 i7 四核处理器作为对比的参考。当然，今天已经有了八核处理器，有了 i9 处理器，但是它们的工作原理和四核的 i7 差不多。

所谓主频（也被称为时钟频率）就是指处理器每秒状态改变的频率，通常改变一次可以完成计算的一个步骤。主频的倒数，也就是时钟跳动一次的时间间隔 0.3 纳秒（1/3.3GHz），被称为时钟周期。顺便说一句，0.3 纳秒非常短，如果以它为单元，1 秒所包含的这样的单元数量基本上等同于百岁长者一生所包含的秒数。

现代处理器中每个核包含多个计算单元 [算术逻辑单元（ALU）、整数乘法器、整数位移器（Integer Shifter）、浮点处理单元（FPU）等]，并且采用了效率很高的流水线，因此每一个核在一个时钟周期里可以完成多次运算。上述 i7 四核处理器每秒可以完成 500 亿次运算。这么大的计算量需要读 / 写多少数据呢？我们假设运行一个指令平均读一个数据（有些时候会是两个），每个数据 32 比特即 4 字节（有些时候会是 64 比特），那么就需要 500 亿 / 秒 ×4 字节 =200 吉字节 / 秒（GB/s）。目前英特尔处理器的存储通道带宽很高，而且有三个独立的数据通道将 CPU 和内存连接起来。但是上述处理器也只能做到 25GB/s 的峰值传输速率。需要说明的是，25GB/s 已经是一个极快的传输速率，按照这个速率，一秒可以传输时长 6 小时的 4K 高清电影。但即便如此，数据的传输速率依然赶不上处理器的计算速度（二者相差 8 倍以上）。那么怎么办呢？

i7 四核处理器的每一个核都采用了三级高速缓存。第一级高速缓存 L1 有 64KB

的容量，其中一半用来存储指令，另一半用来存储数据。高速缓存的访问速度非常快，只要四个时钟周期就可以完成一次数据的访问。当然大家可能会问，这不还是比处理器处理数据的时间长了四倍吗？没关系，英特尔在设计处理器时考虑了这个问题，i7 四核处理器每个核有四路指令通道和八路数据通道，这样正好就保证了一个时钟周期可以读入一条指令，同时读入两个数据。如果计算时要使用的数据恰好在 L1中，这种情况我们称之为命中缓存。但是 L1 的容量特别小，计算时需要使用的数据可能不在 L1 中，这就是所谓缓存未命中（missing）。不同的操作未命中的比率是不同的，一般来讲在英特尔处理器上 L1 缓存未命中率在 5% ~ 10%[1]。

如果没有命中怎么办？处理器就要使用第二级高速缓存 L2。在 i7 中，每个核有256KB 的 L2，它不分数据和指令，L2 的访问时间是 10 个时钟周期，比 L1 慢，但是英特尔设计了八路通道，基本上能保证两个时钟周期为计算提供一个数据。因此，如果 L1 缓存未命中，不得不使用 L2，那么计算机处理器的性能一下子会掉下来一半甚至更多。所幸的是，处理器管理缓存的机制，让它在 L1 缓存未命中，不得不从 L2读取数据时，会同时把 L2 中的一部分内容复制到 L1 中。因此处理器不会因为一次L1 缓存未命中，就永远命中不了，频繁从 L2 读取数据，而是说，每一次未命中之后，计算机会"慢下来"几个时钟周期，更新 L1 里的数据，让接下来的运算不断命中 L1，恢复原来的运行速度，直到又有一次 L1 缓存未命中为止。至于为什么 L2 比L1 慢，这主要有两个原因。第一个原因是 L1 离处理单元物理距离更近，它们之间的电路连接更直接。而由于 CPU 内部空间有限，L2 不得不放得稍微远一点。大家不要小看这点距离的差异，今天主频为 3.3GHz 的处理器，一个时钟周期内电流只能走 9厘米，访问 L2 延时更长是因为它和处理单元之间要经过更多的电路。第二个原因是L1 缓存容量较小，而缓存访问时间和容量的开方成正比，也就是说，如果容量大四倍，访问时间可能会长两倍。

当然，256KB 的 L2 也存不了太多的数据，如果 L2 缓存也未命中怎么办？在英

---

[1] L1 缓存未命中率通常很低，大部分未命中情况发生在数据缓存上。

特尔的处理器中还有第三级高速缓存 L3。L3 缓存访问一次的时间就要长很多，多达 35 个时钟周期，好在它有 16 路数据通道。L3 和 L1、L2 的不同之处不仅在于它离处理单元更远、访问速度更慢，还在于它是 CPU 中的四个核共享的，不是每一个核独享的。L3 的容量相比 L1、L2 都大了很多，它有 8MB，摊到每个核上面是 2MB。不过由于是共享的，可能出现某一个核占了很多、其他核抢不到的情况，这样四核处理器只有一个核满效率工作，剩下三个效率较低。这个问题需要通过优化操作系统来解决，平衡处理器中每一个核的负载和资源的占用。这也是今天无论是微软还是 Google，操作系统团队都在和制造处理器团队密切配合的原因，双方团队彼此要磨合很长时间，才能同时让操作系统和处理器的性能都达到最高。

如果 L3 还没有命中怎么办？那只好到内存里去找了。内存并不在处理器中，而是在主板上另外一些独立的芯片（或者内存条）中。内存的访问速度和传输速率要比缓存慢很多。这一方面是因为它和处理器之间有很多其他控制电路，加上物理距离比较远，自然有延时；另一方面出于性价比的考虑，内存通常采用速度较慢、价格更低的动态存储器［我们常称它们为动态随机存取存储器（DRAM）］。处理器访问一次内存的时间通常在 100 个时钟周期以上。i7 四核处理器 100 个时钟周期原本可以完成上千次计算，但是只能从内存获得一个数据，处理器绝大部分时间处于等待数据状态，运行效率是极低的，通常会慢将近两个数量级。因此，一旦在运行程序时发生了缓存未命中的情况，哪怕未命中率只有百分之几，对程序运行效率的影响也很大。我们不妨量化估算一下缓存未命中率 m 对程序执行效率 e 的影响。

苹果公司推出的 M1 芯片包含了所谓统一内存架构（Unified Memory Architecture），试图改进 CPU 和内存之间的访问通道，使 CPU 访问内存任何部分的速度都相同。更早时，AMD 和英伟达在其 GPU 产品中已使用这个概念，使 CPU 和 GPU 能平等地访问内存。

假定在缓存命中的情况下，处理器一个内核每个时钟周期能够执行一条指令，如果缓存未命中，则需要花 100 个时钟周期更新缓存。我们假定一个程序要执行 k 条指令，如果缓存全部命中，需要 k 个时钟周期，执行效率 e=100%。

当缓存未命中率为 m 时，有 km 条指令需要额外的 $100 \times km$ 个指令周期才能完成程序的执行，共耗时 k+100km 个指令周期，但是它只完成了 k 条指令的任务。因此程序执行的效率为

$$e=k/(k+100km)=1/(1+100m) \qquad\qquad （7.1）$$

假定未命中率 m=3%，代入式（7.1），可以算出效率 e=25%，也就是说处理器 75% 的性能都没有发挥出来。

如果一个程序总是访问内存，而不是从缓存中读取数据，速度就要慢很多了。这也就解释了在例题 7.1 中，为什么使用大的数组存储所有 32 位二进制数中 1 的个数，反而不如使用小数组存储 8 位二进制数中 1 的个数。

要想提高缓存命中率，就需要让程序和数据具有局部性（locality），也就是说程序在执行时最好不要跳来跳去，同一时间使用的数据最好都放在一起。因此要提高计算机系统整体的性能，除了要在处理器设计上下功夫，还需要操作系统和编译系统与处理器相匹配，一同优化。这也就是为什么当微软的视窗操作系统和 Google 的安卓操作系统普及之后，很难再有取代它们的操作系统了——不是因为不能做得更好，而是操作系统在没有和处理器一同优化时，发挥不出处理器的性能。除了操作系统需要考虑存储系统的特性，编写应用程序时也需要考虑，以便保证程序和数据具有局部性的特点，提高缓存命中率。

不仅缓存的容量有限，即便是内存的容量，相比我们今天要处理的数据量来讲也是非常有限的。i7 处理器能直接访问的内存也只有 36GB，这比我们今天照相机用的闪存卡的容量都小。在计算机内存中装不下的数据，只能放到外部存储设备，比如硬盘上了。硬盘的容量要比内存大两到三个数量级，今天 16TB 的硬盘已经很便宜了。但是从硬盘上访问数据时，数据传输速率比内存低两个数量级左右[1]，这还是大量顺

---

[1] 2020 年最快的硬盘 Seagate Exos 16TB Enterprise HDD X16 SATA 只能做到 0.75GB/s 的传输速率。

序读取数据的速度。如果只从硬盘上读一个数要多少时间呢？它的延时大约在 10 毫秒 [1]，这就是前面提到的数据访问的准备时间，它不随读 / 写数据的多少而变化。10 毫秒和不到 1 纳秒的 L1 缓存读取时间相差了 7 ~ 8 个数量级，也就是 1 000 万倍以上，即使和内存相比，也相差了 5 ~ 6 个数量级。由此可见硬盘不仅存取速度慢，而且只适合大批量顺序读 / 写数据，准备一次读取或者写入一大批数据。

计算机的存储系统本身是快速发展的。如果我们在 20 世纪 80 年代之前谈论存储的问题，不会谈到缓存；如果在 90 年代中期之前谈论这个问题，不会谈到第二级高速缓存 L2；如果是在 21 世纪初谈论这个问题，到此就可以结束了。但是在过去的 10 多年里，云计算有了长足的发展，今天在外部存储之后又多了一级云存储。云存储背后是大量的磁盘阵列，但是它的数据访问和传输速率受限于网络，而网络传输速率又要比服务器内部慢一个数量级。未来软件工程师在编程时，常常要考虑云存储对传输速率的影响，而不能简单地假设所有的数据在同一台服务器上。

从上面的分析可以看出，计算机的存储系统分了很多级，这在计算机的系统结构中被称为存储器层级。我们将它们整理到图 7.4 中。当然，计算机的存储系统还可能包括固态硬盘（SSD）、光盘等，我们都省略掉了，因为省略掉它们不影响我们对计算机存储系统的理解。

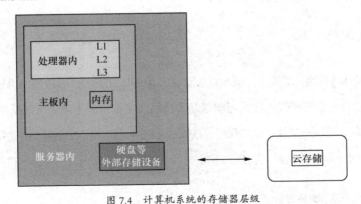

图 7.4　计算机系统的存储器层级

---

[1]　这个时间主要花在了在硬盘上定位数据所在的位置上，即所谓寻道时间上。

在存储器层级中，缓存和内存支持随机访问，而外部存储设备和云存储只适合顺序访问，而且每一次读/写的量需要很大才能有效率。这种分层次设计计算机存储系统的方法，除了追求综合的性价比，也受物理空间和逻辑空间的限制[1]。在这种情况下，一个计算机工程师能做的，就是了解存储器的层级和它们的特点，让自己写的程序能够利用这些特点，做到效率最高。

7.2.2 两个真实的案例

下面就用两件曾经发生在我身边的真实事件，来讲讲一个普通计算机工程师所能创造的奇迹，或者带来的灾难。

第一件事发生在 2008 年前后。当时我负责 Google 的搜索提示项目，即根据用户输入的部分搜索关键词提示完整的搜索关键词串，比如输入 nba 时，在搜索框中会显示"nba standings"（排名）、"nba scores"（得分）等，如图 7.5 所示。

图 7.5 根据部分搜索关键词提示完整的搜索关键词串

大家可以看出，这其实是我们前面讨论的单词二元组的扩展应用，也就是根据二元组的第一个单词列出后面可能跟随的词组或者短语，当然它可以使用 N 元组（N-grams），而不一定非得是二元组。从算法上来讲，统计出 N 元组，并对每一个前缀（已经输入的搜索关键词部分）给出一个相关的词组或者短语的列表，这并没有什

---

[1] 任何处理器和外界通信时，对于能够直接访问的存储单元，地址编码的宽度是有限的，这就是在逻辑空间上的限制。比如 16 位处理器能够直接访问的存储单元只有 64KB，32 位处理器的只有 4GB。

么特别复杂的地方。但是，如果在工程上实现得不够巧妙，要用很多服务器才能向数十亿的用户提供这个功能。

我当时做完实验，就将产品化的任务交给了两个年轻的工程师，两个人很快实现了产品化的代码，但是和分配服务器资源的团队一开会，对方就说你们占用的资源太多了。

我委派了一个资深的工程师去指导这两个人找原因，他们利用一种 profile 性能分析工具 [1]，发现查找 N 元组时占据了 90% 以上的运行时间。为什么这些简单的操作如此费时呢？主要的原因是 N 元组的列表非常大，只能存在内存中，不可能都放在高速缓存中。

我们通过前面的讲解知道，计算机处理器的使用效率决定于高速缓存被高效使用的情况。如果缓存命中率太低，总要不断访问内存，那么假设处理器原本每秒能执行100 亿条指令，实际上可能只执行了 10 亿条。而搜索提示这种服务恰恰不具有局部性，因此通常会让高速缓存的命中率变得很低。至于为什么它不具有局部性，我们不妨看一看实际的应用场景。

假设有三名用户同时在使用搜索服务，他们查找的关键词各不相同，这三个搜索服务送到了同一台服务器上，会发生什么事情？

我们假定一开始张三键入了字母 n，服务器要在内存中做一次查找，同时把以 n 开头的频率最高的十几个词组或者短语从内存调到高速缓存中。接下来，他键入了 b，以 nb 开头的高频词组或短语和之前以 n 开头的是不同的，于是在缓存中查找失败，不得不回到内存中查找，当然计算机还会花额外的时间置换缓存里的内容。再接下来，李四键入了字母k，相应的提示肯定在缓存中也没有，再次未命中。等一会可能王五又键入了一个 n，但是以 n 开头的词组和短语已经被置换出了缓存。总之，缓存经常处于未命中的状态。

找到了问题所在就有解决问题的可能。显然解决问题的关键在于提高缓存的命中率，为此那个资深的工程师指导两个年轻人做了两个不大的改进。第一个改进是根据用户的输入，将他们引导到不同的服务器中，每一台服务器存储以不同字母开头的短

---

[1] 这个工具可以显示出一个系统中每一部分的运行时间占总运行时间的比例。

语，这就能提高缓存的命中率。第二个改进是根据用户在历史上搜索不同关键词的频率，将最常见的短语做成很小的模块，能够适合高速缓存的容量，剩余的短语做成第二个非常大的模块。在查找相关的短语时，只有当第一个很小的模块未命中时，才查看第二个模块。这其实是根据特定任务做了一个简单的高速缓存管理系统。这样一来，相关搜索查找的速度提高了一个数量级，最后节省了 80% 的服务器，大约是 800 台。当时在 Google 内部，800 台服务器一年的使用费用大约是 80 万美元。也就是说这三个工程师大约两周的工作，创造了 80 万美元的价值。

在一个企业内，虽然平庸的工程师也能实现某一个产品功能，但是他们做的产品可能要耗费非常高的成本，而优秀的工程师则能极大地降低成本。这样的两个人放到一起，他们的竞争力和升迁的机会都有很大的差异。另外，一家企业选用一流的工程师，看似要多付出一些工资，但是他创造的价值要远超出那点工资的差异。**从个人的角度讲，一个工程师能否成为一流的工程师，要看一开始是否有人引领他按照正确的方式做事情。**前面提到的两个年轻的工程师中的一个，现在成了中国某知名大企业里职级最高的工程师（大约相当于三级），而当时他只能算是 4.5 级的工程师。

上述提高缓存命中率的方法在 Google 的很多服务中都被采用，比如在语音识别和机器翻译中，也是根据某一个词的不同来安排 N 元文法模型的存放位置的。

第二个例子是一家做云计算的公司早期发生的事情。当时公司利用 Hadoop 开源软件搭建的云计算系统效率非常低。公司的一些技术骨干就向我咨询，我一听就发现他们对于存储的理解完全不到位，比如他们花了很大的精力提高云存储中的文件系统的随机访问效率。我明确地告诉他们，这件事做不到，各种云存储中的文件系统，比如 Google 的 GFS 或者 Hadoop，都是为了解决一台服务器无法存下海量数据而设计的，根本不是为了随机访问而设计的。这就如同在磁盘上访问一个数据，不可能做到和内存同样快。如果他们需要提高大量数据随机访问的效率，就需要用类似 Google 的 BigTable 这样建立有索引的，而且大量内容存储在内存之中的云计算工具。后来我给该公司推荐了一名 Hadoop 的主要开发者负责他们的云计算业务，这个资深的工程师加入公司后，根据业务的要求调整了他们的开发目标，解决了所遇到的主要问题。但是由于前一位主管一度带领大家在错误的道路上走了一年多，该公司白白浪费了近两年的宝贵时光。这位主管虽然被放在了总负责人的位置，但是水平顶多能算是四级，而他的继任者的水平至少是三级。

由此可见，工程师之间看似只是一点点水平的差异，但如果他们所从事的工作恰好要用到这一有差异的技能，就会直接关乎成败，而不仅仅是好那么一点点或者差那么一点点的问题。

要点

计算机的存储系统是分层次的，越靠近计算单元，容量越小，访问时间越短；越远离计算单元，容量越大，访问时间越长。计算机存储系统应做到能够兼得外围海量存储设备的容量，同时在大部分情况下按照内部快速存储器的速度访问数据。

思考题 7.2

很多计算机操作系统允许在内存不足时使用硬盘作为虚拟内存，但是硬盘的访问时间是内存访问时间的 1 万倍。我们假定采用第 7.1 节给出的算法，用一台服务器统计 1TB 数据的二元组需要 4 小时，其中统计本身的时间占了 1/3，归并和分割占了 2/3。假如我们用一个哈希表一次性统计出整个语料库的二元组频率，用硬盘做虚拟内存，需要多长时间才能完成？（★★★☆☆）

7.3 索引：地址 vs. 内容

如果一些数据本身是顺序存储的，而我们又想快速找到或者修改相应的内容，该怎么办呢？最常见的办法就是建立索引。

索引最初来源于学术著作。我们要从书中找到相应的内容，通常的办法就是翻目录。但是很多时候仅从目录标题无法了解内部的内容，于是很多时候大家只好从头到尾翻书。如果没有读过这本书，不熟悉里面的内容，就需要从头到尾浏览一遍。这其实就是计算机中的顺序查找。后来，负责任的作者为了方便读者查找书中的内容，就会把书中主要的内容根据关键词做一个索引，附在书的后面，这样就可以根据索引找到内容所在的页码，顺序访问就变成了随机访问。

在计算机中，索引是将原本需要顺序访问的内容变成可以随机访问的最常用工具，比如对于表 7.1 所示的一个数组，既可以随机地访问数组的第五个元素（数值为 0），也可以将其第二到第七个元素顺序读出来，或者在这些位置顺序写入新的数值。但是要想找到 7 这个值，或者把小于 5 的值都取出来，就只能顺序访问这个数组的所有数据，代价很大。这一类问题其实在计算机中很常见，比如某个地区在征兵时要找出 18 岁到 40 岁的应征者。

表 7.1　未排序的数组

序号	1	2	3	4	5	6	7	8	9	10
数值	5	2	8	7	0	7	10	0	−2	−5

在计算机中，解决这个问题最常见的方法就是根据内容建索引。比如对于上述数组，可以建立如图 7.6 所示的索引。

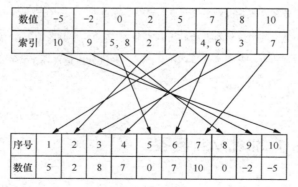

图 7.6　索引指向数值的位置

在这个索引中，我们找到某一个数值就可以通过索引值找到它在原数组中的位置。其中 0 和 7 出现了两次，因此索引中需要给出它们全部的位置。为了方便找到特定的值，我们通常有两种建立索引的办法。一种是像图 7.6 中的索引那样，按照被索引的内容（比如数值）排序，这样的索引可以通过折半查找，经过 log N（N 为被索引内容的数量）次查找，找到相应内容的位置——即使有 10 亿个数据，进行 30 次折半查找也能找到[1]。另一种则是利用哈希表建立索引，这样可以在 $O(1)$ 的时间复杂度内找到相应的内容。

上述两种建立索引的办法各有优缺点。哈希表容易实现随机访问数据，但很难根据所查询的内容（比如数值）实现顺序访问。而有序索引则相反，容易实现顺序访问，但是如果只访问一个数据，则需要进行折半查找。

比如，我们要想找到一定范围内所有的数值，哈希表就不管用了。对于表 7.1 中的数组，想要找到所有范围在 −3 到 4 之间的数值，则难以用哈希表的索引来查找。比如，我们根本不知道 −1、1 这样的数值是否存在于数组中。如果将 −3 到 4 之间的整数都试一遍，就要做很多无用功；如果数据不仅可以是整数，还可以是小数，连试都试不过来了。这种情况只能使用顺序访问哈希表中所有内容的方法，这个成本就太高了。但是如果使用图 7.6 中那样的顺序索引，可以先通过折半查找找到 −3 的位置。虽然这个值不存在，但是我们知道起始的边界应该划在 −2 的位置。接下来我们要确定终止的边界 4，这个值在数组中也没有，但是我们知道终止的边界在 2 和 5 之间，并且根据条件确定为 2。于是我们从 −2 到 2 扫描索引，就可以找到全部符合条件的数据。

今天大家使用的搜索引擎在建索引时，都是用关键词建立一个哈希表，这样能保证迅速找到包含该关键词或者几个关键词的网页和网站。但是要想在搜索引擎中寻找股价在 10 元到 30 元之间的全部股票，则是一件很困难的事情。

2012 年我回到 Google 时，尤斯塔斯问我能否做到这件事，我做了一些简单的研究后回复他，以 Google 以及其他任何一家公司搜索引擎的存储方式来看，做这件事的成本都太高。当然，如果对于某一类流量很大的搜索，值得按照关键词的数值建立一个特殊的排好序的索引，比如对于各家基金，以它们的回报率为关键词建立一个索引，就可以确定一个范围所有符合条件的基金。但是如果要全面解决这一类问题，比如查找质量在 10 千克到 40 千克之间的动物、每百公里（术语为千米）油耗在 4 升到 8 升之间的

---

[1] $2^{30} > 10$ 亿。

汽车、NBA 运动员在单场得分最高的 10 个记录等，就非常困难了，毕竟不可能为每一类问题建立一个特殊的索引。直到今天，世界上还没有哪家公司提供这个看似并不困难的服务。

在计算机领域很多看似简单的事情，真要在工程上实现则颇为困难，比如在一定的范围内查找信息。另外，一些看似复杂的事情实现起来反而容易，比如人脸识别和视频比对。

像人脸识别这一类问题，我们通常称之为直接使用内容检索（content based search）或者匹配。这些问题的难点在于如何将不同的内容变成可以检索的特征。如果不同的内容经数字化处理后得到的特征都差不多，那就无法分辨了。反过来，对于同一个目标的不同变种，比如同一个人的不同照片，我们希望能够得到相同的特征。这两件事能否办到，就决定了能否实现内容检索。

早在 2003 年，我们就在 Google 内部讨论过能否进行人脸识别。当时的问题是，一个人只要将脸转过 5 度得到的特征就完全不同了，因此无法根据照片匹配人。后来随着人脸 3D 模型技术的完善，人脸转 30 度也照样能识别了，因为那时对人脸抽取的特征不同了。实际上人脸特征抽取的瓶颈一旦被突破，看似复杂的问题反而解决起来很容易。不仅人脸可以识别，任何相似的照片都可以通过识别和比对挑出来。

由于根据内容直接匹配查找信息或者确定目标对使用者来讲最方便，因此今天很多信息的存储也是以内容为索引进行的。今天 Google 的搜索引擎中索引了几万亿张图片，我们可以根据某一个人的某张图片找到其相关图片，或者根据某张风光照找到类似的风光照，而且搜索的速度非常快，这其实就是根据内容将图片进行了索引的结果。这件事看上去要比找到所有的每百公里油耗在 4 升到 8 升之间的汽车难得多，却在几年前就做得很好了。这两个问题难易的关键在于是否有办法建立有效的索引，从存储器中访问到想要找的内容。

如果我们将存储做一个通俗的描述，就是将数据编上号，顺序放在存储空间中，或者按照编号放在相应的地方。当然它的逆过程就是从相应的地方把数据取出来。在计算机中，不仅数据需要编号存放和访问，很多时候设备也需要如此。比如我们可以把打印机编号为 001，键盘编号为 010，显示器编号为 011，互联网端口编号为 100，等等。这些编号也被称为地址，和存储的地址性质相同。这些设备的访问和存储的访问也有类似的特性，其中一些技术甚至是相通的，只是限于篇幅，我们将这部分细节省略了。

要点

对顺序存储的数据实现随机访问常用的方法就是建立索引。

思考题 7.3

如果我们想要提供一个特殊的搜索服务——找出 NBA 历史上三分球命中率在 23%~32% 的人，如何建立索引？（★★★★☆）

● 结束语 ●

数据的存储是计算机科学重要的一部分。**虽然今天很多从业者不理解存储的细节也能编写程序，但是水平无法突破四级。打造一款好产品离不开对相应的技术以及计算机的存储特性的透彻理解。**理解计算机存储结构的细节可以给从业者带来两个同行不具备的优势。第一个是能够达到别人达不到的水平，比如我们前面讲到的通过改进数据的存储和访问方式，节省 80% 的服务器。第二个则是让自己具备其他人不具备的判断力：比如有些事情看似困难，但是只要突破瓶颈就能迎刃而解，像用内容来匹配的问题；而有些事情看似容易其实在工程上很难实现，这也是受限于计算机存储的特点。

在存储中，重要的是弄清楚随机访问和顺序访问的关系。很多时候，顺序访问的效率要比随机访问来得高，但是在应用中大多数场合需要进行随机访问。因此，计算机程序设计的艺术就在于能够将一部分原本需要随机访问的问题，变成顺序访问能够解决的问题。

附录　利用 $x\&(x-1)$ 计算 x 中所包含的 1 的个数

假定 $x=x_1,x_2,x_3,\cdots,x_N$，最右边的 1 是 x_i，因此 $x=x_1,x_2,\cdots,x_{i-1},1,0,\cdots,0$，并且 $x-1=x_1,x_2,\cdots,x_{i-1},0,1,\cdots,1$。于是，$x\&(x-1)=x_1,x_2,\cdots,x_{i-1},0,0,\cdots,0$，其中 1 的个数比 x 少了一个。当 $x\&(x-1)=0$ 时，说明 x 中不包含 1 了。

我们把上述想法变成下面的算法：

```
1   count = 0; // 1的个数设置为 0
2   while ( x&(x-1) ≠ 0 ) {
3     count ++;
4     x=x&(x-1);
5   }
```

第 8 章

并行与串行——流水线和分布式计算

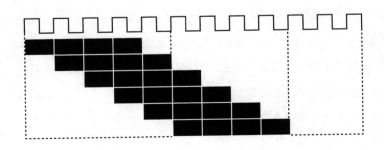

串行和并行是计算机中的一对矛盾，其实它们都是为了提高计算机的性能。一方面，很多为了串行而设计的系统结构，需要由并行的部分来完成；另一方面，很多并行的系统，中间免不了串行的步骤。这一章，我们就通过计算机处理器的流水线和云计算的 MapReduce 工具来理解一下两者之间这种有趣的关系。

8.1 流水线：逻辑串行和物理并行

流水线的思想不仅被用于现代计算机处理器的设计，而且也是计算机系统设计和很多产品设计的核心思想。我们还是以相对简单的精简指令集计算机（RISC）处理器内部的流水线为例来说明这种思想的本质。另一类处理器，即以英特尔为代表的复杂指令集计算机（CISC）处理器也用到流水线，只是结构比较复杂，我们就省略了。

假如我们要让计算机做一个简单的加法运算 $z=y+5$，也即从内存中的某处取出数字 y，加上 5 之后，结果 z 送回内存的另一个地方。今天标准的 RISC 处理器，比如所有手机使用的 ARM 处理器，都会把上述操作变成三条指令，如表 8.1 所示。

表 8.1　计算 $z=y+5$ 依次执行的三条指令

指令	说明
LOAD RS，y	把 y 从内存中取出放到寄存器 RS 中
ADD RD，RS，5	将寄存器 RS 中的数字与 5 相加，结果放到寄存器 RD 中
STORE RD，z	把 RD 中的结果存到 z 在内存中的位置

为什么一个加法运算变成了三条指令呢？因为计算机的处理器不能直接对内存（包括缓存）中的数据进行操作，只能操作与处理器直接相连的几十个被称为寄存器的存储单元。数据在运算之前，要先从内存里读出放到寄存器中，而操作完成之后则通常要写回内存中保存。当然，读取的数据可能在缓存中，也可能在硬盘上，为了描述简单起见，我们就假设所有的数据都在内存中。

处理器每执行一条指令，都要做这样一些事情。

1. 取出指令（取指）。回顾一下图灵机的原理，可以知道计算机的运行就是从某一个存储单元内取出一条指令，然后分析指令的内容，决定该如何操作。因此取出指令这个步骤省不了。

2. 分析指令。这一步的必要性也很容易理解，取出一条指令，我们需要分析才知道它要做什么。比如在表 8.1 中，某条指令是读取数据，还是做加法。

3. 执行指令。这一步显然也是需要的，它是我们建造计算机的目的。不过不同的指令在这一步做的事情不同，比如表 8.1 中的加法指令 ADD 和读取指令 LOAD。加法指令就是把寄存器中的数据相加，然后存到另一个寄存器中（当然也可以存到原来的寄存器中，更新原来的内容）。再比如读取数据的操作，这个时候要计算被读取数据在内存中的具体位置。而写回内存的操作则要计算待写入内存单元的地址。

4. 如果是读取数据，则要真正访问内存，把数据读到寄存器中。

5. 如果是写回数据，则要将寄存器的数据真正写回内存的相应位置。

这里还漏了一类指令，就是逻辑判断，它们运行时的原理和上述指令差不多。

从上面的分析可以看出，RISC 处理器运行起来主要就这五个步骤。

任何一条指令在执行时，上述步骤要一个一个地完成。比如只有先取出指令，才能分析指令，才能进入执行步骤。于是，运行一条指令就可能需要最多五个时钟周期，也就是时钟跳动一下，完成一个步骤。在这五个时钟周期中，只有当前正在进行中的步骤所使用的电路是工作的，剩下的电路都被闲置了，这就造成巨大的浪费。

那么有没有办法加速上述过程呢？早期计算机设计者只知道提高时钟频率。到了 20 世纪 50 年代末 60 年代初，IBM 的科学家想到了流水作业的方法，提出了计算机流水线的概念。关于流水线，大致的想法是这样的。

假定计算机正在执行当前的指令，这时分析指令的电路就空闲了，我们让它分析下一条指令，然后让取指令的单元取再后面的一条指令。类似地，还可以把从内存读 / 写数据的电路利用起来，这样所有的电路都忙了起来。图 8.1 显示了处理器中流水线工作的过程，横向是时钟周期，纵向是指令。在第一个时钟周期，第一条指令开始取指；第二个时钟周期，第一条指令进入分析状态，第二条指令还是取指；第三个时钟周期，第一条指令进入执行状态，第二条指令进入分析状态，第三条指令开始取指。在第五个时钟周期之后，同时有五条指令在流水线的某一个阶段运行。

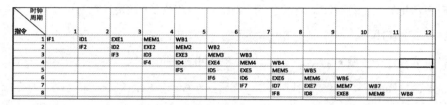

指令＼时钟周期	1	2	3	4	5	6	7	8	9	10	11	12
1	IF1	ID1	EXE1	MEM1	WB1							
2		IF2	ID2	EXE2	MEM2	WB2						
3			IF3	ID3	EXE3	MEM3	WB3					
4				IF4	ID4	EXE4	MEM4	WB4				
5					IF5	ID5	EXE5	MEM5	WB5			
6						IF6	ID6	EXE6	MEM6	WB6		
7							IF7	ID7	EXE7	MEM7	WB7	
8								IF8	ID8	EXE8	MEM8	WB8

图 8.1　流水线各条指令运行状态示意图

那么流水线能让处理器的效率提高多少呢？从理论上讲，我们把流水线分成多少个步骤就能提高多少倍。具体到标准的 RISC 处理器，由于所有的操作被分为了上述五个步骤，因此它的理想状态是效率能提高五倍。

计算机中流水线的运行从表面上看是串行的，和汽车生产线上的流水线没有什么区别，但是无间隙串行能够执行下去的原因，是处理器在硬件上是并行的，也就是说它有足够多的硬件来同时完成不同的功能。

要点

逻辑上串行的任务可以通过流水线来完成，但要求有物理上并行的电路支持。

思考题 8.1

在程序的指令序列中，如果遇到下面这种 if-then-else 的分叉情况：

```
1  if (x>0)
2    then {…}
3    else {…}
```

在执行了判断 x 是否大于 0 的条件指令后，接下来执行哪条指令是未知的，要根据条件指令执行的结果而定。处理器流水线预取的指令可能是错的，需要放弃，并重新取指令，这就会造成流水线的停滞。结合图 8.1，分析一下它会损失多少指令周期的时间。如果每 20 条指令遇到一条上述判断指令，流水线的效率会下降多少？如果知道指令中"x>0"成立的概率不到 50%，如何在编译时利用这个信息，减少流水线停滞所带来的效率下降？（★★☆☆☆）

8.2 摩尔定律的两条分水岭

从 1965 年摩尔博士提出摩尔定律开始，处理器的性能就以每 18 个月提高一倍的速度翻番增长。对于摩尔定律，非行业内的人了解到这一点就足够了，但是对于计算机行业的从业者来讲需要多了解两条分水岭。

第一条分水岭是 2000 年左右。在此之前，提高处理器性能有三条途径，即提高工作频率、增加处理器的位数以及提高处理器的复杂程度。从 20 世纪 70 年代到 2000 年，处理器的工作频率已经从不到 1MHz 提高到了 3GHz 以上。与此同时，微处理器从当时的 4 位（英特尔 4004）增加到了 64 位。2000 年，随着英特尔 64 位的奔腾 4 NetBurst 处理器的推出（最高工作频率为 3.7GHz），工作频率的提升已经到头了，毕竟电磁波传播的速度是有限的，同时处理器的位数也到头了。

今天我们使用的个人计算机，绝大多数处理器的工作频率并没有超过 2000 年的水平，而且用的依然是 64 位的处理器。因此，在 2000 年之后的 10 多年里，处理器性能的提升只能靠将更多功能集成到处理器中，比如在一个处理器中装入多个核，在一个核中装入多个计算单元。至于专门从事图形计算的 GPU（采用的也是 RISC 架构），里面的内核数量就更多了。实际上今天的处理器本身已经是一个小规模的并行系统了。这时如果一万条指令还是一条一条地执行，高度并行的硬件就不能充分发挥其功效。这就要求我们把一个完整的计算任务先拆成若干个必须串行执行的部分，但是每一部分中间可以有一些任务并行执行。也就是说一个程序的流程从图 8.2（a）所示的结构变成图 8.2（b）所示的结构。

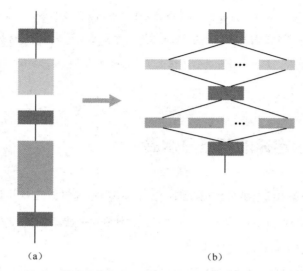

（a）　　　　　　　　　　　　（b）

图 8.2　将完全串行的指令执行过程变成部分并行的过程

如今，对于单机（一台服务器上）运行的程序，上述并行化的过程大部分是由操作系统完成的。不过，集成电路的密度不可能无限增加，一个芯片内并行的单元数量也不能无限多。这一方面是因为集成电路内部元器件的尺寸在接近原子的极限；另一方面是因为集成度过高之后，绝大部分能量浪费在发热而非处理信息上。因此简单通过增加集成度提高处理器性能的做法这几年已经行不通了。这就迎来了摩尔定律的第二条分水岭。

第二条分水岭就发生在最近几年，特别是 2016 年之后，其标志就是整个半导体行业从单纯追求处理器的绝对性能，变为了追求处理器单位能耗所能提供的计算量，也就是相对的性能。2016 年，英伟达利用（八片）它所设计的针对深度学习算法的处理器 Tesla GP100，搭建了一台只有普通台式计算机大小的超级计算机，对于深度学习算法，它单位能耗的计算能力比过去的服务器提高了近两个数量级。当然，如果我们将它和通用服务器相比就有点像拿橘子和苹果对比，但是在某个特定任务上，其处理器和建立在处理器之上的系统显然更有效。英伟达能做到这一点，其实是针对特定算法增强了处理器芯片中的某些功能，减掉了不必要的、为运行通用任务设计的

电路。值得指出的是，英伟达的深度学习处理器是高度并行的，每台处理器里面有
3 000 多个内核。

沿着专用设计的思路，如果进一步细化处理器所需要解决的问题，还能再提高单位能
耗处理器的性能。还是 2016 年，Google 推出了特别针对深度学习算法中 TensorFlow 算法的
张量处理器（TPU），相比英伟达的"通用"深度学习芯片，TPU 单位能耗的性能又提升了
两个数量级。当然，英伟达觉得这是苹果和橘子相比，不过它和英特尔处理器的对比也是
如此。但不管怎么样，当摩尔定律越来越接近于半导体的物理极限时，针对算法设计处理
器便势在必行了。事实上，也就是在 2016 年前后，比特币被热炒，就有不少公司为了挖矿
而设计了专门的处理器，它的单位能耗计算能力也比一般 GPU 要高出 1 ~ 2 个数量级。

针对特定算法的芯片并非本书讨论的重点，接下来我们还是将关注点收回到今天
并行处理主要的应用领域——云计算上。

要点

并行计算通过增加更多相同的硬件达到缩短计算时间的目的。在理想情况下，计算机性能
的提升和硬件增加的倍数成正比，但是通常并行计算都达不到这样的效果。

思考题 8.2

如果在一个大计算任务中 80% 的任务可以通过并行计算加速实现，那么增加 100 倍的硬
件，能够把计算时间缩短多少？你能否画一张计算时间和硬件增加倍数之间的关系图？
（★★☆☆☆）

8.3　云计算揭密：GFS 和 MapReduce

如果单台服务器的性能难以进一步提升，我们最容易想到的方法就是使用多台
服务器一同来完成单台服务器无法完成的大任务。当然，并非所有的工程师都知道
如何将一个大任务切成小任务放到上千台服务器上运行，因此有必要开发一些通用
的并行计算工具，替大家解决这些问题。这些工具很多成了今天云计算的基础工具，

比如 Google 文件系统（GFS，以及后来的版本 Colossus）和大任务并行计算工具 MapReduce，前者用于解决存储信息的问题，后者用于解决处理信息的问题。

我们先来看一下并行的 GFS。早在 Google 公司成立之前，Google 的两个创始人佩奇和布林在下载互联网上的所有网页构建搜索引擎时就发现，按照那些网页原先的存储方式存储，也就是一个网页存到一个文件中，数据的访问效率太低。因为大部分时间被花在了读 / 写数据的准备阶段。于是他们发明了一种"大文件"（BigFile）。这个大文件在逻辑上将所有的网页放到了一个文件中，在物理上它以 64MB 的大小为一个单元，将逻辑上的一个完整的大文件存成很多个小文件，每个文件被称为一个"大块"（chunk），如图 8.3 所示。

图 8.3　用一个大文件存储很多原始网页

为什么是 64MB 这样一个今天看起来很小的尺寸，那是因为在 20 世纪 90 年代中期，这么大的块能一次性读到内存中。有了大文件，建立互联网索引的工作其实就是图 8.4 所示的一个流水线。

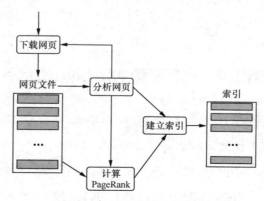

图 8.4　建立互联网索引的流水线

一方面，下载的数据不断写入硬盘，每 64MB 就形成一个大块；另一方面，大文件中一块块的数据被读出来，进行分析网页、建立索引以及计算各个网页 PageRank 和其他特性的工作，整个过程是串联的。当然，正如我们在前面所讲的，能够串行的条件是有很多组硬件支持，这里的硬件主要是服务器，它们有的负责下载网页，有的负责处理网页，有的负责建立索引。

在处理海量的小文件时，采用大文件这种存储方式可以极大地提高磁盘读 / 写的效率，但也有三个不便之处。首先，它是像胡子连着眉毛一样把所有的数据堆到一起，这就如同大家在搬家时一股脑地将房子里的物件都塞进五个大箱子。虽然这在运输时很方便，但是想要找到一只锅就会非常困难。实际上，我们搬家时的场景是，在一头（旧家）将所有的物件塞进箱子，而在另一头（新家）将物件一件件地顺序从箱子里取出，没有人非要先把锅拿出来。使用大文件的场景也是如此，因此这个不便之处虽然限制了它在其他应用场景中的使用，但是并不影响用它建立索引。其次，大文件这种存储方式无法用新内容覆盖旧内容，这就如同所有的物件一旦挤进箱子，你不可能把一只碗拿出来改放进一只盘子。好在建立索引时，我们可以假设这种情况不存在，当某个网页更新了，我们就以某个时间点它的内容为准，即使有新内容也不改了。最后，也是对使用者来讲最不方便的地方，就是这种文件存储方式对使用者来讲完全不透明。使用者需要了解大文件内部每个数据是如何存储的。也就是说，为了使用它，使用者可能需要自己写一些工具。

GFS 是建立在大文件思想之上的，并且二者在逻辑上有很大的相似性。当然它们在实现方式上并不相同。

在 GFS 中保留了大文件大块的概念，但此大块非彼大块。大文件的大块是物理上的实现，比如 chunk1,chunk2,…,chunk1000 对应于实实在在的存储单元，它们在各台服务器上是如何存储的，使用者自己要知道，在处理数据时，使用者还要自己一个大块一个大块地处理。GFS 中的大块更多的是逻辑上的划分，chunk1,chunk2,…,chunk1000 只是为了方便我们使用的逻辑编号，它们存在哪里，使用者不必关心。它们的真实位置和逻辑编号之间有一个映射，这种映射关系由该文件系统的主服务器管理。使用者甚至不需要知道一个大文件里有多少大块，他在使用一个由 1 000 个大块组成的大文件时，感觉和使用一个文件是一样的。此外，GFS 中的大块并没有大小的限制。GFS 中存储大块映射关系的主服务器同那些具体存储大块数据的从服务器的逻辑关系大致如图 8.5 所示，其中主服务器管理一群真正用于存储数据的从服务器（图中深色的模块）。

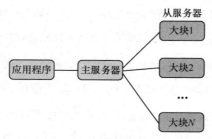

图 8.5　GFS 的逻辑关系

由于大块的逻辑编号和物理位置是分开的，因此 GFS 允许对文件做部分更新，虽然这种操作几乎没有人使用。这样，在使用者看来，GFS 上的大文件和一般操作系统上的文件就没有什么区别了。会使用一般文件系统工作的工程师，就能利用 GFS 编程，处理存储在几千台甚至上万台服务器上的数据了。不过从 GFS 的设计理念可以看出，它依然不是为了随机读 / 写零星数据而设计的，大家在做云计算时要非常清楚这一点，不要试图优化这一类文件系统随机读 / 写的速度。

作为一种文件系统，它必须保证具有很高的读 / 写性能和数据安全性。上述逻辑关系在具体实现时不能简单地采用两级主从服务器的架构，否则主服务器就会成为数据传输的瓶颈。实际上 GFS 的物理结构如图 8.6 所示。

从图 8.6 中可以看出，在 GFS 中每一个文件有多个备份（通常是三个），这样既可以防止数据丢失，也可以增加数据访问的带宽。需要指出的是，在主服务器和文件的数据块之间加入了一层块服务器（Chunk Server），向应用程序提供数据的读 / 写服务，这样主服务器就不会成为瓶颈。为了防止块服务器成为瓶颈，文件在存储时，同一个文件要尽可能地放在不同块服务器所管辖的从服务器中，特别是同一个文件的同一个数据块的不同备份一定要放在不同块服务器所管辖的从服务器中。这样有两个好处：首先是增加可靠性，如果某个块服务器出现故障，不会影响整个GFS；其次是增加读数据的带宽，同一个文件中的不同块可以同时被读出来，而不至于因为块服务器带宽的限制影响了访问数据的速度。不过，这样的设计有一个问题，就是写数据很慢，因为要写很多备份。通常，GFS 读数据的速度和从本地硬盘读数据是差不多的，但是写数据的速度只有单机写数据速度的 1/5 左右。当然这里说的写数据的速度是物理上的速度，在写一个文件时，它的最后一个备份写完整个过程才算完成。由于每台服务器写数据的速度会略有差别，最终写完文件的时间以耗时最长的那个备份写完为准。

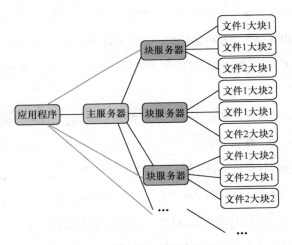

图 8.6　GFS 的物理结构

　　GFS 的优势是能够用大量的廉价服务器，高效率地存储和利用海量的数据，并且对使用者透明。它在设计上有两个非常值得大家借鉴的技巧：首先是将大量零散的数据合并成大数据文件，再分成大数据块存储，以提高数据访问的效率；其次通过并行存储的方式，解决数据访问的带宽瓶颈和数据安全的问题。这些经验值得做系统的工程师借鉴。

在数据能够并行地存储于多台服务器之后，就有可能利用并行的服务器完成原来一台服务器无法完成的大规模计算任务，而像 MapReduce 这样的工具则可以让工程人员很方便地开展并行计算。接下来我们就谈谈如何用 MapReduce 完成上一章提到的统计 1TB 语料中的高频二元组的问题。假定有 1 000 台服务器。

如果可以在每一台服务器上都复制一份完整的原始数据（语料库），这个问题其实很容易解决。我们只要让第一台服务器统计词汇表中前 1/1 000 位置的那些以单词 x 开始的二元组 $<x,y>$，让第二台统计词汇表中 1/1 000 ~ 2/1 000 位置的那些以单词 x 开始的二元组 $<x,y>$……最后让第 1 000 台服务器统计词汇表中最后 1/1 000 位置的那些以单词 x 开始的二元组 $<x,y>$。这就是 MapReduce 中的 Map（映射）过程。

由于每一台服务器统计的结果并无重复，我们直接合并结果文件即可。要想将所有的二元组根据频率从高到低排序，只要让每一台服务器得到的结果先排好序，然后采用归并排序中的归并步骤完成合并即可。这就是 Reduce（合并）的过程。

当然，上述过程其实多做了不少重复性的计算，因为每一台服务器都需要把完整的数据读一遍，然后"跳过了"大约 99.9% 的数据。其实完全不必在每一台服务器上存一份数据，只需要在每一台服务器上存全部数据的 1/1 000 就可以了。至于数据可以按顺序划分，在 Map 的过程中，各台服务器从本地直接读取相应的数据即可。接下来，在 Reduce 的过程中，相同的二元组会自动合并出现次数，这就得到了全部原始数据二元组的出现次数。这样，在 Map 的过程中，大约可以将运行时间缩短为原来的 1/1 000。但是在 Reduce 的过程中，依然需要把所有的 1000 份中间结果，也就是从各台服务器上统计出的二元组，在网络中传输一遍，其实比统计本身和归并排序算法更耗时。但总的来讲，采用 1 000 台服务器的速度会比单台服务器提高上百倍。

如果数据量特别大，比如 1PB，本身就需要很多台服务器（比如 200 台）存储原始数据，那么统计二元组的工作就需要做两次 Map、一次 Reduce，如图 8.7 所示。第一次 Map [见图 8.7（a）] 是将各台服务器上的数据各自进行统计。当然为了节省时间，如果有足够的服务器资源，我们可能会用更多的（比如 5 000 台）服务器去统计 200 台服务器中的数据。在图 8.7（a）中，为了简单起见，我们将存储原始数据的服务器简化为两台，将完成统计工作的服务器简化为八台。这样，在那 5 000 台服务器中，就有各自统计出来的二元组。这 5 000 个二元组序列中存在大量重复的。不过遗憾的是，我们无法直接对那 5 000 台服务器中的二元组做 Reduce，因为它们数量太多，没有哪台服务器能容纳全部的二元组。退一步讲，即使我们用少量服务器合并，效率也太低。因此我们需要对每一台服务器上的二元组根据 <x,y> 的序号排序，序号小的都放在前面，序号大的放在后面，如图 8.7（b）所示。这一步完成之后，接下来是 Reduce 的过程中，按照 <x,y> 的值，将各台从服务器上的二元组送到不同的服务器中进行归并。比如在 100 台服务器中进行归并，也就是 Reduce 的过程，那么可以将 x 序号在前 1% 的二元组送入第一台 Reduce 的服务器，x 序号在前 1% ~ 2% 的送入第二台……最后将序号在最后 1% 的送入最后一台，也就是第 100 台，如图 8.7（c）所示。在图 8.7（c）中，为了简单起见，我们只显示了两台归并服务器（最右边的）。这样，在不同的服务器中合并得到的二元组就不会有重复元素。这 100 台服务器的结果就一同构成了一份完整的最终结果。当然，为了减轻这 100 台归并服务器的计算压力，我们将上述步骤分为两步。第一步是采用很多台服务器同时做归并，如图 8.7（c）所显示的中间步骤；第二步是把归并的结果进一步合到少数服务器中，这一步其实是用计算资源换时间，可以视资源情况决定是否进行。

实际上，Google 机器翻译用到的语言模型就是用上述步骤获得的。它是一个五元文法模型，因此统计的是五元组，五元组的数量要比二元组多很多，本身就需要几百台服务器来存储。图 8.7（c）所显示的中间步骤在归并的过程中可以有效减少计算时间。

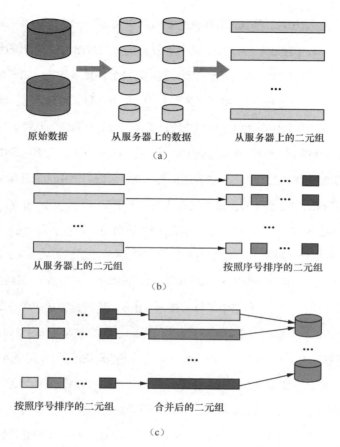

原始数据　　从服务器上的数据　　从服务器上的二元组

（a）

从服务器上的二元组　　　　　　　按照序号排序的二元组

（b）

按照序号排序的二元组　　合并后的二元组

（c）

图 8.7　用 MapReduce 对海量语料库进行统计

最后我们分析一下上述算法的时间和空间复杂度。在时间上分为两部分，一部分是计算时间，另一部分是数据在网络上的传输时间。计算时间基本上是读 / 写磁盘的时间。

首先，将数据从 100 台服务器复制到 2 000 台服务器中。假定全部数据量为 D，存储原始数据的服务器每台要读 $D/100$ 的数据，工作的服务器每台要写 $D/2\ 000$ 的数据，显然瓶颈在读一方。由于读数据、网络传输和写数据是通过流水线串行进行的，故最终的时间取决于这三者的瓶颈，也就是网络传输时间，我们把它记作 $T_{net}(D/100)$，

可以先将读 / 写的时间都省略掉。

接下来，在每一台从服务器上统计 N 元组的频率，主要时间花在读数据和写结果上。由于结果文件要比原始数据文件小，因此它基本上就是复制一次数据的时间。由于有 2 000 台服务器一同工作，这个时间与 N/2 000 成正比，记作 $T_{diskcopy}(D$/2 000)。

随后，在每一台从服务器上排序的时间相当于再复制一遍结果数据的时间，即不超过 $T_{diskcopy}(D$/2 000)。当然，如果内存放得下，可以省去这一次复制的时间。

最后，在图 8.7（c）所显示的归并过程中，由于每一台从服务器上的二元组已经排好序，归并本身花的时间不多，主要时间花在网络传输上。我们假定不省略中间的步骤，用 2 000 台服务器做第一次的归并，网络传输时间为 $T_{net}(D$/2 000)。接下来第二次归并时，由于从服务器的二元组不会重复，归并就是直接复制。这个过程花费在网络传输上的时间为 $T_{net}(D$/100)。如果省去中间的一步归并，相应的网络传输时间 $T_{net}(D$/2 000) 也省去了，当然归并计算所花费的时间要多一些，就看哪一个更合算了。但总的来讲 $T_{net}(D$/2 000) 相比 $T_{net}(D$/100) 是零头。至于从磁盘上读 / 写，由于这个过程和网络传输能形成流水线，我们可以认为不占用额外的时间。

将这些时间全部加起来，就是

$$2T_{net}(D/100)+2T_{diskcopy}(D/2\ 000)+T_{net}(D/2\ 000)=O(D) \qquad (8.1)$$

从这个分析可以看出利用 MapReduce 进行并行计算，主要的时间花在了网络传输和磁盘备份上。由于上述过程是对数据的顺序访问，访问的速度基本上能达到网络的传输速率上限和磁盘的带宽。

至于空间复杂度，由于统计出来的二元组数据大小不会超过原始数据，而且越合并越小，因此其上限就是原始数据的大小，即 $O(D)$。

最后我们对基于并行存储和并行计算的云计算做一个总结。对于某些任务，如果可以将它们划分成很多相互独立的子任务，就有可能将这些子任务分配到多个并行的计算资源中并行处理，以节省时间。这一步划分我们称之为纵向划分。从理论上讲，如果我们能将任务划分为 K 份，就能将时间缩短为原来时间的 $1/K$。

无论是原先的大任务，还是子任务，都有可能被分成若干个互不干扰的步骤，当然每一个步骤的运行依赖于上一个步骤的结果。这些步骤可以通过流水线的方式进行。假如任务可划分为 M 步，只要有足够多的硬件支持流水作业，就可以把时间缩短为 M 步中处于瓶颈的那个步骤的运行时间。这样我们不仅通过并行和串行大大提高了计算速度，而且能够让计算机系统处理超大规模的计算问题。与此同时我们也能看到，一个大任务的运行时间其实取决于处于瓶颈上的那些步骤所需要的运行时间。因此任何针对系统的改进，都需要首先解决位于瓶颈处的问题。

要点

并行存储要考虑两个因素，一个是通过多个备份的冗余实现容错，另一个是通过主服务器管理好存储数据的从服务器。

并行计算工具 MapReduce 的核心思想是分治，即把大任务分成小任务完成后再合并结果。Map 这一步操作容易实现并行处理；合并的过程，即 Reduce，视情况而定。

思考题 8.3

Q1. 一个 100TB 的大文件在数据中心存了三个备份，如果某一个备份的某处内容和另外两个备份不同，则需要用另两个备份相应的内容更正这个备份。如何快速找到三个备份中这些不一致的地方？我们可以假定这种不一致的情况很少发生，而且不会出现三个备份在某处内容都不一样的情况。（★★★☆☆）

Q2. 阐释一个简单的 Map / Reduce 问题。（CO，★★★☆☆）

● ── 结束语 ── ●

在计算机行业，要想成为一个优秀的系统级工程师或者合格的架构师，必须能胜任一般工程师完不成的任务，能解决那些看似无法用现有条件解决的大问题，也就是说达到三级工程师的水平。而要做到这一点，就需要从业者透彻理解计算机内的串行和并行机制，并按照同样的思路将某个问题分解成串行和并行的部分，然后做到运用之妙，存乎一心。

一个计算机工程师在职业发展的过程中会遇到几个瓶颈，最难突破的瓶颈有两个：一是培养出对信息处理的"感觉"，这种感觉就如同在开车时转弯和踩油门靠的是肌肉记忆，而非大脑记忆一样；二是懂得并且有能力站在系统的角度来考虑所有的应用问题。做到了这两点，基本上就接近了三级工程师的水平。当然它们都需要经年累月的练习，没有一万小时的练习不可能成为好的计算机工程师。但是，简单重复练习一万小时最多是一个更熟练的"码农"，只有沿着正确的方向，经过不断递进的练习，见识逾大，思考逾深，才能完成一次次质的飞跃。

第 **9** 章

状态与流程——等价性与因果关系

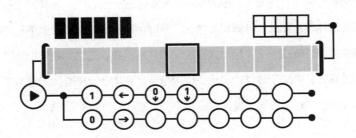

在上一章里，我们谈到了采用计算机解决一个具体的问题，无论问题大小，都是一个按步骤进行的完整流程。在这个流程中，有些步骤可以并行，有些步骤前后依赖，需要串行。如果我们将这个流程用图论中的有向图表示，它大致具有图 9.1 所示的形式。

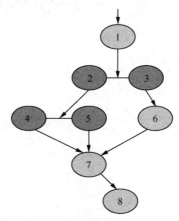

图 9.1 计算机完成任务的流程，深色步骤可以并行，浅色步骤必须串行

在这张图中，深色步骤可以并行，浅色步骤必须串行。比如 1 完成后，2、3 可以同时开始，2 完成之后，4、5 可以同时开始，这就是并行。但是 8 必须等 7 完成之后才能开始，这就是串行。无论是并行还是串行，都需要将步骤分解成相对独立的过程（procedure），这些过程之间彼此不干扰。因此，计算机程序设计其实就是将整个流程分解成一个个并行或者串行的过程。这些过程今天在一些程序设计语言中（比如 C 和 Java）也被称为函数，而在另一些程序设计语言（比如 Pascal）中依然被称为过程。不管是哪种称呼，如果完成任务的整个流程是一张图，它们就是图中的节点。因此，将一个看似很大、逻辑关系很复杂的流程抽象成一些过程，是软件工程师的基本能力。不仅程序设计如此，计算机硬件在工作时也是从一个状态进入下一个状态。将复杂的硬件系统分解成一个个相对独立的状态，然后在状态之间找到相互独立或者前后依赖的关系，就完成了硬件的设计。也就是说，利用计算机解决问题本质上就是把问题分解成独立的状态或者过程。

9.1 从问题到状态

为了方便大家理解如何从具体的问题中提炼出抽象的、能够覆盖很多情况的状态，我们还是先来看一道例题。

例题 9.1　捕鼠策略问题　★★★★☆

有五个彼此相连的格子，里面有一只老鼠，它每天在一个格子里生活，然后第二天搬到相邻的格子中。比如图 9.2 中的老鼠在第二个格子中，它第二天可以搬到第一个或者第三个格子中。我们每天可以打开一个格子的盖子，请问用什么策略打开格子就能抓住老鼠？

图 9.2　五个格子和一只老鼠

这个问题看似一道智力题。如果我们完全凭智力来解决这个问题，那需要极高的智力。实际上，如果我们深刻理解计算机中的"状态"这个概念，这道题其实不难回答。接下来我们就来解答这道题。

在给出答案之前，我先问一下大家，这个问题中老鼠的位置有多少种可能性，很多人可能会说有五种。我再问大家，打开格子有多少种可能性，显然也是五种。这样一来就有 25 种组合。第一天老鼠的位置显然是随机的，我们能够抓住老鼠的情况只有五种组合，即老鼠在第 i 个格子，而我们也恰好打开那个格子，i 可以是 1、2、3、4、5。但这种可能性只有 1/5，对于剩下的 4/5 可能性，既然不清楚老鼠当前的位置，当然也无法预测老鼠第二天的位置，结果到了第二天依然会感到盲目。

很多人试图考虑"假如老鼠一开始在第一个格子中，我应该采用什么策略；假如它一开始在第二个格子中，我应该采用什么策略……"这样一来问题就变得异常复杂，绝不是半小时的面试能够回答清楚的。

事实上，解决这个问题的关键就在于要搞清楚老鼠所有可能的位置可以等价为几种可能的状态。答案是两种状态，即如果老鼠第一天在 1、3、5 这三个位置，第二天一定在 2、4 的位置，不可能在其他位置，然后第三天一定会回到 1、3、5 的位置。也就是说老鼠每天会从一种状态切换到另一种状态，如图 9.3 所示。

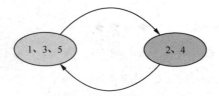

图 9.3　老鼠的位置其实是在图中的两种状态之间来回切换

了解了上述状态切换的关系，我们可以先来解决老鼠第一天处在 (2,4) 状态的情况，再来解决第一天处在 (1,3,5) 状态的情况。

如果老鼠第一天处在 (2,4) 状态，我们在 2、4 之间随便选择一个格子打开，比如打开第二个。如果老鼠碰巧在第二个格子中，我们就抓住它了。当然，如果它在第四个中，我们自然不可能找到它。

第二天，我们打开第三个格子，因为如果老鼠碰巧从第四个格子来到第三个，那就被我们碰上抓住了；如果它第二天去了第五个格子，我们还是没有抓住。但是我们知道第三天它只能回到第四个格子，于是我们第三天在第四个格子等它，一定能抓住它。

如果老鼠第一天没有处在 (2,4) 状态怎么办？经过上述三天的努力，我们肯定抓不到它。但是如果到了第三天还没有抓到它，说明一开始我们的假设错了，它第一天没有在 (2,4) 状态。不过没有关系，因为第一天在 (1,3,5) 状态的老鼠，第四天一定会在 (2,4) 状态。于是我们重复上述操作，第四天到第六天分别打开格子 2、3、4 的盖子，就一定能抓住它。

这个问题实际上是硅谷很多高科技公司的一道面试题，但是并不太常用，因为大部分人答不上来。为什么计算机公司要考这道题？这是为了考查一个面试者是否理解计算机科学的底层逻辑，是否善于把具体问题变成抽象的状态，并弄清楚状态之间切换的关系。

上述问题有多少人能够回答上来呢？我没有完整的统计数据，只问了几十人，在印象中只有三四个人回答得很好，其他人就懵了。当然还有人在瞎猜，那就是纯粹浪费时间。根据我的经验，一道面试题，如果 20% 的人能够回答得很圆满，一半的人经过一些提示和讨论能够找到正确答案，剩下的人做不出来，这样最能区分出面试者的水平，太难或者太容易都不利于筛选面试者。因此，如果你能很好地回答这个问题，至少说明你在对计算机内部状态的理解上高于绝大多数计算机工程师，将来有希望达到三级工程师水平。

接下来，让我们用"状态"这个概念，再回顾一下之前已经多次讨论的 N 元组的问题。这一次不是要统计 N 元组，而是要用它们来构建一个 N 元文法模型（N-gram Model）。

一个 N 元文法模型就是根据一句话中的前 $N-1$ 个单词 $w_{i-N+1}, w_{i-N+2}, \cdots, w_{i-1}$，预测当前单词 w_i 出现的概率。这是一个条件概率，写作 $P(w_i|w_{i-N+1}, w_{i-N+2}, w_{i-1})$。通常在工程上会利用统计方法来估计这个概率，即假定

$$P(w_i|w_{i-N+1}, w_{i-N+2}, w_{i-1}) \approx \frac{\#(w_{i-N+1}, w_{i-N+2}, \cdots, w_{i-1}, w_i)}{\#(w_{i-N+1}, w_{i-N+2}, \cdots, w_{i-1})}$$

其中，$\#(\cdot)$ 代表括号中的字串在文本语料库中出现的次数。

我们讲过，即便是对于二元组来讲，很多组合也不会出现，或者只出现几次，这样并不具有统计上的意义，当 N 等于 3、4 甚至 5 时，绝大部分 $w_{i-N+1}, w_{i-N+2}, \cdots, w_{i-1}, w_i$ 组合出现的次数很少，这样的统计就更不可靠。比如我们遇到这样一句话，"环境对水生动物的影响也远远大于陆生动物"，假如想估算 P（"水生动物"|"环境"，"对"）的概率，这里面所有的词都是常见词，但是"环境－对－水生动物"这个三元组即便是在有 10 亿个句子构成的中文语料库中也出现不了几次。至于像川端康成《古都》开篇的那句"千重子发现老枫树干上的紫花地丁开了花"中，前三个词构成的三元组"千重子－发现－老"，更是除了这本小说，没有第二个地方会出现。这样统计出来

的条件概率就准不了。

那么有什么办法来解决这个问题呢？今天经常用到的一种办法，就是把大量的 $w_{i-N+1}, w_{i-N+2}, \cdots, w_{i-1}, w_i$ 组合合并成一些彼此没有交集的状态。当状态的数量足够少，统计就会变得可靠。比如我们把所有的单词按照它们的词性归类，把"环境""水生动物""千重子"归为名词，把"对""发现"归为动词，把"老"归为形容词。当不能准确统计条件概率 P("水生动物"|"环境","对") 时，可以考虑使用"名词 – 动词"后面跟随水生动物这个词的条件概率，即 P("水生动物"|名词，动词)，显然"名词 – 动词 – 水生动物"在语料库中出现的次数相比原来那个词的三元组要多很多，相应的可靠性也高很多。在估算 P("老"|"千重子","发现") 这个条件概率时，原来的统计数据只是一个个案，如果我们用 P(老|名词,动词) 来近似，可靠性则要高得多，因为在"名词 – 动词"的后面跟随一个"老"字的语言现象很常见。

将不同的词合并为一些具有共性的状态还有一个很大的好处，就是可以极大程度地缩小问题的规模。比如我们用有限状态机（FSM）[1]进行中英文机器翻译时，会把中文的一句话扩展为由相关英语单词构成的网格图，这张网格图的规模非常大，可能短短的一句话就有几十万个节点和几千万条连接节点的边[2]，翻译这样一句话的耗时是难以想象的。但是如果我们将这几十万个节点，根据它们的相似程度归并为少数的状态，只要用几千种状态、几十万条边就能够构建出一张等价的网格图。我们在这样的网格图上计算，时间可以节省 3~4 个数量级。

对于很多具体的问题，需要从各种情况中提炼出共性，将它们抽象为一种状态。在程序设计时，我们常常也要把相似的功能做类似的合并，这样写出来的程序才逻辑清晰，可重复使用。比如在面向对象程序设计（OOD）和面向对象编程（OOP）中，我们通常要把相似的操作合并，抽象成一个新的概念。举个例子，对一个数组进行排序时，需要对其中的元素比大小，如果数组中的元素 x 和 y 是数字，那么直接比大小

---

[1] 关于有限状态机的细节，大家可以参阅本人拙作《数学之美》。

[2] 假定我们使用三元文法模型来构建这个有限状态机。

即可，判断一下 $x>y$ 是否成立。但是如果 x 和 y 是文字串，就不能直接比大小了，而是需要按照字典排序的方式看看它们谁在前面、谁在后面，这时可能就需要单独写一个函数或者过程来做这件事情了。如果 x 和 y 是日期，情况又会不同，因为 2019-10-12 和"2019 年 10 月 12 日"或者"October 12，2019"是一回事，我们又需要再写一个函数或者过程来理解那些看似混乱的日期，然后进行比较。在过去，上述问题可能需要写三个函数或者过程来完成。但是这样一来代码太长，重复的工作太多；二来重心偏离了排序的逻辑。因此，面向对象程序设计的思想被提出来后，人们发现其实所有目标，无论是数字、文字还是日期，排序本身的方法都相同，它们完全可以共用一个算法，只不过我们要重新定义几种不同的比较大小（或者比较先后次序）的方法。通常对于排序来讲，我们会定义一个抽象的"大于"操作，比如叫作 GT，排序算法基于这个 GT 判断大小或者先后次序，只不过这个 GT 操作在遇到不同数据类型时具体的做法不同而已。在程序设计中，GT 这种比较大小的抽象方法，就成了所有类似操作共同的接口（Interface）。大家需要比较大小时，只要用 GT 这种共同的接口就可以了。至于内部怎么实现，则是程序设计的事情了。上述思想可以用图 9.4 来形象地说明。在图中，三种不同的过程被合并成一种，它们所不同的是 GT 实现的方式。

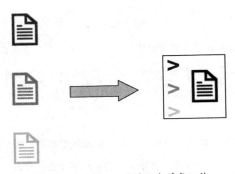

图 9.4　将三种不同的过程合并成一种

根据 Google 的软件开发规范，如果在代码中相同的代码段哪怕只出现了两次，就一定要把它们提炼出来，写成一个单独的函数，在不同的地方调用。进而，如果有几个不同的过程或者函数功能相似，就必须归并为一个统一的函数。这不仅提高了代码质量，也让工程师的工作得以最大程度地被利用。最关键的是，这样让代码变得富有逻辑性和可读性，任何人离职后，新来的人很容易接手原来的工作。我对比了一下Google 公司和国内很多公司的代码，实现同样的功能，前者的长度不到后者的一半。这里面的原因是，后者常常没有用一种状态来概括相似的情况。我常讲提高效率的方式是少做事情，那些低水平、大量重复的事情做得再多，产出其实也不高。

Google 这种强制性的做法对培养工程师的习惯非常有好处，抽象化、复用代码的理念在工程师脑中就扎下了根，并渐渐地成为一种直觉。**能够对方法抽象化，才有可能成为四级以上的工程师。**

在比软件更低层的硬件中，上述思想也同样适用。比如要让计算机实现加减法运算，我们该如何设计相应的电路呢？是设计一个单独的加法器和减法器，还是合二为一呢？答案是后者，因为减去 5 就等于加上 -5，采用一个单元就可以完成这两种运算。软件代码的长度增加一倍可能还不算是大问题，最多增加些工作，多占用一些资源。在硬件设计中，增加一倍功能重复的电路，芯片的性能就降低为原来的一半甚至更多，在同一时代的竞争中，就完全没有市场。

要点

几种情况只要组合在一起，组合数就会非常大，情况就变得非常复杂。计算机速度再快，容量再大，可能也不够用。解决问题的技巧就在于把类似的情况合并到同一种状态中。

思考题 9.1 排豆子问题

在图 9.5 所示的 $M \times N$ 的网格中，从第一列开始由左往右在每一列放了一些豆子（数量大于零）。每个格子只能放一个豆子，在每一列中是从下往上放置的。也就是说不可能在某一列中，下面的格子空着而上面的格子有豆子。这些豆子放到某一列时就没有了，比如在图 9.5 中从第八列开始就没有豆子了。

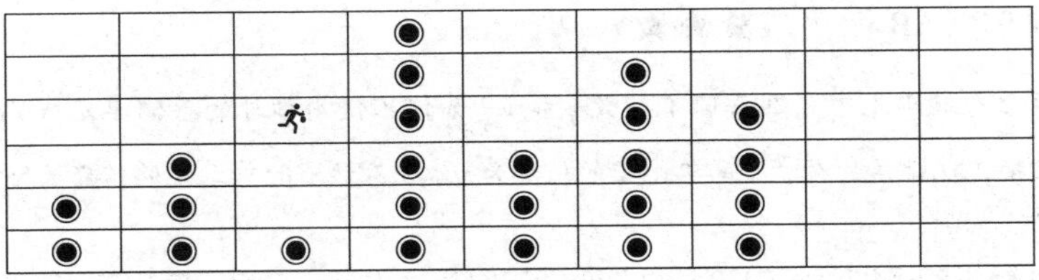

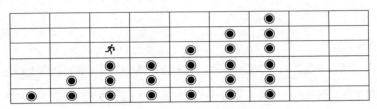

图 9.5　网格中的豆子和捡豆子的机器人

现在要将每一列的豆子排序，左边的最少，右边的最多，图 9.5 排序后如图 9.6 所示。

图 9.6　网格中的豆子排好序的状态

排序不能用任何排序算法，要由一个机器人完成。这个机器人可以在网格中上下左右行走，但是他无法计步。在每一个位置，他可以做两个动作，捡起一个豆子，或者放下一个豆子。如果所在的位置没有豆子，他在执行捡豆子操作后，返回值为失败；否则返回值为成功，相应格子中的豆子就给捡走了，他的口袋里就多一个豆子。在放豆子时，如果那个位置已经有了一个豆子，返回值为失败；否则返回值为成功，他口袋里少一个豆子，相应位置有一个豆子。机器人并不知道右边界在哪里，需要自己判断，但是当他走到第一列时，知道到了左边界。

请写一个程序，完成上述任务。（★★★★☆）

提示：判断清楚机器人是否处于右边界这种状态是解题的关键。

9.2　等价性：抽象出状态的工具

很多状态能够合并为一种状态的原因在于那些状态在某种情况下是等价的。我们还是通过一道面试题来理解等价性。

例题 9.2（AB） ★★★☆☆

在两个存储单元中分别存储了整数 x 和 y。如何不使用额外的存储单元来完成 x 和 y 的互换，也就是让存放 x 的单元里的值变为 y，让存放 y 的单元里的值变为 x？

在计算机的各种算法中，将两个变量的值互换（swap）是很常见的操作，通常在算法中是通过一个中间变量来完成的。

temp=x；

x=y；

y=temp。

这就如同两个宿舍的同学互换宿舍，总要先把第一个宿舍的东西搬走腾空，让第二个宿舍的同学搬进来，然后再让第一个宿舍的同学把东西搬到第二个宿舍去。我们很难想象第一个宿舍还堆满了东西，第二个宿舍的同学就能搬进去。因此，面对这道题，很多人会觉得无从下手。

解决这个问题的关键是理解信息的等价性。在问题中给出了具体数值 x 和 y，其实它们包含了两个不同的信息。然而还存在很多和它们等价的信息，比如 $x-1$、$2x$ 都与 x 等价，因为我们知道了其中的一个，就能推导出其他的。当然，如果你知道了 y 的值，$x+y$ 和 x 也是等价的。对于 x 和 y 这一对数据来讲，如果知道了 $x+y$ 和 x，就能算出 x 和 y，反过来当然更没有问题。也就是说，$x+y$ 和 x 这对数据，同 x 和 y 这个数据对是等价的。明白了这个道理，我们就可以不使用额外的存储单元，完成 x 和 y 数值的交换，具体的做法如下。

算法 9.1 无额外存储单元的整数置换算法

为了方便描述，我们用 $x \leftarrow b$ 表示将 b 的值赋给变量 x；用 x'、x'' 和 x''' 分别表示完成了步骤 1～3 之后 x 这个变量里实际的数值；类似地，y'、y'' 和 y''' 则分别表示每一步之后变量 y 里面的数值。

步骤 1，$x \leftarrow x+y$。

为了方便描述，我们用 x' 和 y' 表示这一步之后两个存储单元的数值。

这一步完成之后，$x'=x+y$，$y'=y$。也就是说 x 这个变量里保存了 $x+y$，而 y 的值不变。$<x+y,y>$ 和 $<x,y>$ 这两对信息是等价的。

步骤 2，$y \leftarrow x'-y'$。此时 y 中的值 $y''=x'-y'=(x+y)-y=x$，也就是说在这一步之后，y 这个变量里面的值变成了原来 x 的值，而 $x''=x'=x+y$。$<x+y,x>$ 和 $<x,y>$ 是等价的。

步骤 3，$x \leftarrow x-y$。这时，x 单元存储的值 $x'''=(x+y)-x$ 就是原来 y 里的数值了。

为了让大家有直观的印象，下面以具体的例子进一步说明。

假定 $x=520$，$y=25$，表 9.1 是每一个步骤完成之后这两个存储单元中的数值。

表 9.1　x 和 y 两个存储单元在每一步操作后的数值

步骤	x 的数值及说明	y 的数值及说明
0	520 // x	25 // y
1	545 // $x+y$	25 // y
2	545 // $x+y$	520 // x
3	25 // y	520 // x

在上面的每一步中，x 和 y 这两个存储单元中的数值虽然在不断地变化，但是一直保持着和最初数值完全等价的信息，在中间任何一步都可以从等价的信息中恢复出 x 和 y 的数值。这个问题也是一道经常采用的面试题。虽然它所涉及的算法在工程上几乎不可能用到，因为多用一个存储单元在工程上并没什么大不了的，更何况上述操作步骤要比利用中间变量直接交换数据更费时间，但是这个问题可以考查一个人对信息等价性的理解，也可以了解他是否懂得如何在各种变换的过程中保护好原始的信息。不过，我在主持面试时从来没有考过这道题，因为如果面试者刷题时刷到过这道题，很难判断面试者是自己想出来的，还是事先看了答案。不过学计算机的人倒是应该思考一下这一类的问题。在计算机科学中，寻找到等价信息非常重要。如果一个人能够在 20 分钟内独立想出这个问题的答案，说明他在理解信息等价性这方面达到了四级工程师的水平。

等价信息常见的用途有两种。第一种用途是解决上一节谈到的归类问题，即把很多种情况归类为少数状态，每一种状态对应的情况我们都认为是等价的。第二种用途是利用等价信息间接解决问题，因为很多问题不容易直接解决，但是如果我们解决了和它们等价的问题，原来的问题也就迎刃而解了。接下来，我们通过矢量量化和傅里叶变换来说说等价信息的上述两种用途。

　　我们先来看一下归类的情况。大家可能听说过矢量量化（VQ）。那什么是矢量量化呢？如图 9.7 所示，有一些不同颜色和形状的图形，如三角形、圆形或者其他形状，大小也不一样。如果我们把每一个图形用像素一点点存下来，不仅占用的存储空间多，而且得不到图形之间的共性。

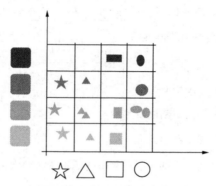

图 9.7　将不同图形变成多维空间的向量

　　其实，我们可以换一个角度看问题，把上面的图形看成多维空间中的一个个点，这些维度包括形状、颜色、大小以及旋转的角度和长宽比等。这些维度可能很多，而且这些图形原本近乎随意地分布在空间中。这就给我们存储和处理它们带来困难。所谓矢量量化，就是将这些点投射到几个主要维度中，比如投射到形状、颜色、大小和旋转的角度四个维度中，在每一个维度有一个坐标，分别是 w、x、y 和 z。这样任何一个图形都可以对应于四维空间中的一个点 (w,x,y,z)。图 9.7 只显示出二维空间，因为我们难以在平面上画出四维空间。接下来，将每一个维度量化成若干份，比如四份，落入同一份中的矢量我们就认为是一类，这样就可以合并了。当然，并非四个维度所有值的组合都有意义，事实上可能有意义的组合数量有限。我们通常挑出一些具有代表性的组合，比如在图 9.7 中有 12 种有意义的组合，也就是 12 种矢量。其他图形可以用这 12 种矢量来近似，或者来组合。这就是矢量量化的思想。

信息的矢量量化有很多应用场景，特别是在信息压缩方面。比如今天的计算机或者手机要想让显示屏展示出的页面漂亮，只提高显示屏的分辨率还不够，还要配上漂亮的字体。计算机早期使用的字体都是点阵字体，即把字母或者汉字图片拍照后，根据像素存起来。这样的字体不仅占用存储空间大，而且一旦放大了就会看出一大堆不连续的点阵，非常难看。今天计算机使用的大多是矢量字库，它实际上是用一组组曲线函数模拟汉字或者字母的外形，比如一个笔画的起始坐标、终止坐标、半径、弧度等。在显示和输出时，字体经过一系列的数学运算恢复成原本的形状。这一类字库不仅占用空间小，而且从理论上讲即使无限放大，笔画轮廓仍然能保持圆滑。因此，矢量字库的本质就是把每一个字的信息看成一个矢量，映射到一组函数的空间中。

矢量量化在语音的压缩编码和识别、图像压缩、信号的检测以及通信标准的制定上也都要用到。几年前我国的图像处理专家高文院士告诉我，通过矢量量化，可以将一幅几兆像素的图像，压缩到几百字节，压缩比可达 1 000 ∶ 1，甚至更大。

接下来说说傅里叶变换。我们在接收电话信号时，由于通信信道会受到各种干扰，噪声和信号其实会混在一起，几乎无法直接将噪声滤除。比如图 9.8 所示的图形是音节"ma"的读音波形，它记录的是在任何一个时刻声波的强度。这种方式记录的语音信号被称为"时域信号"。

从这个声波的图形可以看出，如果里面有噪声，我们是无法滤除的。傅里叶变换提供了另一种记录声波信息的方式，即

图 9.8　音节"ma"的读音波形

把每一个频率下信号的强度和相位记录下来，这种方式记录的信号也被称为频域信号。傅里叶证明了对于周期性信号[1]来讲，时域信号和频域信号是等价的。对于频域信号来讲，我们可以过滤掉不属于语言频率范围的全部信号，因为它们都是噪声，比如交流电

---

[1]　语音信号在较短的时间窗里是有很强的周期性的。

的信号、宇宙辐射的信号、电路接触不良产生的脉冲信号等。

不仅语音可以这样处理，其实在存储照片时也用到了等价信息这个工具。原始照片如果按照像素直接存储，也就是用所谓原始图像格式存储，占用的空间是很大的。实际上常用的 JPEG 格式，就是把空间信号变成等价的频率信号，这样可以大大压缩图像的大小。

回到前面的例题 9.2，我们可以把这个问题看成同一个信息在不同维度（或者说坐标系）进行变换的问题。原来的一对数字 (x,y) 相当于平面直角坐标系中的一个点，这个坐标系水平轴是 $y=0$，垂直轴是 $x=0$，如图 9.9 所示。当然，我们也可以将这个点看成另一个坐标系中等价的点，那个坐标系的水平轴是 $x-y=0$，垂直轴是 $x+y=0$。虽然在不同的坐标系中相应的数值不同，但是它们提供的信息是等价的。

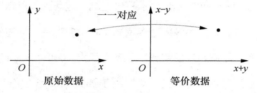

图 9.9　同一个点 (x,y)，虽然在不同的坐标系中数值不同，但是所包含的信息是等价的

等价关系在硬件设计中也同样有用。实际上数字电路的基础就是将各种运算等价为最基本的与或、与非运算。当然，等价关系的应用远不止于此。我们知道今天的处理器内部都有乘法器，从而可以直接完成浮点乘法。但是处理器内部并没有除法器，实际上除法是通过乘法、加减法和部分查表来完成的，一次除法相当于十几次的乘法和加减法。这也就是说，除法可以通过十几步操作大致等价为一系列处理器现有功能能够实现的操作。当然，了解了除法实现的这个细节，大家在写代码时要尽可能多用乘法，少用除法，从而提高运算速度。

一般的计算机技术人员或许不需要了解等价变换的意义，但是三级以上的工程师必须能够使用等价变换的工具，否则一些难题解决不了。

要点

等价性通常被用于归类和间接地解决难题。

思考题 9.2

假如要记录一只股票历史上每一天的价格，包括开盘价、收盘价、最高价、最低价，能否找到它们的一些等价信息，节省信息的存储量？存储不同的信息各自的利弊是什么？

（★★☆☆☆）

9.3 因果关系：建立状态之间的联系

将很多等价的情况合并为少数状态之后，很多时候状态之间是有因果关系的，也就是说从一种状态经过一些操作可以变成另一种状态。状态之间的这些联系就构成了一张图，此时很多问题就容易解决了，因为我们可以使用图论这个工具。

接下来我们就来看看对一个看似复杂的问题如何寻找状态，然后利用图将这个问题描述清楚。

例题 9.3 三对老虎过河　　★★☆☆☆

有三对老虎，即三只老虎妈妈和它们各自的小老虎，它们来到河边要过河。河边有一条船，船一次能载两只老虎过河，无论老虎的大小。一只小老虎，无论是在河岸还是在船上，只有当它的妈妈在身边才不会被其他大老虎吃掉。当然，大老虎之间和小老虎之间不会互相吃。在这三对老虎中，老虎妈妈们都会划船，但只有一只小老虎会划船。请设计一个方案，让所有的老虎都安全渡河。

我上小学时被问到过这道智力题，着实花了一些时间才想出来。我当时的表现已经是在场人中最好的了，其他听到这个问题的人，包括我父母的很多同事还没有理出头绪呢。后来学图论时遇到的一道练习题正是这个问题，有了图论这个工具，解这道题也就是一两分钟的事情，关键就是把各种情况用几种抽象的状态概括出来。

假定三只大老虎是 A、B 和 C，它们各自的小老虎是 a、b 和 c，其中 a 会划船。一开始，大家都在北岸，那么就是图 9.10（a）中的状态；最后大家都在河的南边，就是图 9.10（b）中的状态；图中的点代表船。接下来的两种状态分别是合法的状态 [见图 9.10（c）] 以及不合法的状态 [见图 9.10（d）]。在图 9.10（d）中会发生大老虎吃小老虎的情况，因此不合法。

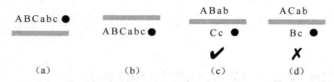

图 9.10 问题的初始状态、结束状态、合法的状态以及不合法的状态

在这个问题中，滤除不合法的状态，只保留合法的状态，其实剩下的状态数量并不多。在这些状态中找到彼此的关联，画成一张图，这个问题也就解决了。比如从起始状态出发，只能有以下三种合法的状态，如图 9.11 所示，即 A 和 a 先过河、B 和 b 先过河以及 a 和 b 先过河。当然也可以 C 和 c、a 和 c 先过河，但是考虑到 B 和 C、b 和 c 的性质相同，或者说它们是对称的，可以将 B/b、C/c 的各种情况合并到一起，我们就用 B/b 表示了。

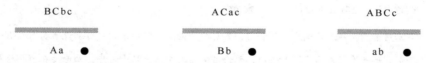

图 9.11 从初始状态出发能够到达的三种状态

如果把每一种状态作为连通图中的一个节点，若我们能够从一种状态进入另一种状态，就在它们之间连一条线。那么我们就可以把从起始位置出发的全部状态用图 9.12 所示的两张图来表示，这两张图其实就给出了整个问题一步步的解法。在这两张图中，有两点值得提醒大家注意。首先，图 9.12（a）的最后一个节点（步骤 3 起始点）就是图 9.12（b）的第一个节点，因此这两张图其实是一张图的两部分。其次，有些节点可以回到前面的节点，但是这种逆向的线对解决问题没有帮助，这里略去不

讲。整个过河的过程其实比较直观，下面稍作解释。

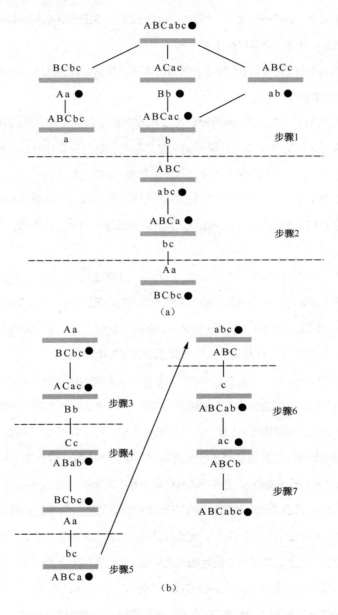

图 9.12　三对老虎过河问题可能的状态图，揭示了整个问题的解法

步骤 1，有三种走法，即从初始状态分别到图 9.12 的三种状态。第一种走法很快就走到死胡同中，进行不下去了。第二、三种走法接下来都会走到同一种状态，即 B 或者 a 回到河的北岸，南岸只有小老虎 b。

步骤 2，只有一种走法，a 带着 c 到河的南岸，然后 a 返回北岸，其他的走法都是兜圈子回到原点。

步骤 3，只有一种走法，两只母老虎 B 和 C 一同到河的南岸，然后 B 和 b 回到北岸，或者 C 和 c 回到北岸，这两种情况是对称的，我们只需要考虑一种，假定 B 和 b 留在了南岸，C 和 c 回到了北岸。当然，在这一步可能有人会问，折腾这么半天把 C 和 c 送到了南岸，为什么不一开始直接让它们一同去南岸？这里面有一个细节的差别，如果 C 和 c 直接去南岸，船留在了南岸，现在这一对老虎在南岸，但是船回到了北岸。

步骤 4，A 和 a 到南岸，换回 B 和 b 去北岸，注意这时船在北岸。这种状态其实正好和步骤 3 的第一种状态相反。接下来的步骤其实是前面几步的逆过程。

步骤 5，B 和 C 到南岸，换回 a 到北岸，至此大家应该看清接下来的步骤了。

步骤 6 和步骤 7，a 分两次将 b、c 连同它自己送到南岸。

在整个过程中，每一步就是从一种状态经过一步合理的移动进入另一种状态。所谓"合理的"包含两个意思，一个是规则允许的，另一个是不要兜圈子走回头路。比如从步骤 2 的第二种状态（A、B、C、a 和船在北岸，b、c 在南岸）出发，当然可以让 a 划着船到南岸，但是这样就走回头路回到了步骤 2 的第一种状态（A、B、C 在北岸，b、c、a 和船在南岸）。这种走法我们认为是不合理的。

从图 9.12 中可以看出，除了步骤 1 有比较多的分叉外，后面的步骤从一种状态到达新的状态基本上只有一种选择。因此只要把这些状态画清楚，把每一种状态能够合理到达的状态找到，并且将它们用线连接起来，我们就得到上面这张并不太复杂的图。这个问题的答案就是从起点到终点的一条路径，在图 9.12 中我们一眼就能看出来。如果这张图非常庞大，肉眼不好寻找，用计算机也能很方便地找到。用好计算机这个工具的前提是掌握一些认知上的工具，比如状态的抽象化过程、图论中的各种经典问题。

上述问题并不是一道标准的面试题。虽然有些人在面试中使用过这个问题，但是他们发现面试者的表现分为截然不同的两种：有些人憋了将近一小时，毫无头绪；有些人（通常都学过图论）在白板上画两笔就解决了。好的面试问题应该让各个水平的面试者有各种不同的表现，而不是简单地将他们划分为答得出来和答不出来的两种。

不过这个问题倒是一个经典的计算机问题，它对于人们理解计算机硬件上或者程序中各种状态之间的因果关系很有启发。上述寻找从起点到终点的路径的问题，每一步移动其实反映出一种因果关系。移动前的状态是移动后的状态的因，而后一种状态是前一种状态的果。因此，图中任何一种状态和初始状态之间都存在一种因果关系链条。在计算机的算法中或者应用中，我们经常遇到的问题是，任意给出一种状态，我们要问一问它是从何而来的，也就是到达这一点的原因，有时甚至要搞清楚原因的原因。计算机从业者能否做到这一点，一方面体现出其是否具有计算机科学以及工程上的基本素养，另一方面也决定了其能否系统性地提高自己的专业水平，而不是靠灵机一动解决问题。只有不断系统性地提高自己的水平，才能一步步向上走，而不是很快遇到天花板。

比如计算机工程师，无论是做软件的还是做硬件的，几乎每一天都要遇到测试和调试，即 test 和 debug 的问题。测试和调试的时间常常是编写程序时间的两三倍。哪个人、哪个企业如果想在测试和调试上偷懒，工程的质量一定好不了，其产品的品质和可靠性一定差。在测试工作中，首先要搞清楚什么是合法状态、什么是非法状态。比如除法中除数为零，就是非法状态；试图访问一个列表边界以外的数据，也是非法状态。在绝大多数应用中，要把非法状态都搞清楚绝不是一件容易的事情，不能靠小聪明，必须掌握很多系统性的方法。

上述面试题其实还有一个小的延伸问题，就是写一段简单的代码来判断一种状态是合法还是非法。大家不妨试一试写这个代码，会发现这还真不是一两个判断可以写清楚的。当然对于这个问题，其实只有 64 种状态，非法的状态很容易通过查表判断，但是对于更复杂的问题，考虑清楚就不容易了。至于为什么是 64 种状态，我们留作思考题。在测试和调试过程中，大家常犯的错误是对那些非法的情况和边界的情况考虑不周全。比如图 9.13 中的两种状态都是非法状态。图 9.13（a）容易判断出来，因为在南岸大老虎 A 要吃掉小老虎 c，这一点大部分人也能想到。但是，图 9.13（b）很多人就想不到，因为在这种状态中不存在大老虎吃小老虎的情况。因此，一些人在写程序时也不会去判断这种状态的合法性。而要理解为什么这种状态是非法的，就要搞清楚各种状态之间的因果关系，看看这种状态是从哪里来的。事实上，没有一种合法的状态能够到达这种状态，也就是说从起点到这种状态的因果关系链不存在。

图 9.13　三对老虎过河问题的两种非法状态

　　寻找因果关系链是 debug 工作最重要的技巧，所谓 debug，其实就是根据出现的异常现象倒推原因，它是沿着因果关系链逆向推理的过程。这个逆向推理的终点，也就是造成异常的原因，就是 bug。Google 有一道使用频率极高的面试题，就是让面试者谈谈在职业生涯中遇到的最难发现的 bug，谈谈它是如何造成的、自己是如何解决的。在实际工作中，不论一个软件工程师采用什么工具 debug，通常都要追踪机器或者程序的运行状态。遇到一种异常的状态，需要通过因果关系判断出进入这种状态的原因。比如，某个人写了个程序解决上述三对老虎过河的问题，出现了图 9.13（a）所示的非法状态导致程序的崩溃，他该如何通过因果关系找到出现这种状态的原因呢？

　　考虑得再周全的软件程序都会有一些考虑不到的情况，以至于在某些特定的原因出现后，程序会突然进入一种非法状态，其结果可能是计算错误，也可能是程序崩溃。不仅软件如此，甚至硬件设计也会存在这样的 bug。我们在上一节介绍了使用乘法器实现除法的处理器设计思路，在实现除法运算时涉及一些查表操作。1994 年英特尔公司的奔腾处理器在设计时就出现了一个 bug，导致某个数据在做除法时查表得到的结果是错误的。这个 bug 给英特尔造成了 5 亿美元的直接损失和巨大的名誉损失。可见，即使是设计和测试非常严格的处理器，也难免有考虑不周的情况。**尽可能防止 bug 出现，在发现 bug 时能迅速找到原因，这是一流的计算机工程师需要具有的素质。**

状态和它们之间的因果关系链在计算机中另一个常见的应用就是操作系统中的时间机器（Time Machine）。

"时间机器"通常被认为是苹果公司操作系统的一个备份功能，其实在其他操作系统（比如 Solaris 和 Windows）中也有相应的概念和功能。在苹果的操作系统中，时间机器实际上是一个文件的增量备份功能，操作系统记录下文件系统最初（也就是时间机器创立时）的状态，包括当时全部文件目录的物理备份。之后每过一小时，时间机器会产生一种新的状态，在这种新的状态中，大部分文件其实是不会改变的，只有很少一部分会发生变化。时间机器记录的就是这一部分增量信息。于是通过当前状态，再加上时间机器记录当前状态和之前状态的差异，就可以倒推出前一种状态。当时间机器工作一段时间后，如果发现有一些文件不小心被删掉了，或者修改错了需要改回来，从当前状态往前溯源，就能找到我们所需要的时刻的文件。

在软件工程中，这种概念也被用于软件代码版本的管理。每修改一部分代码是通过提交一个更新（change）来实现的，这个更新包含了新旧两个版本之间的差异。每一个版本就形成了一种状态。所有更新的清单需要永久保存。如果发现某处在修改时出了错，我们可以根据更新清单找回上一次正确代码的位置。像 Windows、Office、Google 搜索这一类软件都是由成千上万的位于世界各地的工程师共同完成的，版本管理的水平决定了产品的质量。

要点

在计算机软硬件中，状态之间通常是有因果关系的，从一种状态经过一些中间过程到达另一种状态，它们之间就有一个因果关系链。test 是要找到非法的状态，而 debug 是要找到造成非法状态的因果关系链。

思考题 9.3

有 12 个外观和大小都一样的球，其中 11 个球质量相同，有一个球的质量和它们不同，但是不知道是轻还是重。给你一个天平，如何经过三次比较将质量不同的那个球找到，并且指出它是更轻还是更重？（★★★★☆~★★★★★★）

提示：先解决四个球称两次的问题，画出可能的状态。

● — 结束语 — ●

计算机所能自动完成的实际上是计算，至于怎样计算、计算什么、如何将具体问题变成计算问题，这就是计算机从业者需要解决的问题了。从本质上讲，无论是从事软件工作还是硬件工作，都是在控制计算机。要做好控制，不出问题，就需要有清晰的逻辑和系统的方法。将问题中的各种情况抽象成状态，将大量看似无关的情况用少数状态覆盖，再厘清状态之间的逻辑关系，这是计算机从业者所应具备的能力。在遇到问题时，特别是发现机器工作出错时，能追踪机器运行的状态，通过因果关系很快找到问题所在，则是一个资深从业者水平的体现。

第 10 章

确定与随机——概率算法及应用

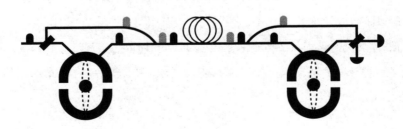

计算机最初的设计目的是解决确定性的问题。早在 19 世纪巴贝奇就发现差分计算其实是很确定的运算，可以变成机械运动。到了 20 世纪 30 年代，德国计算机先驱楚泽就意识到，但凡有明确公式的数学问题都应该可以通过机械来解决。楚泽后来造出了世界上第一台可编程的数字计算机，并且实现了第一台和图灵机等价的计算机。这些都说明，计算机所要面对的是确定性问题，而它解决问题的方式也是确定性的。

但是，进入 20 世纪后，人类对确定性和随机性有了新的认识。在 1930 年举行的第六次索尔维会议上，玻尔和爱因斯坦就随机性的问题展开了一场世纪大辩论。虽然当时他们谁也没有能说服谁，但是今天我们知道玻尔的观点更有道理，也就是说不确定性是我们这个世界固有的特性。

在计算机科学中，很多确定性的问题需要利用随机性来解决。理解了随机性，就会让计算机这个工具的能力倍增。特别是在今天的大数据时代，所谓大数据的方法就是在大量的随机数据中找出规律性。

10.1 信息指纹：寓确定于随机之中

在计算机中，有各种各样的对象（object），比如一张图片、一段视频、一个单词、一条数据等。如果要将它们储存下来且不丢失任何信息，所需要的最小存储空间，即最短的二进制编码长度，就等于它们的信息熵。我们将这些信息压缩到那个程度，就不能再压缩了。但是，如果只是要区分两个对象，则远不需要那么长的编码。这就如同在银行核对两个储户是否是同一个人，只要他们的身份证号对不上，就可以肯定不是同一个人 [1]，不需要进一步核对其他信息了。在计算机中也是如此，比如给所有的目标统一编号即可。

但是，人为的编号存在两个问题。首先，从目标找到对应编号可能并不容易，前面讲到了各种查找的方法，之所以查找，就是因为不容易直接得到一个目标的编号。其次，

---

[1] 我们假定不会存在同一个人拥有两个身份证号的情况。

编号常常会重复，比如对单词从 1 到 100 万进行编号，对员工从 1 到 2 万编号，对图像从 1 到 10 万进行编号，那么同一个 5000 代表什么呢？这必须看场景。反过来，要将一个具体的目标对应成编号，在不同的应用程序中也需要使用不同的对应关系。这样一来不仅复杂，而且容易出现相互混淆的情况。

能否找到一种方式，将任意一个对象（包括文字、语音、视频、图片等）对应到一个编号上，并保证不同的对象编号不同呢？一个简单实用的方法，就是用一种随机算法，将任何一段二进制的信息映射成一个随机数，作为区别它和其他信息的指纹（fingerprint），这种指纹也被称为信息指纹。由于在计算机中，任何对象均以二进制数据存储，因此无论是文字、语音、视频还是数据库中的记录，在计算机看来都是二进制信息。只要相应的算法设计得好，任何两段信息的指纹都很难重复，就如同人类的指纹一样，这样就可以成为信息世界里任何对象的标识了。

产生信息指纹的算法通常是伪随机数产生算法。既然是伪随机数，两个不同的信息就有可能产生同样的信息指纹（这种情况俗称冲突），至少这种可能性在理论上是存在的，尽管非常小。下面我们就定量地估算一下两个不同信息产生出相同信息指纹的可能性。

例题 10.1 信息指纹重复问题（AB） ★★★☆☆~★★★★★☆

对于 128 位的信息指纹，产生多少个以后，出现重复的可能性大于 50%？

128 位二进制数能表示很多不同的数字，大约有 3.4×10^{38} 个，这是一个很大的数量，比地球上所有生物包含的细胞的数量还大。如果完全随机地从这中间选取两个数字，重复的可能性极小。当然，如果随机选取数字 3、4、5，这种重复的可能性虽然在增加，但依然很小。但是，如果选取的数字的总数量不断增加，增加到很大的数量时，我们就不敢说是否会"碰巧"出现重复的随机数了。这个问题是要考察的，就是在数量增加到什么程度后可能会出现重复的随机数，也就是说那时不同信息可能会产生相同的信息指纹，这时信息指纹算法就不适用了。

面对这个问题，大部分面试者会从正向思维出发来考虑。他们会想，假如第一个信息指纹是 fp_1，第二个信息指纹是 fp_2，各有 $N=3.4\times10^{38}$ 种可能的取值，整个样本空间的大小就是 N^2。fp_2 和 fp_1 冲突的情况只有一种，即 $fp_2=fp_1$，其数量为 N，可以算出这种情况发生的概率是 N 分之一，即 3.4×10^{38} 分之一。如果有了第三个信息指纹 fp_3，就有三种出现指纹重复的情况，即 $fp_1=fp_2$、$fp_1=fp_3$ 和 $fp_2=fp_3$，每一种情况的数量是 N^2。但是这三种情况又有重叠，即三个指纹都相同，$fp_1=fp_2=fp_3$，数量为 N。重叠的部分需要扣除，扣除后出现重复的数量为 $3N^2-N$。于是发生重复的概率就是 $(3N^2-N)/N^3$。这种方法实在是有点复杂，在只有三个信息指纹时，我们的描述已经有点让人费解了，如果有很多信息指纹，要想计算出现重复的概率非常困难。因此，我们需要换一个思路来思考这个问题，具体讲就是采用逆向思维。

我们来考虑在什么情况下不会出现重复的信息指纹。假定要随机挑选 k 个数，让它们不重复。第一个信息指纹可以任意选，有 N 种选法；第二个只有 $N-1$ 种选法，因为它不能和第一个相同；第三个要保证和前两个不重复，因此只有 $N-2$ 种可选的。以此类推，第 k 个指纹有 $N-k$ 种选法，让这 k 个数不重复。于是 k 个指纹不重复的概率就是

$$P_k = \frac{N(N-1)(N-2)\cdots(N-k+1)}{N^k} = \frac{(N-1)(N-2)\cdots(N-k+1)}{N^{k-1}} \tag{10.1}$$

显然，这个值是随着 k 的增加而减小的。最终，当 k 大到一定程度时，它会小于 0.5，即产生的信息指纹多到一定程度后，就可能有重复的了。现在我们来估计一下 k 多大的时候，这个概率恰好处在临界点 0.5，即满足 $P_k \leq 0.5$ 的最小 k。

根据斯特林公式，当 N 非常大的时候，

$$P_k = \frac{(N-1)(N-2)\cdots(N-k+1)}{N^{k-1}} \sim e^{\left(-\frac{1}{N}\right)}e^{\left(-\frac{2}{N}\right)}\cdots e^{\left(-\frac{k-1}{N}\right)} = \exp\left(-\frac{k(k-1)}{2N}\right) \tag{10.2}$$

根据 $P_k \leq 0.5$，可以推导出

$$k^2-k+2N\ln 0.5 \geq 0 \tag{10.3}$$

由于 $k>0$，上述不等式有唯一解：$k \geq \dfrac{1+\sqrt{1+8N\ln2}}{2}$。

也就是说，对于一个很大的 N，k 是一个很大的数字。如果用 MD5 指纹验证（虽然它有缺陷），它有 128 位二进制数，$k > 2^{64} \approx 1.8 \times 10^{19}$。也就是说，每 1 800 亿亿次才能重复一次。

上述问题是 Google 早期的一道面试题。绝大部分面试者是无法给出 1.8×10^{19} 这个答案的，毕竟很少人知道斯特林公式。甚至一多半人无法列出式（10.1），而是凭直觉认为 $k=N/2$，因为当 N 个信息指纹已经填满了一半以后，再来一个有超过 50% 的概率和前面的发生冲突。这种直觉忽略了在选择前 $N/2$ 个指纹时，可能已经发生了冲突。能够写出式（10.1）的人，大部分还记得概率论中那个著名的生日问题。在生日问题中，问的是一个班上有多少人，就会大概率地出现两个以上的人生日在同一天。不难看到，这两个问题是同一个问题。

信息指纹的用途很广。比如要做一个网络爬虫，需要知道每一个网页是否已下载，对此可以记录下这个网页的网址 URL，但是它要占用很多存储空间——假定一个网址是 80B，10 亿个网址就要 80GB 的存储量，而且对比字符串操作也比较花时间。如果用 64 位的信息指纹替代网址本身，不仅可以节省 90% 的存储空间，而且可以大大加快比较的速度。再比如我们常常要对比两个文件是否相同，一个简单的办法就是让它们各自生成一个信息指纹来进行对比，这样比直接对比文件能节省很多时间。

信息指纹的意义在于，它通过随机性来验证真实性，也就是确定 A 是 A，B 不是 A。虽然我们总能对 A 进行直接验证和判别，但是当数据量很大时，这种判定成本很高。通过信息指纹解决这个问题则简单有效得多。而信息指纹能够确认真实性的原因，恰恰是随机性让不同的目标无法映射到同一个数字上。

随机性不仅可以带来确定性，而且可以带来安全性，因为人们几乎无法从随机产生的数据逆向得到原始数据。

今天所有安全的账户管理系统都利用了上述原理。众所周知，为了保证账户的安全，需要设置和使用密码，那么请问密码是如何存储的呢？很多企业的账户管理系统存储的是明码，比如某个人设置的密码是 xD3&cTt57，在登录系统中就直接保存了这个密码。虽然这个密码看似很随机，很安全，但是一旦登录系统本身泄了密，或是管理员窃取密码，那就毫无安全性可言了。事实上，要验证一个密码，并不需要核对密码本身，只需要验证它的信息指纹即可。不同密码的信息指纹是不同的，因此只要输入密码的信息指纹不匹配，就说明密码是错误的。基于这个原理，用户在设置账户密码时，管理登录的服务器不应该保存密码本身，而是只保存密码的信息指纹。这种做法可避免灾难性的后果，像 Google 或者微软这样的公司都不保存密码的原文。相反，那些不重视信息安全的企业常常会保存用户的密码原文。那么怎样判断一家公司在这方面做的好坏呢？重新设置密码时，如果某家公司直接用邮件送回了密码，就说明它保存了密码的原文，这家公司的信息安全就成问题。如果它提供了一个重新设置密码的链接，则说明它在信息安全上可能做得比较好。

信息安全在很大程度上与随机性相关，比如我们今天普遍使用的公开密码的加密方式就是利用了随机性，让试图窃取密码的人无法从密码中倒推出原先的明码。今天被热捧的量子通信的背后也是靠随机性来保障安全性的。

要点

要想确定两条信息是否相同，不需要比较完整的信息，只需要比较它们的信息指纹就可以了。要想让两条不同信息的指纹不冲突，在产生信息指纹时，要确保其结果是随机的。

思考题 10.1

Q1. 优惠券问题

有家餐厅，每天随机发给顾客一张印有某个生肖的优惠券，哪位顾客攒齐了 12 张不同生肖的优惠券，就可以享受一次免单。小明经常去这家餐厅，请问他需要去多少次（数学期望值）才能收集到所有十二生肖图案的优惠券？（FB, ★★★★☆）

提示：假设 12 种生肖的优惠券是 $C_1, C_2, C_3, \cdots, C_{12}$。在拿到了第 $k-1$ 张优惠券 C_{k-1} 后，拿到 C_k 需要的时间（数学期望值）和前面 $k-1$ 张优惠券花了多长时间拿到无关。因此拿到这 12 张优惠券的数学期望值，等于拿到每一张优惠券的数学期望值之和。

有了 $k-1$ 张后，下一次拿到第 k 张的概率是 $p_k = [12-(k-1)]/12 = (13-k)/12$，其数学期望值是 $12/(13-k)$。

因此拿到所有 12 张优惠券所需次数的数学期望值是 $12(1+1/2+1/3+1/4+\cdots+1/12) \approx 37.2$，也就是说平均来讲需要 38 次。

Q2. 优惠券问题的扩展

假如我们规定获得优惠券的次序必须按照子丑寅卯……顺序来，也就是说得到第一种鼠的优惠券后，再拿到牛的优惠券才算有效，否则就要交回拿到的优惠券。这样需要去多少次（数学期望值）才能攒齐所有 12 张优惠券？（★★★☆☆）

Q3. 雨滴问题

一个一维、1 米长的路面，每次下一滴雨，每滴雨落到地面上的长度（直径）是 0.01 米。假设雨滴落点均匀分布，而且互相不覆盖，问下了多少滴雨之后路面会全部湿透，求数学期望值。（★★★★☆）

提示：将 1 米长的路面分为 100 个长度为 0.01 米的格子，每个雨滴每次落到一个格子中。

10.2　随机性和量子通信

今天我们说的量子通信，其实并非利用量子纠缠原理，而是利用光子的偏振特性传输一次性密钥，用一次性密钥对信息进行加密。为什么要使用一次性密钥呢？因为香农早就证明了，只有一次性加密是完全无法破解的加密方式。而保证一次性密钥安全传输的基础恰恰是随机性。

我们在中学物理课中学过，光有偏振的特性，借助光偏振的方向可以传输信息。比如把光偏振的方向调成水平代表 0，垂直代表 1。在通信线路的接收端，我们可以放一个垂直的偏振镜，这样垂直振动的光子能够通过偏振镜的光栅。如果收到信号，就认为发送端送来的信息是 1。如果发送端送来的是水平振动的光子，它就被光栅拦住了，我们收不到信号，就认为传输的是 0。当然，这么做不是很可靠，因为没有收到信号时，不容易确认是对方没有发送，还是发送过来的是 0，因此，更好的办法是在接收端用一个十字交叉的光栅，让垂直和水平的信号都通过，然后再检测，这样 1 和 0 都能准确接收了。

当然，（激光）光子的偏振方向可以有各种角度，不一定要是水平的或者垂直的。如果偏振的方向是其他角度，比如和水平面呈 45 度，那么经过一个水平的光栅，会是什么情况呢？它有可能通过，有可能被挡住，这样检测到的结果可能是 1，也可能是 0，这两种情况的概率都是 50%。类似地，如果发送端发出一个偏振方向为 135 度的光子，它经过水平和垂直的光栅，可能被接收为 1，也可能被接收为 0。也就是说，如果发送端用 45 度和 135 度的偏振方向发送信息，而我们在接收端用垂直和水平的光栅接收它们，收到的信息完全是随机的。

利用这个随机性，我们就能分发密钥了，具体的做法是这样的。

首先，发送端和接收端约定好两组信息编码方式，一组用垂直的偏振光代表 1、水平的代表 0，另一组则分别用 45 度和 135 度代表 1 和 0，每一组都被称为一种基（或者基函数）。这种把信息源发出的信息变为适应信道传输的等价信息的做法，我们称之为调制。在接收到信道传来的信号后，恢复信息源所发出的信息，这个过程称为解调制（简称解调）。显然，解调能够成功的必要条件是，接收端需要完全清楚发送端是如何设置基和对信息进行编码的。

然后，发送端采用哪种编码方式完全是随机的，而且是交替进行的，它并不告知接收端，接收端根据自己的猜测来调整偏振镜（光栅）的方向。接下来我们看一个具体的例子，假定发送端发送的信息和所使用的调制方式如表 10.1 所示。

表 10.1　发送端发送的信息、调制方式和偏振方向

信息编号	1	2	3	4	5	6	7	8	9	10
信息	0	1	0	0	1	1	0	1	1	0
调制方式	+	×	×	×	+	+	×	+	+	×
偏振方向	→	↗	↖	↖	↑	↑	↖	↑	↑	↖

在表 10.1 中，我们分别用 + 和 × 代表垂直 / 水平和 45 度 /135 度两种不同的调制方式。在将信息变成光信号传输时，我们随机采用上述两种调制方式。接收端由于不知道发送端是怎么做的，只能随便猜，假定接收方猜的结果如表 10.2 所示。

表 10.2　接收端选择的调制方式以及和发送端的一致性

信息编号	1	2	3	4	5	6	7	8	9	10
解调方式	+	+	×	+	+	×	×	×	+	×
和发送端的一致性	是	否	是	否	是	否	是	否	是	是

在这个例子中，可以看到有六次一致、四次不一致。六次一致的时候，接收端接收的信息都是无误的。但是四次不一致的时候，接收的信息可能有误。假定接收到的信息如表 10.3 所示。

表 10.3　接收端得到的信息

信息编号	1	2	3	4	5	6	7	8	9	10
解调方式	+	+	×	+	+	×	×	×	+	×
偏振方向	→	↑	↗	↑	↑	↗	↘	↗	↑	↖
解码的信息	0	**1**	0	【1】	1	【0】	0	**1**	1	0

其中第四个和第六个两个信息接收错了（【 】中的），第二个和第八个（粗体数字）信息虽然偏振解调错了，但是信息蒙对了。在一般的情况下，如果解调的方式和调制的一致，那么解码后得到的信息和发送的 100% 一致，这种情况占所有发送信息的 50% 左右；如果解调的方式和调制的不一致，搞错了，解调后得到的信息也会有 50% 左右蒙对。也就是说，不论接收端如何设置偏振镜解调的方向，最后得到的信息大约有 50%×100%+50%×50%=75% 和发送的一致，或者说误码率为 25%。

如果在传输的过程中，信息被中间的窃听者截获了怎么办？光子在经过被错误放置的光栅时，偏振方向我们就无从得知了，得到 0 还是得到 1 完全是随机的（可以被认为是噪声），而且和上面的接收端一样，它得到的信息 75% 和发送的一致。如果这时它再将信息转发给原本的接收端，接收端得到的信息只有 75%×75% ≈ 56% 和发送端的信息相一致。接下来，如果接收端再将自己得到的信息送还给发送端确认，发送端就会发现只有 56% 的一致性，这时它就知道传输的信息被偷听了，它可以终止通信，或者采用其他信道再通信。说到这里，可能有人会问，会不会出现一种小概率事件，中间的窃听者运气特别好，它得到的信息和发送端的一致性碰巧超过 75%，而接收端得到的信息和它所转发的一致性也超过 75% 很多呢？这个可能性不能说完全没有，但是极小极小。比如说，如果发送的信息有 1 000 比特（这对加密的密钥来讲不是什么很长的信息），经过窃听者一次转发，到接收端那里依然有 75% 一致性的概率只有 10^{-35} 左右 [1]，这个概率比今天两个人的银行密码正好碰巧完全相同的概率要小很多。

由于传输结果的不确定性保证了我们完全可以知道信息传输是否安全，接下来我们就需要消除这种不确定性，来确定一下双方通信的密钥了。这一步其实非常简单，发送端只要用明码将它所设置的偏振方向（也就是调制使用的基）传给接收端即可。这样，接收端就知道在哪些信息位它设置对了（其实是蒙对了）、哪些错了，然后再用明码把它设置对的信息位告诉发送端即可。比如在上面的例子中，第 1、3、5、7、9、10 位的基双方选择一致。这样，通信的双方直接用这些彼此设置一致的信息位的信息做密钥即可，在这个例子中，就是第 1、3、5、7、9、10 位上的信息，如表 10.4 所示。这便是从不确定又到了确定的过程。

表 10.4　通信的双方对比各自设定的基，将设置相同的信息位确定为密钥

信息编号	1	2	3	4	5	6	7	8	9	10
调制使用的基	+	×	×	×	+	+	×	+	+	×
解调使用的基	+	+	×	+	+	×	×	×	+	×
是否为双方相同的基	是	否	是	否	是	否	是	否	是	是
密钥	0		0		1		0		1	0

由于上述通信都是明码进行的，大家肯定会问这样是否安全。答案是肯定的，因为即便窃听者知道收发双方选用了第 1、3、5、7、9、10 位的信息作为密钥，也不知道这些信息是什么。

上述这种通信协议被称为 BB84 协议，因为是查尔斯·本内特（Charles Bennett）和吉勒斯·布拉萨德（Gilles Brassard）在 1984 年发表的，两个 B 字母就是这两个人姓氏的首字母。后来，人们又在这个协议的基础上进行改进，有了其他的协议，但是

---

[1]　这是一个典型的二项式分布，根据霍夫丁（Hoeffding）不等式，可以算出上述情况的概率小于 10^{-35}。

加密和通信原理没有本质的变化。

量子通信的 BB84 协议只是利用随机性解决确定性问题的一个例子。**如果退回到 30 年前，成为一名三级以上的工程师可能不需要了解太多和随机性相关的知识。但是今天大部分复杂的应用场景多多少少和随机性关联在一起，因此对于随机性的认识是计算机科学素养的一部分。缺乏这种认识，从业者发展的空间就受限制。**

要点

量子密钥分发的数学基础是概率分布本身的稳定性。也就是说等概率的两个随机事件，在大量试验后各自的概率大致相等；如果发现概率不等，说明背后一定出现了问题。

思考题 10.2

Q1. 一枚质地均匀的硬币，抛 20 次之后，正面朝上的次数大于试验次数的 75% 的概率是多少？（★★★☆☆）

Q2. 如果不知道这枚硬币是否质地均匀，发现试验 20 次后出现了 15 次正面朝上的情况，我们有多大的信心说这枚硬币是不均匀的？（★★★★☆）

10.3 置信度：成本与效果的平衡

计算机算法的发展可以分为两个阶段。在 20 世纪 80 年代之前算是早期阶段，那时还有一些问题人们没有找到时间复杂度最低的算法，因此在算法研究方面依然有很多人在寻找理论上更好的算法。在此之后，对于绝大多数具有代表性的问题，人们已经找到了理论上复杂度最低的算法。如今大家在学术杂志上几乎看不到有关谁将一个问题的算法从原来 $O(N^2)$ 的复杂度改进为 $O(N\log N)$ 的内容。这种尚未被发现的处女地几乎找不到了。于是人们只得将算法研究的关注点集中在特定条件下更好的算法上。

在这方面的一个例子是快速排序算法。虽然从理论上讲快速排序算法最坏时间复杂度是 $O(N^2)$，但是在"绝大多数"情况下，它是 $O(N\log N)$，而且 $N\log N$ 前面的常数系数比堆排序更小。今天很多算法的改进都是基于一种"绝大多数情况"的假设，也就是说，在大概率可能发生的情况下做得更好，对于个别极端现象就不去考虑它了。

2016 年，Google 的 AlphaGo 战胜了李世石。事前很多著名的计算机科学家都觉得这件事是不可能的，因为下围棋的策略数量太多，是呈指数爆炸式增长的，这么多种情况搜索不过来。Google 采用的搜索策略蒙特卡罗博弈树搜索如果不做任何近似，搜索量确实太大了，计算机无法完成。但是相较于其他所有实用的博弈策略，这个算法做了如下两个改进。

第一个改进是纵向的简化，引入了马尔可夫假设，即当前的一步棋和后面有限步的棋有关，而不是和整盘棋有关。具体讲就是使用了一种被称为马尔可夫决策过程（Markov Decision Process）的方法，这样就使得要搜索的对弈可能性少了很多。

第二个改进是横向的简化，具体讲就是在搜索时的剪枝策略，剪掉博弈树中不太可能的分枝，减小博弈树的宽度。

这两个改进能节省多少时间呢？有人可能觉得搜索时间变为了原来的成千上万分之一，其实至少能变为原来的上百万分之一。当然，没有人会去测试不做任何简化的搜索时间，因此实际节省的时间也只能大致估算。

上述的简化和剪枝可能存在一个非常小的可能性，就是找不到最佳策略。但是只要它在一定的置信度（Confidence Level）条件下，比如 99.99% 的可能性下管用，我们就可以接受了。

为了让大家进一步体会这种在置信度下的优化策略，我们不妨看一个比下围棋稍微容易理解一点的例子——维特比算法（Viterbi Algorithm）的改进。

维特比算法是一种特殊的动态规划算法，广泛应用于通信的解码问题。当然，很多人工智能问题，比如自然语言处理和基因测序，也属于通信问题，因此也要用到这个算法。维特比算法解决的是在图 10.1 所示的一种网格图中寻找最短路径的问题。

假定上面的网格图有 L 列，或者说 L 个时间点，从左到右分别是 $1,2,3,\cdots,L$。每列有 K 个节点，K 也被称为网格图的深度（depth）。这样的网格图有 K^L 条不同的路径。维特比算法就是针对这样一张图的特殊的动态规划算法，它从左到右一列一列地计算截至每一个时间点的最短路径。维特比算法的复杂度为 $O(K^2L)$。这当然比 $O(K^t)$ 这样的指数复杂度低很多。不过在很多应用中，K 是一个非常大的数字。比如用三元文法模型进行语音识别和机器翻译，K 是符合条件的二元组的数量，会在几万到几十万之间；如果采用四元文法模型，这个数量则更大。因此 $O(K^2L)$ 的计算时间依然很长。

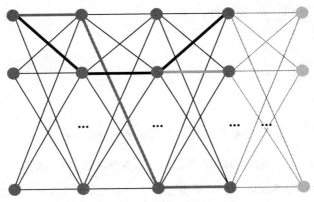

图 10.1　在网格图中寻找最短路径

要想进一步改进维特比算法，就需要做一些近似，通常会采用下面这种剪枝算法。

首先，在计算完从起点到每一个时间点 t 的所有 K 条最短路径后，对它们做一次排序，放到优先队列 Q 中，最短的放在最前面，最长的放在最后面。

接下来进行剪枝。假定队列 Q 中第一条路径长度是 x，我们可以确定一个大于 1 的常数 c，把所有长度大于 cx 的路径都砍掉。当 t 大于某个阈值 T 之后，我们可以设定只保留 m 条路径，当然 $m \ll K$。这样计算复杂度就降低到 $O(mKL)$。由于这种方法在寻找最短路径时越来越聚焦，也被称为聚光搜索（Beam Search）。图 10.2 示意了这种剪枝算法的搜索工作原理。

一开始由于获得的前后相关信息比较少，不确定性较大，因此保留的路径较多。但是随着时间点的增加，也就是在网格图中走过的列的数量的增加，我们获得了足够多的前后相关信息，就可以大胆地剪枝了。这时，短的那条路径和排在后面的路径之间的距离之差会不断增加，也就是说，如果一条候选路径没有排在前面，它以后排到前面的可能性也不大，剪掉它不影响最后的结果。在经过一些时间点之后，我们通常只保留有限的 m 条候选路径。

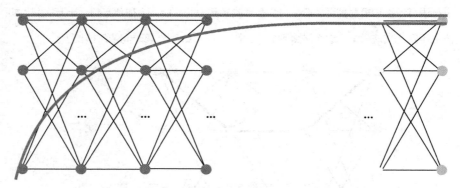

图 10.2　采用聚光搜索的维特比算法示意

在聚光搜索中，最终的最短路径落在这 m 条候选路径中的概率和光束的宽度 n 有关，如果我们想提高这个概率，就需要增加 n。比如我们设置 99% 的置信度，也就是最短路径落入这 m 条候选路径中的概率，可能 $n=10$ 或者 20 就够了。如果我们想设置 99.99% 的置信度，可能 n 需要增加到 100。通常在一张深度为几万的网格图中，把光束的宽度 n 限制在几十的范围内，已经能够保证 99.9% 甚至更高的置信度了。至于那 0.1% 的损失怎么办，实际上在任何工程问题中都没有 100% 正确的情况，即使我们不做任何剪枝，找到的最短路径虽然是理论上的最佳值，但是由于路径中每条边的权重多多少少都是近似得到的，因此这个理论最佳值也未必是真正的最佳值。

下面再来看一道例题，体会一下在一定置信度前提下，如何对经典算法进行优化。

例题 10.2　求交集问题　★★★☆☆☆~★★★★★☆

如何找到包含两个不同的词 X 和 Y 的网页。比如，我们要找包含"医疗"和"保险"这两个词的所有网页。

这个问题是信息检索中最经典的问题之一，也曾经是 Google 的一道面试题。我在面试该公司时就被主管搜索的技术负责人本·戈梅斯（Ben Gomes）问到这个问题。

在解答这个问题之前，我们先解释一下绝大多数搜索引擎中存储索引的数据结构。

在索引中，最重要的是每一个词所出现的网页（或者其他文献），以及在文本中具体位置的对应表。比如"医疗"这个词，我们可以建立一个列表，称其为"词－网页"的索引，如表 10.5 所示。

表 10.5　"医疗"一词的索引

所在网页的编号	1305	**45839**	60200	83451	120400	**145112**	···
在网页中的位置	11，29	**33，70**	21	2, 71, 90	51, 66	**1, 5, 105**	···

在表 10.5 中，第一行是"医疗"这个词所在网页的编号，第二行是它在相应网页中出现的位置。索引是根据网页的编号排好序的。对于上述寻找同时包含两个关键词的网页的问题，其实我们只关心第一行的内容，不用在意索引的第二行。与此类似，"保险"这个词的索引如表 10.6 所示。

表 10.6　"保险"一词的索引

所在网页的编号	31105	**45839**	87525	110500	**145112**	200125	···
在网页中的位置	145	**52，75**	2，57	8, 25, 99	**51, 106**	11, 15	···

显然，同时包含"医疗"和"保险"这两个词的是第 45839 个网页、第 145112 个网页等。对于一般的情况，假设 X 网页和 Y 网页的索引长度分别是 $L(X)$ 和 $L(Y)$，由于索引是按照网页的需要排好序的，我们只需要顺序合并这两个索引即可，时间复杂度为 $O(L(X)+L(Y))$。这个方法最直观但也最慢，接下来我们需要做一些改进。

假定 $L(X)>L(Y)$，也就是说第二个词的索引长度较短。我们只要用哈希表存储索引，然后把第二个词 Y 的索引中的每一个网页的编号取出来，在第一个词 X 的索引的哈希表中查找一下，看看它们是否也包含在第一个词的索引中。如果是，那么相应的网页就同时包含 X 和 Y 这两个词；如果不是，我们再检查 Y 的索引中的下一个网页编号。这样，算法的复杂度就降低到了 $O(L(Y))$，因为我们只要扫描两个索引中短的那个。

如果是在学校里上算法课遇到这个问题，给出上述答案就算是圆满解决问题了，我们不妨把这种方法称为基准方法（Baseline Method）。但是在我面试 Google 时，面试官告诉我这个答案还不够实用，因为 Google 的索引太大了，$O(L(Y))$ 的复杂度还是显得有点高。此外，由于 Google 的索引不是用哈希表存储的（那样要多用 50% 的内存），因此要想查找一个网页的编号是否在某个词的索引中，只能折半查找，这样算法的复杂度可能会增加到 $O(L(Y)\log L(X))$。我告诉他，从理论上讲，上述两种方法都已经不可能再简化了，但是如果允许出现一定的误差，还是可以利用随机性进行简化的，具体的思路如下。

首先，需要清楚一个事实，就是同时包含 X 和 Y 的网页数量，假定为 $L(X^\wedge Y)$，比 $L(X)$ 和 $L(Y)$ 当中的任何一个都小很多。

其次，假定出现某个词的网页在所有的网页中具有分散性（scattering）。也就是说，出现 X 的网页的编号散布于所有的网页编号中，不会只集中在某一个小范围。在这个假设条件下，我们就可以跳跃式地寻找同时包含两个词的网页。

对比表 10.5 和表 10.6 中的两个索引，会发现在找到第一个包含两个词的网页（编号 45839）后，第二个词"保险"接下来出现的网页的编号与第一个网页相比差了 40000 多，编号为 87525，而第一个词"医疗"出现的网页的编号分布得相对密集。于是，我们就预估一下在第一个词"医疗"的索引中，编号为 87525 的网页大约在什么位置，然后直接跳到那个位置附近，和周围几个网页的编号做对比。如果找到了，就说明该网页同时包含了"医疗"和"保险"两个词；如果没找到，就用下一个词继续跳着找。这种方法可以保证在 $O(L(Y))$ 时间内找到那些同时包含两个词的网页。

接下来，当知道同时包含 X 和 Y 两个词的网页的分布情况后，我们可以"更快的速度"跳跃查找。

最后，计算的复杂度会在 $O(L(X^\wedge Y))$ 和 $O(L(Y))$ 之间。

当我把这个思路告诉面试官之后，对方告诉我，Google 的搜索其实就是这么做的。不过还有一个细节他当时出于保密的考虑没有向我透露，那就是 Google 对于网页的编号是根据 PageRank 排序的，PageRank 大的排在前面。因此，在跳跃查找时，它一开始跳得比较慢，后来跳得比较快。我问他这样做相比基准方法能节省多少时间，他告诉我有数量级的差别，也就是说可以差 10 倍，这就意味着 Google 能节省大量的服务器。由于 Google 并未开源该算法，细节只能略去不讲。能理解上述算法的思想，就具备了成为三级工程师的潜力。

这种做法的问题是会错失一些符合条件的网页。但是由于一开始跳跃查找时跳得慢，后来跳得快，优质网页不太会被漏掉。实际上 Google 的网页搜索服务需要在限定情况下找到尽可能多的相关网页，而不是全部符合条件的网页，错失个别符合条件的网页对于产品来讲影响不大。事实上，Google 在搜索结果中显示找到了多少符合条件的网页，并不是真的浏览了整个搜索引擎，发现了那么多符合条件的网页，而是根据限定时间内找到的符合条件的网页，结合索引中扫描过的网页百分比，放大以后给出的估计值。

上述做法真正的风险在于，对于搜索结果非常少的查询，漏掉的个别优质结果造成的相对影响要大很多。比如说一般的搜索有 100 个好结果，漏掉两个没什么关系。但是如果某个查询只有三个好结果，漏掉两个问题就大了。Google 在早期对于这种情况也顾不上考虑如何改进，毕竟要做的事情太多。到了后来，容易寻找的改进搜索质量的方法都找到了，只能想办法提高那些优质结果很少的网页搜索的质量，而做好这件事情就要设法找到所有符合要求的结果。Google 想到的办法就是对那些搜索结果不到 10 个的查询，不使用跳跃式的查找方法，而尽可能使用基准方法。这样改进的结果对于整体的搜索质量没有太明显的提高，因为搜索结果不到 10 个的查询占比很低。但是对于这一类查询来讲，质量的提升是明显的。所幸的是，这一类查询占比低，即使占用的计算资源高一些，也增加不了太多的成本。

三级以上的工程师常常需要做决策，决定如何平衡成本和效益的关系。不仅如此，他们还需要考虑在特殊情况下调整平衡策略。一个企业产品的成败，在一定程度上取决于他们的决策，他们的下属可能只需要利用计算机科学中的方法实现他们的设想，但是设想本身是他们要决定的事情。

讲到这里，大家可能已经体会到了为什么在 Google 这类公司的面试过程中，会有很多开放式问题，因为它们要考查一个人是否具有成为决策者的潜力。开放式问题没有正确答案，只有相对好和相对差的答案。在衡量好和坏的时候，常常要在成本和结果之间选一个平衡点。比如采用方法 A 能保证在 99% 的情况下不会错失最佳结果，采用方法 B 能保证在 99.99% 的情况下不会错失最佳结果，但是后者的时间成本可能是前者的 10 倍。这时，我们该采用哪种方法呢？为了不同的目的，我们可能会对那些经典的方法做不同的改进。我们将这种原则称为在特定置信度下的优化。

要点

当一个算法已经是最优的了，我们不可能针对一般情况再全面优化这个算法时，可以考虑针对一些常见的特殊情况继续优化算法。

思考题 10.3

我们知道对于一组排好序的随机数，折半查找一个给定的数字，其时间复杂度是 $O(\log N)$，对此我们无法进一步改进了。但是如果我们知道这些随机数大致的概率分布，比如知道它们符合均匀分布或者指数分布，那么能否进一步优化查找算法呢？（找到算法 ★★★★☆，证明复杂度★★★★★）

提示：数据的范围可以在 $O(1)$ 的时间内得到，算法的复杂度可以做到 $O(\log(\log N))$。证明这个时间复杂度不是一件容易的事情，但是如果给定了具体的概率分布，比如均匀分布或者指数分布，就容易得多了。

● ─ 结束语 ─ ●

在大多数人的印象中，计算机总是和确定性相联系的。同一个问题，人计算两次可能会不小心算出不同的结果，但是计算机肯定不会。人甚至是利用复印机复制一份文件，复印件和原件可能都会有所差异，但是计算机肯定不会。确定性让我们愿意相信计算机。但是，偶然性和随机性才是这个世界的属性，我们有时反而要用偶然性来确定一个目标，判定真伪。

在使用计算机解决问题时，通常会有一个理论上的最优算法，它常常已经达到了极限，无法进一步改进。但是在应用中，我们依然有可能对某些特殊的情况进行进一步的优化，特别是在资源有限时，从而更有效地处理大部分情况。

第 11 章

理论与实战——典型难题精解

会写程序的人和计算机科学专家是有巨大区别的，这个区别主要体现在理论基础上。而学了很多理论，甚至考试能得到好成绩的人，也未必能成为专家，原因就在于当遇到一个新的、复杂的问题时，他不一定能够将其拆解为一些小的、简单的问题，然后用已知的基本方法一一解决这些小问题。在这一章，我会举一些具体的例子，看看那些乍一看颇为复杂的问题是如何通过前面介绍的理论解决的。这些问题都是在面试中时常会被问到的"难题"。如果你读完了这本书，不经提示就能解决所有这些问题，那么恭喜你，你已经超过 70% 的 Google、微软和 Facebook 这些公司刚入职工程师的水平了。如果你能够明白为什么工业界喜欢考这些题，那么你对计算机科学中很多理论的用途已经有了深刻的理解了。如果你能够把类似的问题顺利解决了，说明你已经做到"运用之妙，存乎一心"了。

11.1　最长连续子序列问题

最长连续子序列（Longest Consecutive Subsequence）问题是很多计算机公司常考的面试题。

> **例题 11.1　最长连续子序列问题（AB、MS、FB）**　★★★☆☆ ~ ★★★★★☆
>
> 给定一个随机的整数序列，比如下面这样一个序列：
>
> S = 7,1,4,3,5,5,9,4,10,25,11,12,33,2,13,6
>
> 我们希望找到其中的最长连续子序列。

要解决这个问题，先要弄清楚何为"一个序列的子序列"。对于这句话的两种不同理解，就有了这个问题的两个不同版本。我们先讲第一个版本，就是按照序列与子序列在数学上和计算机学科上的严格定义来理解这道题。

一个序列是指有先后次序分别的一串数字。它和集合不同，集合没有次序分别，集合 {1,2} 和 {2,1} 是一回事，但是序列则不是，序列"1,2"和"2,1"完全是两回事。

此外，集合里不能有重复的元素，{1,1,2} 和 {1,2} 是一回事，但是序列可以有重复的元素，"1,1,2"和"1,2"是两回事。

某个序列的一个子序列是指将原序列删除一部分元素后所剩余的序列，比如"7,3,4,33,6"就是例题 11.1 中那个序列的子序列。

从序列和子序列的定义可以看出，上述问题本身是没有二义性的，比如对于上述序列，最长连续子序列就是"9,10,11,12,13"。很多人会把上述两个定义搞错了，把子序列理解成子集，这就导致了这个问题会出现两个版本。建议参加面试被问到这个问题的面试者，先和面试官问清楚，他所说的子序列是否是数学上严格定义的子序列，而不是子集合。事实上，很多面试官自己在这个概念上也稀里糊涂，会把两个概念搞错了。如果因为面试者的概念是对的，而面试官的是错的，被判为答案不正确最为可惜。

先按照正确的理解来解答这道题。

对于这道题，任何通过几重循环来寻找最长子序列的办法都是效率很低的笨办法。限于篇幅，这里就不予分析了，因为那些方法在任何公司都无法通过面试。这道题从直观上感觉，应该是有线性复杂度答案的。从事计算机科学工作的人，使用的各种算法多了，就能建立起比较准确的直觉。对于这个问题，这样的直觉是正确的。

解决这道题的关键是采用哈希表这样的随机存储数据结构，这样可以将随机访问和顺序访问联系起来，这其实也是这道题目的考点。

为了实现线性复杂度的算法，我们只能从左到右扫描给定的序列，然后一次性把所有的事情都做完。为了保证处理每一个数据的时间是常数量级的，访问数据和查找数据的时间也必须是常数量级的，哈希表显然是唯一的选择。接下来就以上面的序列为例，说明如何寻找最长连续子序列。

我们遇到的第一个元素是 7，不妨用 *element*[1] 来表示。由于第一个元素前面不可能有别的元素，因此如果它是某个连续子序列的一部分，那么只能是这个子序列的开头元素。我们在哈希表记录下这个元素，同时在哈希表相应的内容项中记录下它所在的子序列所包含的元素个数，当前的个数是 1。将来，遇到 8 这个元素，而且序号在 7 的后面，它们就构成一个连续的子序列。

接下来，我们遇到第二个元素 element[2]=1。如果哈希表中已存在该元素，我们就直接跳过去。如果在哈希表中已经有了 0，那么该元素就应该加到 0 的后面成为某个连续子序列的一部分。为了确定这件事，我们就用 element[2]−1，也就是 0，在哈希表中查找一次。在上面的例子中，结果当然是没有查到。于是，将 1 这个值加入哈希表，同时记录下它所在子序列的元素数量，也是 1。

再接下来，依次扫描了 4 和 3 这两个元素，由于它们的前一个值都不在哈希表中，与上面的操作一样处理。这四步下来。哈希表的结构大致如表 11.1 所示。

表 11.1　扫描过四个元素后的哈希表

索引	内容
7	长度 =1
1	长度 =1
4	长度 =1
3	长度 =1

等遇到第五个元素 element[5]=5，情况就改变了。我们检查一下它的前一个数值 element[5]−1，也就是 4，在不在哈希表。我们发现它已经存在了。这时，我们要将它加入哈希表中索引为 4 的那个数据项中，把相应子序列的长度增加 1，也就是改为 2。为了接下来查找方便，我们将索引由 4 改成 5，如表 11.2 所示，因为接下来要找的是 6 这个数。

表 11.2　扫描过五个元素后的哈希表

索引	内容
7	长度 =1
1	长度 =1
5	长度 =2
3	长度 =1

有趣的是，第六个元素也是 5，经检查发现它已经存在，就直接跳过去。这样，我们一直往前扫描处理。不过，当扫描到第八个元素 4 时，不能简单地跳过去，要检查一下比它小 1 的 3 是否在哈希表中。如果在，要将 4 加入哈希表 3 的数据项中；如果不在，我们既可以忽略它，也可以为它在哈希表中新建一个数据项，这对结果没有影响。具体到这个例子中，由于 3 在哈希表中，因此我们要将 4 加入相应的数据项中，并修改这一项的索引。这一步完成之后，哈希表如表 11.3 所示。

表 11.3　扫描过八个元素后的哈希表

索引	内容
7	长度 =1
1	长度 =1
5	长度 =2
4	长度 =2
9	长度 =1

在扫描到第九个元素 *element*[9]=10 时，我们发现 9 已经在哈希表中了，于是仿照第五个元素 5 和第八个元素 4 的方法进行处理。这一步完成后，哈希表如表 11.4 所示。

在此之后，在遇到 *element*[11]=11、*element*[12]=12 以及 *element*[15]=13 时，相应地修改哈希表中索引为 10、11 和 12 的内容。在扫描完整个序列后，得到的哈希表如表 11.5 所示。

表 11.4　扫描过九个元素后的哈希表

索引	内容
7	长度 =1
1	长度 =1
5	长度 =2
4	长度 =2
10	长度 =2

表 11.5　扫描完全部元素后的哈希表

索引	内容
7	长度 =1
2	长度 =2
6	长度 =3
4	长度 =2
13	长度 =5
25	长度 =1
33	长度 =1

这样就找到了最长连续子序列，结束的数字为 13，长度为 5，即从 9 到 13。如果需要知道这五个数字在原序列中的位置，只要在处理时，顺便记录下它们的位置信息即可。

下面总结一下上述思路，将相应的算法表述如下。

算法 11.1

对于序列中的每一个元素 *element*[*i*]（其中 *i*=1 ~ *N*），做如下操作。

1. 检查 *element*[*i*] 是否是某个连续子序列的最大元素，只要在哈希表中查找是否存在 *element*[*i*]-1 这个索引即可。

2. 如果不存在，则在哈希表中以 *element*[*i*] 为索引加入这个元素，相应的子序列长度设置为 1。

3. 如果存在，将相应的子序列长度增加 1，修改哈希表这个数据项的索引为 *element*[*i*]。

从哈希表中取出最长连续子序列即可。注意，得到这个信息并不需要扫描整个哈希表，只要用一个临时变量记录当前最长连续子序列的索引即可（如果有两个同样长的，记录第一个即可）。

上述算法的时间复杂度是 $O(N)$，因为我们只扫描了一遍序列，每一个元素的处理时间是常数 $O(1)$。

下面说说这个问题的变种，也就是第二个版本。在这个版本中，原先的序列变成了集合，而我们要寻找的是一个最大子集，让子集中的元素能够构成一个连续的序列。

如果是集合，上面例子中重复的元素 4 和 5 就要删除一个，相应的集合如下：
$A=\{7,1,4,3,5,9,10,25,11,12,33,2,13,6\}$

由于集合内的元素没有先后次序分别，从一个子集中导出一个连续的序列时，相应的元素在子集合中哪个先出现、哪个后出现没有关系。这样一来，在上面的集合中，由子集 $\{7,1,3,5,4,2,6\}$ 产生的连续序列长度最长。

这个问题的难度比上面一个要稍微大一些，可以定为四星，一多半求职者无法在半小时内解决这个问题，很多求职者会想到排序的方法。排序的方法固然非常直观，但是时间复杂度是 $O(N\log N)$，并非最优的，因此给出这个答案通常通不过面试。其实，我们只要把前一个版本的算法稍作修改，就能得到这个问题的线性复杂度算法。

首先，采用前面针对序列的算法对集合进行一次扫描，对于上面例子中的集合，会得到表 11.6 所示的哈希表。假定哈希表所指示的每一个子序列的长度为 $Length_k$，其中 k 为索引。

在表 11.6 中，如果数值 k 和 $k-Length_k$ 的索引都存在，那么这两个子序列可以合并。为什么呢？以 k 为索

表 11.6　对集合 A 用算法 11.1 扫描后得到的哈希表

索引	内容
7	长度 =1
2	长度 =2
6	长度 =3
3	长度 =1
13	长度 =5
25	长度 =1
33	长度 =1

引的子序列是 $k-Length_k+1, k-Length_k+2, \cdots, k$，而以 $k-Length_k$ 为索引的子序列结束于 $k-Length_k$。因此，它们构成一个更长的连续子序列。利用这个性质，我们对上述哈希表进行扫描。

扫描到索引 $k=7$ 时，它的子序列长度为 1，我们发现 $k-1=6$ 也是哈希表的一个长度为 3 的索引项，将索引 $k=7$ 对应的子序列长度修改为 4，即合并前的两个子序列长度之和，然后删除以 6 为索引的数据项。由于结束于 7 的子序列的起始项改变了，我们再检查 $k-Length_k$ 是否在哈希表中，如果在，说明可以将相应的子序列进行合并。这样，我们就将索引为 3、为 2 的两个子序列进一步合并了。这个循环的过程直到我们找不到能够进一步合并的子序列为止。这步操作完成之后，相应的哈希表如表 11.7 所示。

接下来扫描到索引 $k=13$ 的数据项，由于 $13-Length_{13}=8$ 不在哈希表中，不做任何处理。继续扫描下一项，直到扫描完全部哈希表。

我们可以把上述操作用如下的算法来描述。

表 11.7　若干子序列合并后的哈希表

索引	内容
7	长度 =7
13	长度 =5
25	长度 =1
33	长度 =1

算法 11.2

对于哈希表中的每一个数据项进行扫描，做如下操作。

1. 如果相应的索引为 k，检查 $k-Length_k$ 是否在哈希表中。

2. 如果在哈希表中能查到，合并以 k 为索引和以 $k-Length_k$ 为索引的两个子序列，将以 k 为索引的子序列长度更改为 $Length_k+Length_{(k-Length_k)}$，在哈希表中删除以 $k-Length_k$ 为索引的数据项。

3. 否则，不做任何处理，扫描下一个数据项。

算法 11.2 的复杂度不会超过哈希表的长度，因此更不会超过 $O(N)$。

算法 11.1 和算法 11.2 放在一起后，就是上述问题完整的解决方法，第一个算法解决了连续子序列往后延展的问题，第二个算法则解决了往前延展的问题。当然，算法 11.2 也可以直接并入算法 11.1，两步并为一步，算法复杂度不变。

最后，再次提醒面试者，遇到这个问题时，需要先和面试官沟通清楚"子序列"

的意思到底是什么，以免对方觉得你连题都理解不清楚。

11.2　区间合并问题

区间是一个数学上的概念，它是指在两个实数之间所有实数构成的集合，比如在 0 和 5 之间所有的实数构成的集合就是区间。在区间中，小的一个被称为下界，大的被称为上界。比如在 0 到 5 的区间中，0 和 5 就分别是下界和上界。区间既可以包含边界本身，这样的区间被称为闭区间；也可以不包含，即所谓开区间。这里为了方便起见，只讨论闭区间，开区间的情况类似。在计算机中，显然可以用一个区间的下界和上界所构成的二元组来代表这个区间，比如用 [0, 5] 来表示 $0 \leqslant x \leqslant 5$ 这个区间。

对于两个区间，可以做并集的操作，称之为合并。比如区间 1=[0,5]，区间 2=[2,10]，合并后就是 [0,10]，因为如果一个实数属于区间 1 或者区间 2，必定是在区间 [0,10] 中，在这种情况下两个区间合并后就成为一个完整的区间。当然，还有一些区间合并后还是孤立的两部分，比如 [0,5] 和 [8,10]，因为在 5 和 8 之间的实数不在合并后的区间中，所以合并后的区间无法连续。如果将区间表示在一个数轴上，看得就更清楚了，上述区间合并的两种情况如图 11.1 所示。

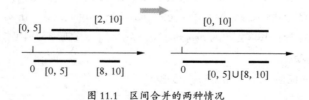

图 11.1　区间合并的两种情况

明白了区间的含义之后，我们来看看区间合并问题。

例题 11.2　区间合并问题（MS、AB、FB 等）　★★★☆☆

给定若干区间 $[l_1,u_1],[l_2,u_2],\cdots,[l_N,u_N]$，将它们合并，并输出合并后的区间列表。

由于区间等价于一个二元组，因此我们可以对区间进行排序。在排序时我们以下界为优先，如果两个区间的下界相同，就比较上界。比如图 11.1 中的三个区间，排完序后分别是 [0,5]、[2,10] 和 [8,10]。排序之后的合并就变得很简单了，只需要根据两种基本的情况，分别给出合并的方法即可。

合并的第一步是判断两个区间是否有重叠的区域，比如 [0,5] 和 [2,10] 有重叠，[0,5] 和 [8,10] 就没有。通常我们从排在前面的那个区间出发，假定它是 $[l_1,u_1]$，另一个要合并的区间是 $[l_2,u_2]$。由于 $l_1 \leq l_2$，因此如果两个区间有重叠区域，合并后的下界一定是 l_1。判断是否有重叠，只要看看 u_1 和 l_2 哪个大即可。

第二步则是根据是否有重叠，输出不同的结果。

如果 $u_1 \geq l_2$，说明有重叠，这时合并后新的区间的上界就是 u_1 和 u_2 中大的那一个，输出结果 $[l_1,\max(u_1,u_2)]$ 即可。

如果 $u_1 < l_2$，说明没有重叠，输出的结果就是原来的两个区间 $[l_1,u_1]$ 和 $[l_2,u_2]$ 本身。不过这时我们要做一个标记，与接下来的区间做合并的是 $[l_2,u_2]$，$[l_1,u_1]$ 不必参与后续的合并，因为它不可能和后面的任何一个区间有重叠。

重复上述过程，按照区间排好的次序扫描完所有的区间，合并就结束了。比如图 11.2 中的几个区间，我们从"小"到"大"顺序合并，当前三个区间合并完之后，形成一个新的区间 [-15,14]。接下来它和区间 [15,27] 合并后，因为没有重叠部分，输出则是 [-15,14] 和 [15,27] 这两个区间。但是再和剩下的区间合并时，只需要 [15,27] 这个区间参与即可。

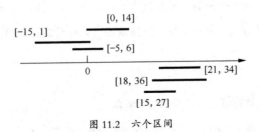

图 11.2　六个区间

上述算法的伪代码留作思考题。这个算法的复杂度显然是 $O(N\log N)$，因为将所有区间按照它们的下界排序就需要这么多时间。而合并过程虽然在逻辑上有点复杂，但它只是一个线性复杂度的过程，所需时间可以忽略不计。

区间合并的问题不算太复杂，不过这里面有一个问题值得讨论，那就是是否存在线性复杂度的算法。答案是否定的，因为在确定区间的下界时，需要对所有区间的下界进行比较，这就需要排序。我们可以用一个极端的例子来理解这件事情，假如所有的区间都是 [i,i+0.1] 的形式，其中 i 是整数，那么这些区间的合并问题就是一个排序问题。求解一个问题的答案，不能只满足于获得了答案，还需要能证明自己的答案不可能在复杂度上进一步优化了。

11.3 12 球问题

12 球问题是一道非常难的考题。这个问题有多难呢？我在约翰·霍普金斯大学读书时有一次在派对上问周围的朋友这个问题。他们大多是从清华大学和北京大学毕业的，然后在约翰·霍普金斯大学读博士，当然他们绝大多数不是读计算机科学专业的。那么多聪明人，当时能在一小时内解决这个问题的却寥寥无几，很多人事后想了很长时间也想不出来。这个问题对于学习计算机科学的人来讲应该容易一些，因为它是典型的分支判断和决策问题，沿着图论思路有些耐心还是可以解决的。但真实情况并非如此，我在 Google 问了很多美国人，他们在大学学习计算机专业的课程时没有见过这个问题，结果还是做不出来。而做出来的人绝大多数是靠技巧和直觉解决问题的，只要稍微改动一下问题，那些技巧就可能派不上用场了。其实通过这个问题理解信息和编码的原理，就可以举一反三解决一大批问题。我们还是先来看看这个问题。

例题 11.3 12 球问题 ★★★★★

有 12 个外观一模一样的球，其中 1 个球的质量和其他 11 个的不同，不妨称之为坏球，其他球称为好球。坏球可能比好球轻一点，也可能重一点。现在给你一个天平，只能用天平称 3 次，如何找到那个坏球，并且确定它是轻一点还是重一点。

有些人在读题时不自觉地加入了很多主观想象，比如误以为知道那个坏球比其他的球轻或者重，这当然就不可能做出来了。还有很多人读不出这个问题隐含的信息，自然找不到解决问题的方向。要解决这个问题，必须读出下面 3 个隐含的信息。

1. 这不是 11 个相同的好球和 1 个坏球的问题，而是一个有 12 个不同的球的问题。在没有确定哪一个球是坏球时，每一个球都可能有问题。很多人在排除了个别球是坏球的可能性之后，就断然下了结论，却忽略其他球是好是坏还没有定论。有人可能会觉得这只是自己粗心了，有几个球忘了考虑而已。其实在解这道题以及任何计算机科学的问题时，每往前走一步，都要思考一下自己的想法是否在无意中违背了题目中的条件。很多人在解这道题时，一边做，一边无意识地往里面加条件，他们以为做出来了，其实只是考虑了很少的情况而已。

2. 这个问题的本质是 24 选 1 的问题。这 24 种情况是第 1 个球轻，第 2 个球轻……第 12 个球轻，以及第 1 个球重，第 2 个球重……第 12 个球重。我们最后要从 24 种中确定一种情况。为了简单起见，将它们写成 1 轻 , 2 轻 , … , 12 轻；1 重 , 2 重 , … , 12 重。

3. 用天平称重，每次有 3 个结果，即左边轻、两边相同、左边重，我们可以分别用 <、= 和 > 来表示，产生的信息量可以区分 3 种状态，也被称为 1 吹特（trit）。

读出了这 3 个隐含的信息，可知这是一个信息和编码问题。接下来我们就要沿着这个思路来思考了。我们都知道，信息可以用来消除不确定性，不确定性越大，所需要的信息也就越多。1 吹特可以区分 3 种不同的信息，或者说完成 3 选 1；类似地，2 吹特可以区分 9 种不同的信息，3 吹特可以区分 27 种。现在有 24 种不同的情况要区分，因此 3 吹特是可以对它们进行编码区分的。这是基本的出发点。同时还必须牢记，在称完一次之后，如果还得区分大于 9 种的情况，必定完成不了任务，这说明前一步就走错了。类似地，当称完 2 次后，还有大于 3 种情况要区分，也说明前面走错了。很多人凭直觉，第一次称球时，把 1 ~ 6 号球放在左边，7 ~ 12 号球放在右边，这样只能得到 1 比特而非 1 吹特的信息。这一次称完后，不论是左边重还是右边重，不确定性还有 24/2=12 种。比如，左边轻、右边重，那么 12 种可能性就是 1 轻 ,2 轻 ,…,6 轻 ,7 重 ,8 重 ,…,12 重，反过来也是剩下了 12 种可能性。接下来你需要称 2 次区分 12 种信息，这就是越边界做事情，是不可能成功的。类似地，有人一开始将球分成 4 组，每组 3 个，先称了 2 组，这条路也走错了，因为还没有称的那 2 组剩下来的 12 种情况，超出了再称 2 次能区分的不确定性。

理解了上面这一点之后，我们就知道每一次称必须获得 1 吹特的信息，这是指导我们解题的理论。有了这个理论，我们就知道在第一步，只能将 12 个球分为 3 组，1 ~ 4 号、5 ~ 8 号和 9 ~ 12 号球各一组，然后将前 2 组拿到天平上去称，这样就得到了 <、= 和 > 的 3 种结果。这 3 种结果中的每一种都剩下 8 种情况，然后要通过 2 次称重完成 8 选 1。这 3 种结果各自的 8 种情况如下：

如果是左边轻，即 <，剩下 1 ~ 4 轻，5 ~ 8 重；

如果平衡，即 =，剩下 9 ~ 12 轻或 9 ~ 12 重；

如果是左边重，即 >，剩下 1 ~ 4 重，5 ~ 8 轻。

这一步走对了，我们就减少了很多不必要的试错。接下来根据第一次称重结果是否平衡，再分为两种情形来处理。

我们先说简单的一种，出现了 "=" 的情况，即前 8 个球都是好球，如图 11.3 所示。那么坏球一定在后 4 个中。到这一步，依然有人会考虑把 9 ~ 12 号球分 2 组来称，这样称的结果一定是一边高一边低，这样只获得了 1 比特的信息，最后会剩下 4 种情况要确定，显然 1 吹特是确定不了的。

这时正确的做法是先列举出 8 种可能的情况，即 9 ~ 12 轻和 9 ~ 12 重。然后利用每吹特信息能将可能情况的当前数量除以 3 的特点，将 8 种情况分为 3—3—2 共 3 组。另外，这里还有一个可以利用的信息，即 1 ~ 8 号球都是好的。因此第二次称重时，把 1 ~ 3 号这 3 个好球放在天平的一边，把 9 ~ 11 号球放在天平的另一边去称。称的结果无非是 9 ~ 11 轻、9 ~ 11 重和平衡，前 2 种情况各自对应 3 种不确定性，最后平衡的情况其实对应于 12 轻或者 12 重 2 种可能性。这样就用一次称重，完成了将 8 种可能性减少到 3 种、3 种或者 2 种，无论是哪一种，再称一次都能称出来。比如 9 ~ 11 轻，对比一下 9 号球和 10 号球谁轻即可，谁轻谁是坏的，如果平衡，则第 11 个是轻的。

（）中是剩余可能性；带 ～：好球；带 ——：可疑球；灰底框：对称或类似情况，类似处理

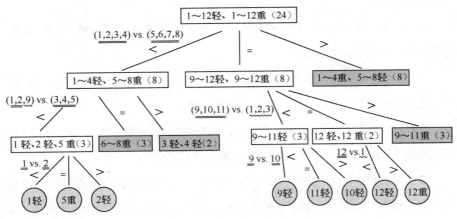

图 11.3　12 个球称 3 次的解法

第二种情况要复杂一些，即第一次称两边不平衡。假定 1 ~ 4 号球比 5 ~ 8 号球轻，如图 11.3 所示。反之，做法也类似。

有人这时就慌了，觉得刚才从 4 个球里面挑出坏球，需要称 2 次，现在从 8 个里面挑出坏球肯定实现不了。然后就觉得这条路走不通，返回第一步去胡乱试错了。这些人是把 8 个球和 8 种可能的情况搞混了。经过第一次称重后，在天平不平衡的情况下，已经把不确定的情况从 24 种减少到 8 种了，1 ~ 4 号球这一边轻，说明不确定的情况只剩下 1 ~ 4 轻、5 ~ 8 重这 8 种情况了，1 ~ 4 重、5 ~ 8 轻被排除了。我们还有 2 次机会，每次获得 1 吹特的信息，就可以解决问题。

接下来的第二步很关键，我们必须称一次就把 8 种可能性变成 3—3—2 这样的 3

组，否则就是盲目试错。这一步具体的做法有好几种，但是道理上大同小异，这里只讲其中的一种。

将 1、2、9 号球放在一边，3、4、5 号球放在另一边称。这里面有 A、B、C 共 3 种情况。

A：1、2、9 号球一边轻了，说明可能的情况是 1 轻、2 轻和 5 重，这 3 种情况一次可以称出来。

B：1、2、9 号球和 3、4、5 号球平衡了，说明可能的情况是 6 重、7 重、8 重，这种情况一次也可以称出来。

C：1、2、9 号球一边重了，说明是换过去的 3 和 4 号球导致了这种情况的发生，也就是说可能是 3 轻或者 4 轻，一次还是能称出来。

结果是，不论天平是左边轻、平衡，还是左边重，通过第二次称，8 种不确定的情况变成了 3 种、3 种或 2 种。剩下的问题称一次都能解决。

在这个过程中，我们恪守一个原则：每称一次，就把可能的情况除以 3，否则下一步完成不了任务。沿着这个思路往前走就符合逻辑。如果你设计的方法，每称一次只是把可能的情况除以了 2，你必须清楚这么做的结果是下一次信息就不够用了。

对于掌握了计算机科学精髓的人来讲，这个问题只需要按部就班地把各种不确定性列出来，每次分为 3 组即可，否则就要靠碰运气了。

思考题 11.1

Q1. 有 120 个外观一模一样的球，其中有 1 个球的质量和其他 119 个的不同，我们不妨称之为坏球，其他的球称之为好球。坏球可能比好球轻一点，也可能重一点。现在给你一个天平，只能用天平称 5 次，如何找到那个坏球，并且确定它是轻一点还是重一点。（★★★★★）

Q2. 请证明如果是 121 个球，不可能用天平 5 次称出来。（★★★☆☆）

先证明问题 Q2。

如果我们有 121 个球,假如第一次天平两边各放置 N 个,剩下的是 121−2N 个。

如果 $N \leq 40$,剩下的球至少是 41 个,它有 $41 \times 2 = 82$ 种不确定的情况,无法通过 4 次称重消除不确定性,因为 3^4=81。

如果 N>40,它至少是 41,如果称重的结果是一边高一边低,那么就有 41(个轻的)+41(个重的)=82 种不确定的情况,我们依然无法通过 4 次称重排除。

再解答第一个问题。

假定球的编号是 A1 ~ A40、B1 ~ B40、C1 ~ C40。

第一次称重,A1 ~ A40 vs. B1 ~ B40,不论结果如何,都剩下 80 种可能性,经过接下来 4 次称重可以完成。我们分析两种情况。

情况 1,A1 ~ A40 = B1 ~ B40,即天平平衡。坏球的可能性是 C1 轻 ~ C40 轻、C1 重 ~ C40 重。

第二次称重,C1 ~ C27 vs. A1 ~ A27,注意 A 中均为好球。

如果不平衡,知道了 C1 ~ C27 中的坏球是轻是重,3 次就能称出来(先 9—9 称,然后 3—3 称,最后 1—1 称),不做讨论。

因此,我们只考虑 C1 ~ C27 = A1 ~ A27,即平衡的情况。坏球的可能性是 C28 ~ C40 轻、C28 ~ C40 重,26 种情况,小于 3^3=27。

第三次称重,C28 ~ C32(5 个球)vs. C33 ~ C36+A1(也是 5 个球,A1 是好球)。

如果平衡,剩下 4 个球称 2 次,我们在 12 个球的问题中已经解决,不考虑。因此我们假设不平衡。

情况 1.1,C28 ~ C32 < C33 ~ C36+A1,坏球的可能性是 C28 ~ C32 轻、C33 重 ~ C36 重,9 种情况。

第四次称重,C28+C29+C33 vs. C30+C31+C34。

如果平衡,C32 轻,或者 C35 重、C36 重,一次可以判别出来。

如果 C28+C29+C33 < C30+C31+C34,则只可能是 C28 轻、C29 轻、C34 重,一次可以判别出来。

如果 C28+C29+C33 > C30+C31+C34,则只可能是 C30 轻、C31 轻、C33 重,一次可以判别出来。

至此情况 1.1 分析完成。

情况 1.2,C28 ~ C32 > C33 ~ C36+A1,坏球的可能性是 C28 ~ C32 重、C33 ~ C36 轻,

9 种情况。仿照情况 1.1 处理即可。

至此情况 1 分析完成。

接下来我们看情况 2，A1 ~ A40 < B1 ~ B40，坏球的可能性是 A1 ~ A40 轻、B1 ~ B40 重，共 80 种可能性。（情况 3 是 A1 ~ A40 > B1 ~ B 40，和情况 2 类似，我们省略了。）

第二次称重，A1 ~ A27+B1 ~ B13 vs. A28 ~ A40+C1 ~ C27，每边 40 个，注意 C 中均为好球。

情况 2.1，A1 ~ A27+B1 ~ B13 < A28 ~ A40+C1 ~ C27，说明坏球的可能性是 A1 ~ A27 轻，知道了轻重，3 次能称出。

情况 2.2，A1 ~ A27+B1 ~ B13 = A28 ~ A40+C1 ~ C27，说明坏球的可能性是 B14 ~ B40 重（27 种），知道了轻重，3 次能称出。

情况 2.3，A1 ~ A27+B1 ~ B13 > A28 ~ A40+C1 ~ C27，说明坏球的可能性是 A28 ~ A40 轻、B1 ~ B13 重，26 种情况。

第三次称重，A28 ~ A36+B1 ~ B4 vs. A37 ~ A40+C1 ~ C9，每边 13 个，C 中均为好球。

情况 2.3.1，A28 ~ A36 + B1 ~ B4 < A37 ~ A40+ C1 ~ C9，说明 A28 ~ A36 的 9 个中有一个轻的，两次能称出来。

情况 2.3.2，A28 ~ A36 + B1 ~ B4 = A37 ~ A40+ C1 ~ C9，说明 B5 ~ B13 的 9 个中有一个重的，两次也能称出来。

情况 2.3.3，A28 ~ A36 + B1 ~ B4 > A37 ~ A40+ C1 ~ C9，说明是 B1 ~ B4 重，或者 A37 ~ A40 轻，8 种情况。

第四次称重，A37 ~ A39 + B1 + B2 vs. A40 + C1 ~ C4，每边 5 个，C 中均为好球。

如果 A37 ~ A39 + B1 + B2 < A40 + C1 ~ C4，说明坏球的情况是 A37 ~ A39 轻，一次可以称出。

如果平衡，说明坏球是 B3 重、B4 重，一次可以称出。

如果 A37 ~ A39 + B1 + B2 > A40 + C1 ~ C4，说明坏球是 B1 重、B2 重或者 A40 轻，比较 B1、B2，一次可以称出来。

至此情况 2.3 分析完成。

整个问题解决完毕。

11.4 天际线问题

如果你在上海外滩往陆家嘴的方向观望，或者站在自由女神像下往曼哈顿观望，看到的是一片重叠的大楼，你能否把这一片大楼的轮廓（天际线）画出来？为了简单起见，我们假设大楼看上去都是长方形的。比如图 11.4（a）中这一片大楼，望过去的轮廓如图 11.4（b）所示。

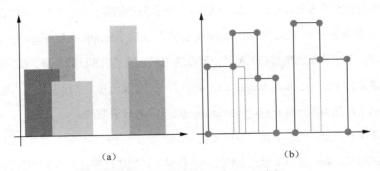

（a）　　　　　　　　　　（b）

图 11.4　大楼和它们的轮廓（天际线）

理解了什么是天际线后，我们就来讨论一下天际线问题。

例题 11.4　天际线问题（FB）　　★★★★★

给定一些长方形的坐标（由左下角和右上角的坐标就可以确定长方形的位置），能否将它的轮廓多边形描述出来。轮廓多边形可以通过多边形的顶点 ［图 11.4（b）中的圆点］坐标来描述。

这个问题的输入是一系列成对的坐标，每一对是一个四元组 $[(l_x, l_y), (u_x, u_y)]$，分别代表长方形的左下角和右上角。问题的输出是一个顶点的列表，它从左到右把轮廓的顶点记录下来，我们不妨就称它为轮廓顶点列表。

很多人觉得这个问题和前面讨论的区间合并问题很相似，只是把一维区间扩展到二维。但事实上，我们无法套用区间合并问题的算法来解决这个问题，需要另想办法。

为了描述问题简单起见，假设所有长方形的底边都是横坐标轴，也就是说左下角顶点的纵坐标 $l_y=0$。至于长方形底边不在横坐标轴上的情况，会稍微复杂些，但是可以用同样的方法解决，这里就不展开讨论了，留作思考题。

由于左下角顶点的纵坐标等于 0，因此左下角顶点坐标中唯一有用的信息就是它的横坐标，我们也可以把它看成是长方形的起始位置，或者说左边线的位置。右上角顶点横坐标是长方形右边线的位置，纵坐标则是长方形的高。一个长方形可以通过一个三元组来描述——（左边界 left_position, 右边界 right_position, 高度 height），这个三元组也可以等价于左上角和右上角两个顶点的信息。为了后面计算方便，我们把左上角顶点表示成 (left_position, height, L)，增加了一个位置信息 L，代表左边。类似地，我们把右上角顶点表示成 (right_position, height, R)，R 代表右边。

若干个长方形在合并之后，其轮廓就是由多边形的顶点确定的，如图 11.4 所示。为了清晰起见，我们在每个顶点上标注一个信息，说明它属于轮廓多边形的左边还是右边，分别用 L 和 R 表示。对于图 11.4 所显示的五个长方形，我们输入的数据是 10 个顶点的信息，包括 5 个左上角顶点、5 个右上角顶点，即

(1,10,L)，(7,10,R)，

(5,15,L)，(9,15,R)，

(6,8,L)，(12,8,R)，

(15,17,L)，(19,17,R)，

(17,11,L)，(21,11,R)。

算法的输出轮廓信息则是

(1,0,L)，(1,10,L)，(5,10,L)，(5,15,L)，(9,15,R)，(9,8,R)，(12,8,R)，(12,0,R)

(15,0,L)，(15,17,L)，(19,17,R)，(19,11,R)，(21,11,R)，(21,0,R)

其中，四个在横轴上的顶点的信息其实是重复的，因为从它们上方的顶点就能获

得相应的信息，只是为了清楚起见，予以保留。

和区间合并问题类似，在合并长方形之前，先对它们进行排序，排序的方法是以所有长方形上方两个顶点的横坐标为优先。将上述数据排序后，10 个顶点的次序如下 [为了清晰起见，我们把每个顶点所隶属的长方形的编号（从左到右是 1 ~ 5）标注在了顶点的后面]。

(1,10,L)【1】，(5,15,L)【2】，(6,8,L)【3】，(7,10,R)【1】，(9,15,R)【2】，(12,8,R)【3】，(15,17,L)【4】，(17,11,L)【5】，(19,17,R)【4】，(21,11,R)【5】。

接下来要做的就是顺序扫描这些顶点的序列，大致的思路如下。

情况 1，如果遇到的是左侧顶点，此时又分为两种情况：一种是它比现有的左侧最高顶点高，则记录下那个点，同时用一个队列将它的高度记录下来；另一种是比现有的低，不记录那个顶点，因为它会被轮廓覆盖，但是要把它的高度放在高度队列中，这样做的目的是将来确认这个长方形处理完毕。

情况 2，如果遇到的是当前最高的长方形的右上角顶点，就记录下这个点，同时要把这个长方形相应的高度从高度队列中删除，这个长方形就处理完了。注意，这步操作之后，高度队列中最高的高度就是遇到的，但尚未处理完的长方形中最高的高度。

情况 3，如果遇到的是右侧的点，此时又分两种情况：一种是它比高度队列中最高的高度低，说明它被轮廓覆盖了，此时不需要记录这个点，但要把相应长方形的高度从高度队列中删除，表示这个长方形处理完了；另一种是它的高度和队列中最高的高度相同，和情况 2 的情形相同，处理的方式也相同，即记录下这个点，同时把相应的高度从高度队列中删除，相应的长方形也就处理完毕了。

就这样，将全部的顶点扫描一遍，就得到了合并后的轮廓。我们不妨以图 11.4 所示的例子来说明一下这个过程。

一开始，轮廓的高度是 0，因此高度队列初始状态只包含一个高度，就是 0。

步骤 1，遇到的顶点是 (1,10,L)【1】，它的高度是 10，比高度队列中最高的高度要高，因此我们把 10 放到高度的队列中，把顶点 (1,10,L)【1】加到结果中。

步骤 2，遇到 (5,15,L)【2】，它是左边的点，而且比前一个顶点高，因此我们要把这个顶点加到结果中，然后将高度 15 放到高度的队列中。

步骤 3，遇到 (6,8,L)【3】这个点，它也是左边的点，但高度比队列中的低，因此这个点会被其他的长方形覆盖，直接跳过这个点，但是把这个高度放到高度队列中。这三步完成之后，结果序列包含 (1,10,L)【1】和 (5,15,L)【2】这两个点，高度队列中包含 (15,10,8,0) 四个高度，从高到低排列。

步骤 4，遇到 (7,10,R)【1】，它是右边的点，但是高度比队列中最高的高度低，因此它被覆盖，我们不记录这个点，但是将相应的高度 10 从高度队列中移除。

步骤 5，遇到 (9,15,R)【2】，它也是右边的点，而且高度和当前高度队列中最高的高度相同，说明它是相应长方形的右边界。我们要记录这个点，同时将相应的高度 15 从高度队列中移除。步骤 4 和步骤 5 两步完成之后，记录的结果是 (1,10,L)【1】，(5,15,L)【2】，(9,15,R)【2】三个点，高度队列中只剩下两个高度 (8,0)。

步骤 6，遇到 (12,8,R)【3】，它是右边的点，高度和高度队列中最高的高度相同，因此和步骤 5 情况相同，我们的操作也相同，即记录这个点，同时在高度队列中移除相应的高度。这步完成之后，记录的结果是 (1,10,L)【1】，(5,15,L)【2】，(9,15,R)【2】，(12,8,R)【3】四个点，高度队列中只剩下 (0) 这个高度了，说明第一个轮廓勾画完毕。当然在这个轮廓中还有四个点，即地平线上的两个点 (1,0,L) 和 (12,0,R)，以及凹处的两个点 (5,10,L) 和 (9,8,R)，它们根据其他信息可以补上。为了简单起见，我们在扫描的过程中暂时不记录这些点。

接下来，我们继续完成对剩下来的点的扫描。

步骤 7，遇到 (15,17,L)【4】，它是左边的点，而且高度比队列中最高的高度要高，我们记录下这个点，同时把它的高度 17 放到高度队列中。

步骤 8，遇到 (17,11,L)【5】，它是左边的点，但高度比队列中最高的高度要低，这个情况和步骤 3 相同，因此做相同的处理，即不记录这个点，但是把相应的高度 11 放在高度队列中。这步完成之后，结果记录了 (1,10,L)【1】，(5,15,L)【2】，(9,15,R)【2】，(12,8,R)【3】和 (15,17,L)【4】五个点，高度队列包含 (17,11, 0)。

步骤 9，遇到 (19,17,R)【4】，这是当前最高的长方形右边的点，情形和步骤 4 相同，做同样处理，即加入 (19,17,R)【4】这个点到结果中，从高度队列中删除 17。

步骤 10，遇到 (21,11,R)【5】，这是当前最高的长方形右边的点，情形和前一步相同，做同样处理，即加入 (21,11,R)【5】这个点到结果中，从高度队列中删除 11。

这一步完成后，所有的顶点都处理完了，高度降回到 0，记录的结果是 (1,10,L)【1】，(5,15,L)【2】，(9,15,R)【2】，(12,8,R)【3】，(15,17,L)【4】，(19,17,R)【4】和 (21,11,R)【5】七个点。补充回四个地平线的点和三个凹点，就能勾绘出整个天际线的轮廓了。

在上述算法中，关键之处有两点。首先是轮廓左侧不断上升、顶部向右平移、右侧不断下降的思路。其次是维护一个高度队列，既为了判断当前最高的高度和新遇到的顶点的高度是否相同，也为了确保每一个长方形能够处理完。当然，这个算法里还有两种边界情况需要想清楚，那就是如果有两个长方形左右的边有重合怎么办，以及如果在高度队列中有两个长方形高度相同怎么办。处理的办法是让先遇到的长方形优先即可。

执行这个算法，只需要扫描所有长方形（假如有 N 个）上部的顶点，也就是 $2N$ 个顶点。扫描过程的时间复杂度是线性的 $O(N)$，排序本身的复杂度反而大一些，是 $O(N\log N)$，整体的复杂度就是 $O(N\log N)$。和区间合并的问题一样，这个问题无法再找到在时间复杂度方面更好的解决方法了。

在面试中，能够想出 $O(N\log N)$ 的人不到 10%。剩下的人有一多半毫无头绪，另外一小半想到的是 $O(N^2)$ 复杂度的解法。如果一个面试者能很快回答出这个问题，两个可以问的延伸问题如下。

1. 如果长方形的底边不在横坐标轴上怎么办？

2. 在现有天际线当中增加一栋大楼，如何修改天际线？

此外，我们在上面只提到了建立一个高度的队列，这个队列最有效的实现方法就是采用优先队列（Priority Queue），这也是一个考点。

最后说说这道考题有什么用。对于从事计算机图形学以及部分图像处理的人来讲，在二维平面上将交叠在一起的图形真实地展示出来，或者把不同的图形／图像拼接上，是一项基本功。这就要用到区间的合并和轮廓的勾画了。比寻找轮廓更复杂的问题，是判断哪一个长方形压在另一个的上面，并且准确地上色，这涉及非常专业的算法，一般不会在面试里考。

11.5　最长回文问题（Longest Palindrome Match）

最长回文问题是很多计算机公司喜欢考的一道面试题，不过这道题并不在 Google 的常考题清单上，我也一次没用过，主要是它考查的不是"道行"，而是技巧，原因我会在本节的最后讲。不过，这道题在面试中出现的频率实在是有点高，而且绝大部分人即使看了答案也搞不明白，还是有必要花一些篇幅将它讲清楚。

在描述这道面试题之前先要说说什么是回文（Palindrome）。简单地讲，回文就是一串对称的字符串，比如 aba、aacaa、abcababacba 等，当然 aa、abba、abcabaabacba 也是对称的，只不过前一种对称有一个中心的字符，而后一种没有。但是没有关系，只要在后一种字符串的正中插入一个没有意义的特殊字符 #，就和第一种情况完全等价了。在解决这个问题时，我们只考虑第一种回文，也就是存在一个中心字符、左右各自对称的情况。

在涉及回文的面试题中有一个简单的问题，就是给定一个字符串，判断它是否是回文。这个问题很简单，只要从中间往两边，或者从两边往中间扫描字符串，看看左右相应位置的字符是否相同即可。不过这道题有时会换一个角度来考，就是问面试者能否用一个正则表达式来判定回文，答案是否定的，因为回文不符合正则文法。判定回文最简单的就是扫描这种笨办法。

某一个字符串本身不是回文，但是其中的一个子串是回文，比如 abaabacbaabaa 本身不是回文字符串，但是它有很多形成回文的子串，比如用 ()、[ ] 和 {} 分别括起来的子串 {a[b(aa)b]a}c[b{aab}(aa)]。事实上这个字符串的回文子串特别多，都括起来的话，看上去会如同一团乱麻。在上面的例子中我们只是选择括起来一部分。在所有的回文子串中当然就有一个最长的，一些大学算法课的老师会给学生们出寻找最长回文子串的练习题。

例题 11.5　最长回文问题（FB） ★★★★★

给定一个字符串，用计算复杂度最低的方法找到它最长的回文子串。

对于这个问题，大家容易想到的是一种时间复杂度为 $O(N^2)$ 的方法，思路大致如下。

假定字符串为 str，长度为 N，N 是一个奇数。字符串中第一个字符的编号为 1，那么正中那个字符的编号就是 $(N+1)/2$。对于 N 是偶数的情况，前面提到只要在中心位置插入一个特殊符号 #，即可将其转化为 N 为奇数的情况。

最直观的方法是找出所有的回文，同时记录它们的长度。

首先，我们从中间开始。令回文的中心位置 $center=(N+1)/2$，然后判断 $center$ 两边的字符，即 $str[center-1]$ 和 $str[center+1]$ 是否相同；如果相同，再判断左右各相邻的字符 $str[center-2]$ 和 $str[center+2]$ 是否相同；然后不断地判断下去，直到遇到某两个字符不相同的情况，或者全部字符串都扫描完毕。不论是哪种情况，我们都找到了以 $center$ 为中心的最长回文，并将这个长度记录在 $PalindromeLength$ 数组中。

接下来将回文的中心位置 $center$ 左移一个位置，即令 $center=(N-1)/2$，然后重复上述操作，把得到的最长回文长度记录在 $PalindromeLength$ 数组中。再把中心位置 $center$ 右移一个位置 $center=(N+3)/2$，重复上面的操作。注意，为了避免漏过 $abba$ 这种偶数长度的回文，一个最简单的办法就是在所有的字符之间都插入一个 #，比如 *abba* 就变成 *a#b#b#a*，最后统计子串长度时，扣除 # 的影响即可。在接下来的讨论中，假设回文的长度都是奇数，忽略偶数长度回文的影响。

采用上述方法，我们可以不断地把回文的中心从原字符串的中心向两边扩展，就可以计算出所有可能的回文长度，并保存在数组 *PalindromeLength* 中，该数组的初始值都是 1。最后只要扫描这个数组，就可以找到最长的回文子串。比如对于 abaabacbaabaa，从中心位置第七个字符 c 出发，找到的最长回文就是 c 自己。然后再从第六个和第八个字符出发，寻找最长的回文，也分别是那两个字母本身。不过当扫描到第五个字符 b 和第九个字符 a 时，最长的回文就长了一些，分别是 aba 和 baab。最终，我们能找到最长的回文子串 abaaba，即前六个字符。

这个算法的复杂度显然是 $O(N^2)$，因为我们有可能要让 *center* 扫描过整个原字符串，而每一遍扫描都可能要 $O(N)$ 的时间。之所以从中心向两边扩展，而不是反过来，是因为从中心出发找到最长的回文子串的可能性较大。如果已经找到一个长度为 k 的回文子串，那么以最左边 $k/2$ 个字符或者最右边 $k/2$ 个字符为中心的回文子串，都不可能超过已经找到的最长子串，循环就可以在此终止。这种方法我们可以称之为中心扩展法。

如果在面试中面试者连中心扩展法都想不出来，那么这个问题就完全没有通过。不过就算想出中心扩展法，也未必能显示出面试者水平有多高，因为这个方法效率还是太低了。对于这个问题，最有效的方法是 Manacher 算法，它是以发明人 Manacher 的名字命名的。

Manacher 算法在各种在线的百科全书和计算机编程的讨论区中都能找到，但是讲得都很晦涩，八成计算机专业的人看不懂。在面试中，就算把这个算法放在面试者面前让他讲清楚，他也未必能做到。接下来，我们就从 Manacher 算法的思想入手来讲述这个并不是很直观的算法。

Manacher 算法从本质上来讲是一个建立在递归基础之上的动态规划算法。而动态规划对解决回文问题有效的原因，则是一个回文子串中可能包含了另一个更短的回文子串。当我们要找以第 $k+1$ 个字符为中心的回文（简称位置 $k+1$ 的回文）时，假定以第 $1,2,\cdots,k$ 个字母为中心的最长回文子串都找到了。然后利用这些中间结果，找到以第 $k+1$ 个字符为中心的回文。为了确定中心位于 k 的回文和这个回文内所包含的其他回文的关系，我们把它们之间可能的情况都列举出来。

情况 1，在位置 k 的（最长）回文 $Palindrome_1$（第一个回文）的左半部分包含第二个（最长）回文 $Palindrome_2$，它以 i 为中心，并且其左边界在位置 k 的回文边界以内。比如位置 k（字母"b"）的回文 $Palindrome_1$ 是 dacabacad，此时 $k=5$。左侧 $k-2=3$ 的位置（字母"c"）也有一个回文"aca"，它是第二个回文 $Palindrome_2$，也是位置 k 左侧所有回文中最长的。同时 $Palindrome_2$ 左边界是 2，没有超过第一个回文 $Palindrome_1$ 的左边界 1。在这种情况下第一个回文 $Palindrome_1$ 的右侧必然还有第三个回文 $Palindrome_3$ "aca"，它是第二个回文 $Palindrome_2$ 的镜像。显然，其长度也等于第二个回文的长度，这样第三个回文的右边界不可能超过第一个回文的右边界。

除了 aca，在 k 之前还有很多长度为 1 的回文，就是一个字符本身，这些都不需要考虑。

情况 2，存在一个回文，以 $i<k$ 为中心，我们称之为第二个回文 $Palindrome_2$，它的左边界等于位置 k 的回文的左边界，或者超出了，比如图 11.5 所示的情况。

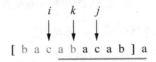

图 11.5 第二个回文的左边界等于或者超出了第一个回文的左边界

在图 11.5 中，第一个回文 $Palindrome_1$ 是用 [ ] 括起来的字符串。第二个回文 $Palindrome_2$ 是 [ ] 中的浅色字符串，它的左边界 1 触碰到了第一个回文的左边界（也是 1）。

在这种情况下，第一个回文的右侧也一定有第三个回文 $Palindrome_3$，它的中心

为 j，并且 $k-i=j-k$。也就是说，第二个回文的中心和第三个回文的中心以 k 为镜像，并且第三个回文的右边界至少要等于第一个回文的右边界，当然还可能超出去。至于超出去多少，则要从第一个回文右边界之外的字符出发一个个地和以 j 为中心的镜像字符对比才能知道。在图 11.5 中，下划线所标示的是第三个回文 $Palindrome_3$，它的右边界为 10，超出第一个回文的右边界 9 一个字符。

情况 3，第一个回文右边界之外的某一个位置 m 是另一个回文 $Palindrome_4$（第四个回文）的中心。在这种情况下，我们对第一个回文左侧的了解，无法帮助我们确定第四个回文 $Palindrome_4$ 的中心 m 及其长度。

如果我们现在从左往右搜寻，已经找到了以 k 为中心的最长回文子串，我们不妨称之为第一个回文 $Palindrome_1$，将它的长度记录到 $PalindromeLength[k]$ 中。接下来我们就以这第一个回文 $Palindrome_1$ 为参照，继续往右搜索，看看能否找到更长的回文子串。我们分析一下上述三种情况，看看是否存在以 $k+1$ 为中心的一个回文，其长度超过 k 位置的回文。

对于情况 1，$k+1$ 不可能是一个比 $PalindromeLength[k]$ 更长的回文的中心。为什么呢？因为如果存在以 $k+1$ 为中心且比上述值更长的回文，那么这个回文的右边界必然要突破第一个回文的右边界，这和情况 1 的假设相矛盾。不仅 $k+1$ 的位置不可能有更长的回文，一直到第一个回文的右边界之前的任何位置，即 $k+2,k+3,\cdots,$ $k+PalindromeLength[k]/2-2$，都不可能有更长的回文，如图 11.6 所示。在这种情况下，我们就有可能直接跳到第一个回文的右端继续找更长的回文，这就是 Manacher 算法省时间的主要原因。接下来我们看情况 2 和情况 3。

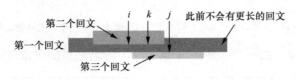

图 11.6　在第一个回文右边界之前不会有更长的回文

在情况 2 中，中心在 k 右边的 j 位置的第三个回文存在长度超过以 k 为中心的第一个回文的可能性，比如图 11.7 所示的情况。

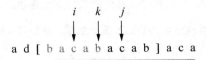

图 11.7　第三个回文的长度超过第一个回文，但是它的中心在第一个回文中

图 11.7 中 [ ] 内是第一个回文 *Palindrome*₁；浅色部分是第二个回文 *Palindrome*₂；下划线指示的是第三个回文 *Palindrome*₃，它的右边界比第一个回文的右边界超出了三个字符，这个回文的长度是 11，比原先的第一个回文（长度 9）要长。找到这个回文需要多少次比较呢？显然是三次，也就是说我们只需要比较超出去的那几个字符即可，在第一个回文 *Palindrome*₁ 内的部分字符已经通过第二个回文 *Palindrome*₂ 确定了。这时，我们把第三个回文 *Palindrome*₃ 变成参照，从 *j* 出发继续往右扫描。

在情况 3 中，如果有第四个回文 *Palindrome*₄，它的中心 *l* 超出了第一个回文 *Palindrome*₁ 的右边界，即 *k*+*PalindromeLength*[*k*]/2，那么我们判断它的时候，只要考虑第一个回文 *Palindrome*₁ 的右边界以外的字符即可，比如图 11.8 所示的情况。

图 11.8　第四个回文的中心超出了第一个回文的右边界

在这种情况下，只需要比较 *l* 右边的字符是否和以 *l* 为镜像的左边的字符相同即可。在得到新的回文，即第四个回文 *Palindrome*₄ 之后，我们以它作为参照继续往右扫描。

无论是在情况 2 还是在情况 3 中，只要找到了新的回文，就更新 *Palindrome Length* 数组。当跳跃地扫描到字符串最右端时，我们找到了最长回文的中心，并且记录了它的长度。

讲完了 Manacher 算法的思想之后，大家可能还会有一个问题，就是我们做了一个假设，即在位置 k 的最长回文已经找到了，那么它是如何找到的呢？很显然是从前面某一个位置"跳过来的"，而那个位置的最长回文也是通过这个方法找到的。大家可能已经看出来了，这其实就是递归的方法。当然，在位置 1 回文就是它本身，这便是递归最后的起点。

关于 Manacher 算法的时间复杂度，我们只要考虑一个字符作为某个回文的右边界被比较了几次即可，因为它作为左边界被比较的次数和作为右边界被比较的次数相等。

我们也按照上述三种情况分析。在情况 1 中，由于新的参照回文的中心不可能在第一个回文的范围内，我们直接跳到第一个回文右边界的下一个字符，这时没有字符的比较。因此这个回文右边界的字符只是在判断该回文的时候被比较了一次。在情况 2 和情况 3 中，只需要比较参照回文最右边字符之外的字符，也就是说回文之内的字符不用再比较了。至于回文右边界以外的字符，假定要比较 n 个，这一次比较是这 n 个字符唯一作为右侧字符被比较。Manacher 算法会把每一个字符作为某个回文右边的字符比较一次，因此，总的字符串比较的次数是 $2N$，它的算法复杂度是线性的。

为了让大家对 Manacher 算法有直观的了解，我们不妨看一个实际的例子。寻找表 11.8 所示字符串中的最长回文子串。

表 11.8 一个包含回文子串的字符串

编号	1	2	3	4	5	6	7	8	9	10	11	12	13	14	15	16	17	18	19	20	21
字符串	b	c	b	a	c	a	d	a	c	a	b	a	c	a	b	a	c	a	d	c	d
回文长度	1	3	1	1	3	1	9	1	1	1	7	1	13	1	1	1	1	1	3	1

在扫描之前，将每一个位置回文的长度都设置为 1。

我们从左到右扫描，扫描到 $k=2$ 时，发现一个长度为 3 的回文。这个回文符合前面分析的情况 2，因为在它左边有一个长度为 1 的回文，所以我们跳到 $k=3$ 的位置，接下来往右扫描没有发现更长的回文，直到 $k=7$，发现一个长度为 9 的回文。注意在 $i=5$ 的位置还有长度为 3 的第二个回文，但是它的左边界没有达到参照回文的左边界，属于情况 1。我们直接跳到 $k=11$ 的位置。在这个位置我们找到一个长度为 7 的回文，情况和 $k=2$ 相同，因此我们跳到 $k=12$ 的位置，没有找到回文。在 $k=13$ 的位置，找到了一个长度为 13 的回文（黑体表示）。在这个回文的范围内，在 $i=7$ 的位置有一个长度为 9 的回文，符合情况 2，这时只需要比较参照回文右边界以外的情况，即比较第 20 个字符是否和镜像位置的第 6 个字符相同。由于它们不相同，我们沿用前面的做法往右走，直到字符串的末尾。

在扫描的过程中，我们更新了发现回文位置的回文长度，跳过去的位置的回文长度没有更新。因此，位置 9、15、17 依然是初始值 1，当然也可以根据 $k=7$ 和 $k=13$ 的回文镜像关系更新那些值，这不会增加复杂度。

虽然我尽可能地把使用 Manacher 算法寻找回文的方法从原理上讲清楚，但估计大部分人依然需要再反复琢磨才能把上述三种情况想清楚。因此，要在一小时的面试时间里让一个面试者想出这种方法，实在有点强人所难。据我所知，能够在一小时的面试中解决这个问题的人不到面试者的 1%。而大学生们在学习算法课时不限制时间，能够自己想到这个算法的不到 10%。

而对于这个问题，复杂度为 $O(N^2)$ 的方法又太直观了，完全无法鉴定一个面试者的水平。此外，这个问题除了考算法、考查一个人对递归的理解，我想不出有任何实际的意义。因此这个问题算不得好的面试题。这里花篇幅讲解它，是因为我发现国内的面试居然经常考这道题。我曾经和一些将 Manacher 算法背下来的面试者交流过，让他们给我讲讲原理，几乎没有人讲得清楚，更没有人能够分析清楚它的算法复杂度。不过，绝大部分 Google 的资深工程师能讲出这个算法。大家用这个问题测试一下自己对算法的理解就可以了。

11.6　计算器问题

简单计算器问题我们在前面介绍堆栈时讲过。它是很多大学数据结构和计算机算法课的练习题。这个问题曾经出现在 Google 等公司的面试题中，但在我的印象中，它并不是 Google 工程师的面试题，而是产品经理的面试题。这或许是因为它在工程上太简单了，无非就是考查面试者使用堆栈这个数据结构的技能而已。但是 Google 要求产品经理懂一些编程，因此会问一些工程和产品相结合的问题。我也会审核一些产品经理面试者的面试结果，有机会看到其他一些面试官问到这个问题，而很多面试者回答得并不好。这里面主要的原因是对各种情况考虑得不周全。此外，这道题的可扩展性较强，可以不断往深里问，最后把一个简单的计算器做得很复杂，最终面试者可能被卡在了某一步，由此可以考查出面试者的水平。这里重点把这个问题的注意事项讲清楚。

例题 11.6

设计并实现一个计算器。

这个问题本身就是一个开放式的问题，因为没有定义什么是计算器，以及需要完成哪些功能。我们把计算器按照功能从最简单到最复杂分为四个层次。

1. 最简单的计算器，支持不带括号的四则运算。

这个计算器在前面第 2.3 节介绍堆栈时讲过了，算法部分不再赘述。不过有一个细节需要考虑，那就是将数字串转换为数字的问题。使用计算器时，数字是一个键一个键输入进去的，比如你输入 13.54，其实输入了 5 个字符，只不过它们被转换为一个浮点数而已。在设计计算器时，要留意如何将字符串转换为数字，这个过程并不复杂，只要记住数字转换的优先级高于任何运算符即可。也就是说，如果看到一个数字后紧跟着数字或者小数点，不用考虑后面有什么运算符，直接开始转换。

这个细节不仅可以衡量一个产品经理考虑问题是否周到，也能反映一个工程师是否有产品意识。

2. 支持乘方和开方运算。它们的优先级高于加、减、乘、除，理论上只要按照优先级处理即可。不过其中有个细节，如果只有两种优先级，我们可以用简单判断的方式比较，比如在程序中可以这么写：

if（x='+' 或者 x='-'）并且（y='×' 或者 y='/'）

    then 先做 y 的操作，再做 x 的操作

但是，如果有很多种不同的运算优先级，就需要用一个函数来表示各种运算的优先级，函数的输入是一个运算符号，输出则是一个具体的数值。比如以 1、2、3……表示优先级，数值越大优先级越高。遇到一个运算符号时，我们需要先查找出优先级再比较。

此外，对于乘方，可以在程序中使用符号 ^，对于开方呢？我们是使用乘方的倒数，还是使用一种新的符号？两者都可以。这个问题显然是开放式的，没有唯一正确的答案。

3. 支持带有括号“()”的运算。

带括号“()”的运算改变的不仅仅是运算的优先级，还要考虑我们理解计算公式的习惯。比如，我们写 5(3+4) 其实是表示 5×( )，因此，对于这两个算式我们需要做同样处理。一个简单的办法是当扫描发现一个数字或者“)”之后，看其是否紧跟“(”而不是运算符，如果是，需要自动插入一个乘号“×”。

通常我们用下面的算法处理括号“()”。

比如，我们要计算 5×(3+4)。当扫描发现 5 和乘号“×”时，将它们压入堆栈。接下来我们看到了括号“(”，也将它压入堆栈。在“(”之后的一串字符其实相当于一个没有括号“()”的四则运算算式，按照前面介绍的不带括号“()”四则运算的处理方法处理即可，直到遇到右括号“)”。这时右括号“)”的作用相当于没有四则运算时的等号“=”，唯一的差别是，如果遇到了等号“=”，最后只需要将堆栈中的结果弹出，就可以将堆栈清空，但是在遇到括号“)”时，我们需要弹出其中的结果之后再弹出左括号“(”，然后将括号“()”中的结果数据压回堆栈中。

由于括号“()”中的运算本身可以是嵌套的，为了让程序看起来条理清晰、代码

简单，遇到括号"()"时，递归调用计算器程序本身即可。当然，有些面试官要求面试者不使用递归的方法，那么在顺序扫描运算式的时候，根据括号"()"和各种运算的优先级顺序压栈、运算、弹出也能完成同样的功能。

处理括号"()"时，还有一个细节必须考虑，就是在括号"()"不匹配时怎么办。将所有可能的异常情况考虑周全并不容易。事实上，检查一个表达式中的括号"()"是否匹配，这本身就是一道面试题。这个问题可以扩展成检查一段程序代码是否有语法错误。这也是编译器中最典型、最基本的问题。当然，在自然语言处理中，通常会使用很多嵌套的括号"()"来表示语法树；检查括号"()"是否匹配，是自然语言处理工具最基本的功能。

4. 支持函数，比如三角函数 $sin(x)$ 或者对数函数 $log(x)$。

这里面又有很多细节需要考虑，比如三角函数后面可以省略"()"，$sin(50)$ 和 $sin50$ 通常是一回事。对数函数如果写成 $log2(50)$ 常常表示以 2 为底的对数，而不是 $log2 \times 50$ 的意思，但如果单独写成 $log2$，就是 $log(2)$ 的含义。

由此可见，计算器问题更多地是考查一个软件工程师的产品设计能力，以及考虑问题是否周全。一个功能强大的计算器需要尽可能多地满足各种应用需求，给用户提供方便，比如允许 $3(5-2)$ 和 $log2$ 这样的表达式存在，并且能够给出没有二义性的计算结果。此外，还要想办法避免所有异常情况的发生，遇到异常情况时也能合理处理。

计算器问题也被一些公司用来考查测试工程师，这些公司经常会问下面两个问题。

1. 能否用一个算术表达式测试该计算器全部的设计功能？

2. 能否列举出一组测试用例，测试该计算器是否考虑到所有的异常情况，并且在异常情况发生时程序不至于崩溃？

最后值得一提的是，对于一个算术表达式，不同的人可能会有不同的理解，因此面试者在面试时需要和面试官进行必要的沟通，以确保双方理解一致。最典型的理解差异发生在对"5 + 10% ="这个表达式的理解上。根据中国人的理解，"5 + 10% =

5 + 0.1 = 5.1"。但是用苹果手机算这道题，给出的答案是 5.5。这并非手机的漏洞，而是因为根据美国人的理解，这是 5 加上 5 的 10% 的意思。图 11.9 显示的是 Google 计算器给出的结果，也是 5.5。

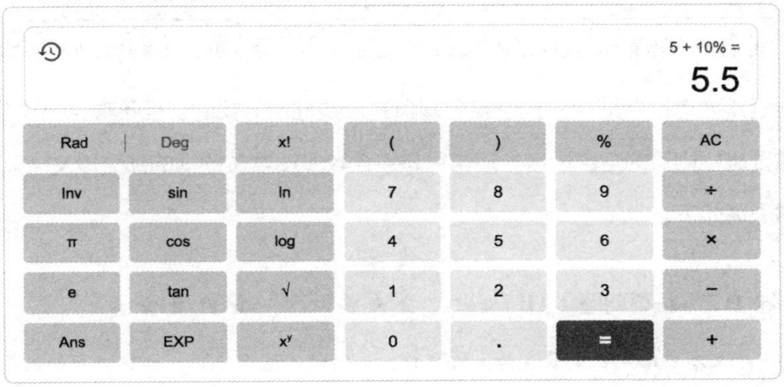

图 11.9　Google 计算器给出的结果

为什么人们会有这样的理解呢？因为他们在买东西的时候除了付商品本身的钱之外，还要付百分之几的销售税，或者在吃饭时要给 15% 左右的小费。当然，商家有时也会给某个百分比的折扣，只要在总价上减去百分之几即可。由于这个功能用得很多，就成了计算器的默认理解了。从这个例子可以看出，回答好问题的第一步是确保双方的沟通没有问题。

11.7　如何产生搜索结果的摘要（Snippets Generation）

这是一道 Google 的经典面试题，其他公司一般不会考这种和网页搜索直接相关的问题，不过会考查类似的思想。

所谓搜索摘要，就是搜索引擎在搜索结果 URL 下方给出的部分网页内容，如图 11.10 所示。

en.wikipedia.org › wiki › Algorithm ▾

Algorithm - Wikipedia

Jump to **Computer algorithms** - In mathematics and **computer** science, an **algorithm** is a finite sequence of well-defined, **computer**-implementable ...

List · Algorithm (disambiguation) · Algorithm characterizations · Euclidean algorithm

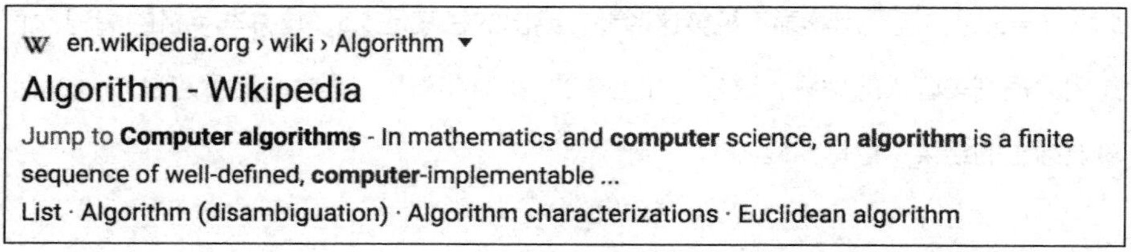

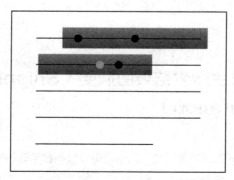

图 11.10　搜索 computer（计算机）和 algorithm（算法）时，搜索结果中的摘要

搜索摘要可以帮助用户判断某个网页是否是他所寻找的。但不像论文中的文摘，它不需要概括网页的全部内容，通常只是包含较多搜索关键词的那一段文字。摘要问题通常表述如下。

> **例题 11.7　摘要问题（AB）**　★★★☆☆~★★★★☆
>
> 在一个文本中给定一个长度为 k 的窗口，如何选定这个窗口，让窗口内的文字中出现的关键词的总次数最多。

比如在图 11.10 所示的摘要中，computer 和 algorithm 这两个词一共出现了 5 次。

对于这个问题，最直观的办法就是扫描一遍文本，在每一个位置 p 记录下从 p 到 $p+k-1$ 这个窗口内，搜索的关键词出现了多少次，如图 11.11 所示。

图 11.11　在文本中移动窗口，数出窗口内关键词出现的次数

比如搜索 computer 和 algorithm，假定 k=50，从文本中的第 1 个词开始，往后扫描 50 个词，发现 computer 出现了 2 次，algorithm 出现了 1 次，那么总次数就是 3。

这时记录下来两个历史信息：窗口的起始位置是 1，关键词出现次数是 3。同时，我们需要把历史信息复制一份到当前信息中。

接下来把窗口后移，即向右边移一个位置，我们需要按照下面两种情况调整当前信息。

1. 如果第 1 个位置上的词是 computer 或者 algorithm，那么窗口往后移动之后，这个词就不在窗口内了，关键词的出现次数应该先减 1。

2. 如果第 51 个位置上的词是 computer 或者 algorithm，窗口移到这里，关键词的出现次数应该再加上 1。

这样就得到了从位置 2 开始的窗口的当前信息。如果当前的关键词出现次数超过了历史信息中的次数，就用当前信息覆盖历史信息。然后不断地移动窗口，更改当前信息，并且在需要的时候（当前的关键词出现次数超过历史记录）更新历史信息。最后，我们取出历史信息，就得到了包含关键词最多的窗口。

这个算法的复杂度显然是 $O(N)$，因为我们扫描了一遍文本，对于每一个单词只做了一个判断，即它是否是搜索的关键词。照理讲对于线性复杂度的算法我们应该满意了，但是由于网页搜索找到的符合条件的网页文本数量太多，每一个网页都扫描一遍时间太长，因此我们需要使用更优化的方法。

所幸的是，搜索引擎对每一个关键词建立了索引，它不仅显示出这个关键词出现在哪个网页中，而且给出了在网页中的位置。比如 computer 和 algorithm 在某个网页中出现的位置如表 11.9 所示。

表 11.9 computer 和 algorithm 在某个网页中出现的位置

| computer | 281 | 320 | 335 | 339 | 419 | 603 | ... |
| algorithm | 334 | 420 | 455 | 621 | ... | ... | |

利用索引，我们就能很快地找到包含最多关键词的窗口。

如果搜索的关键词只有一个，比如只有 computer，算法非常简单，其实就是前面讲到的扫描文本算法的翻版。我们把窗口的起始位置初始化为关键词出现的第 1 个位置，因为在此之前的文本不包含关键词。在初始化时记录下面的信息：

当前窗口位置指针 =1；

当前窗口出现次数 =1；

当前窗口起始位置 =281。

然后，我们扫描索引中的第 2 项，得到的位置信息是 320。由于 320−281<50，因此如果一个窗口始于 281 这个位置，第 320 个位置上的单词依然在窗口内，于是我们更新当前窗口信息：

当前窗口位置指针 =1；

当前窗口出现次数 =2；

当前窗口起始位置 =281。

接下来我们扫描到索引的第 3 项，得到的位置信息是 335。由于 335−281 > 50，它已经在当前窗口之外了，这时我们要把当前窗口复制一份到历史窗口中，然后更新当前窗口的信息，做法如下。

1. 将当前窗口的位置指针增加 1，即指向 2。

2. 取出当前窗口的起始指针，即 320。

3. 判断当前窗口的起始位置和正在扫描的位置是否在同一个窗口内，即差异是否小于 50。

4. 如果小于 50，则更新当前窗口信息。具体到这个例子中，335−320<50，因此我们要更新当前窗口信息如下：

当前窗口位置指针 =2；

当前窗口出现次数 =2；

当前窗口起始位置 =320。

然后继续扫描索引的下一项。

5. 如果大于或等于 50，比如从 computer 第 4 次出现的 339 这个位置，一下子跳到了 419 这个位置，这中间不可能有一个长度为 50 的窗口同时覆盖两个词。此时，如果当前窗口所包含的关键词比历史窗口多，用当前窗口覆盖历史窗口，否则省去这一步。接下来需要重新初始化当前窗口信息，将它的起始位置设在第 5 次出现的位置 419。

重复上述过程，直到扫描完全部索引。

上述过程用伪代码总结如下。

算法 11.3

假定单词 w 在文本中出现的位置保存在位置数组 position[1…M] 中。

```
1   // 初始化
2   Current.Reset(int index) {
3     Current.index = index;
4     Current.hits = 1;
5     Current.window_start = position[Current.index];
6   }
7   // 算法主程序
8   Current.Reset(1);
9   History = Current;
10  for (index = 2 to M) {
11    if (position[index] - Current.window_start < window_length) {
12      Current.hits ++;
13      continue; // 跳过下面的代码，进入下一次循环
14    }
15    if (History.hits < Current.hits) {
16      History = Current;
17    }
18    // 更新当前窗口信息
19    while (Current.index < index
20        && position[index] - Current.window_start < window_length) {
21      Current.index++;
22      Current.hits --;
23      Current.window_start = position[Current.index];
```

```
24     }
25     // 在索引中，关键词两次出现的位置尚未超过窗口长度
26     if (Current.index < index) {
27       Current.hits ++; // 算上关键词在 position[index] 出现的这一次
28     } else {
29       Current.Reset(index);
30     }
31   }
32   if ((History.hits < Current.hits) {
33       History = Current;
34   }
35     return History;
36 }
```

上述算法的时间复杂度和索引的长度成线性关系，假如索引的长度为 L，那么复杂度就是 $O(L)$。

接下来，我们讲讲对于包含两个或者两个以上搜索关键词的查询结果如何产生摘要。我们以两个词的情况为例来说明，三个及以上词的情况类似。

最直观简单的办法就是把两个词的索引合并。由于每一个词的索引是排好序的，因此很容易合并，合并后使用上述算法 11.3 即可。当然，更好的办法是将两个索引合并的步骤加入上面的算法中。具体讲，就是一边合并，一边检查某个关键词在文本中的下一个位置出现时是否还落在当前的窗口内。我们不妨以表 11.9 为例来说明这种做法的原理。

我们知道，在归并排序中，我们先要对比两个排好序的子序列各自的第一个元素哪一个更小，然后用两个指针分别指示每一个序列中尚未被处理的最小数字。对于合并两个索引的操作也是如此。

在表 11.9 中，我们可以看出 computer 一词第一次出现在 281 这个位置，比 algorithm 第一次出现的位置 334 更靠前，于是摘要的第一个窗口从 281 开始。然后，

我们把 computer 所对应的指针往后挪一个位置，继续比较两个词在文本中下一次出现时的位置谁更靠前。这一次，依然是 computer 这个词先出现。

不过，再接下来就是 algorithm 出现了，它出现的位置是 334，这个位置已经超出了历史窗口，因此我们需要重新设置当前窗口位置指针到 334 的位置。接下来，在 335、339 位置时 computer 出现了，这些位置都在从 334 开始的窗口之内。最终在这个窗口中，两个关键词一共出现了三次。类似地，在从 419 开始的窗口中，两个关键词也出现了三次。

我们可以这样来回移动两个索引的头指针，完成对两个索引的扫描。算法的复杂度则是 $O(L_1+L_2)$，其中 L_1 和 L_2 分别是两个索引的长度。通常在一个网页中，L_1 或者 L_2 的长度只有网页长度的 1%，因此这种算法比直接扫描网页能节省 99% 的时间。

对于没有做过搜索摘要工作的人来讲，如果能把上面的想法讲清楚，这个问题就算通过了。不过，面试官通常会追问几个相关的问题。

我们在上述算法中做了很多理想化的假设，下面三个重要因素没有考虑。

1. 我们假定所有关键词的权重都是 1。但实际情况是，有些词比其他的词更重要，比如一个实词就比"是""的""了"这些过于常见又无法提示主题的"终止词"（stopwords）重要得多。我们不希望找出来的摘要中匹配的都是这些没有什么意义的词。

2. 没有考虑几个关键词的平衡性。用户搜索 computer algorithm 时，我们给出的摘要里只有 computer，没有 algorithm，哪怕 computer 出现了 10 次，用户也会以为找到的网页不那么相关，不是自己想要的。相反，如果 computer 和 algorithm 各出现了哪怕只有一次，用户也会觉得这条结果比前一条要好。

3. 没有考虑几个关键词是否有 N 元组的匹配。当用户搜索 computer algorithm 时，如果在摘要中这两个词是一起出现的，即形成了一个二元组，他会觉得搜索结果很相关。如果这两个词出现的位置不相邻，他对搜索结果的准确性会产生怀疑。因此，能够有二元组匹配的摘要应该优先级更高，哪怕它中间包含的关键词总数可能少一些。类似地，对于 N 个关键词的搜索，如果能找到包含 N 元组的摘要，我们也应该优先考虑。

上述考虑因素，面试官通常不会告诉面试者，而要后者自己想出来。当面试者考虑到这些因素后，面试官常常要他们设计出更实用的算法，而不仅仅是前面讲到的理论上最好的算法。

上述第一个问题比较好解决，我们只要在选择摘要时考虑到每一个关键词的权重即可。在信息检索中，通常使用逆向文件频率（IDF）的加权方法。一个词的 IDF 值越高，它与主题越相关 [1]。至于那些终止词，权重设置为 0 即可。

对于第二个问题，我们可以把一个关键词第一次出现在窗口时的权重放大 C 倍，C 当然是一个大于 1 的数，比如 $C=5$。这样，如果有两个候选的摘要，第一个出现了六次 computer，但是 algorithm 一次也没有出现，第二个出现了两次 computer、两次 algorithm。按照原先的算法，第一个摘要得分更高。但是按照新的算法，第二个摘要得分为 12 分，第一个为 10 分，第二个胜出。

第三个问题也不难解决，我们只要比较 computer 和 algorithm 出现的位置是否差 1 即可。对于二元组或者 N 元组的匹配，通常需要给予很高的权重。事实上在 Google 的算法中，N 元组的权重如何设置是我设计的，这里我能透露的是，一个 N 元组的匹配得分要比很多零散的匹配高得多。

如果一个面试者解决了上述三个问题，他已经表现相当优秀了，但是面试官依然可以继续追问出更难的问题。通常问得比较多的问题是，给定 k 个字母长度的窗口，而不是 k 个单词的窗口，如何产生摘要。这个问题的难度就一下子提升了很多，因为每一个词的长度是不同的。所有搜索引擎的索引在记录单词的位置时都是以词为单位的，不是以字母为单位的。因此在给定 k 个字母的窗口中，从文本中的不同位置产生的摘要所包含的词的数量是不同的，很难确定一个长度为 k 个字母的摘要所包含的

---

[1] 关于 IDF 更多的细节内容，大家可以参阅本人拙作《数学之美》。

词的数量。如果不能确定摘要中词的数量，就无法计算关键词在其中有多少次命中。当然，我们可以通过扫描网页文本的方式来解决这个问题，但是这样做的时间成本太高。

对于这个问题，显然没有对或者不对的答案，只有好或者不好的方法。通常的做法是采用近似的方法，也就是根据单词的平均长度先大致确定摘要的范围（这个范围所包含的字母的数量通常会比 k 稍微多一点），选出几个候选摘要，然后以 N 元组匹配为优先，围绕 N 元组往两边扩展，两边各切掉一些单词，保证摘要的长度不超过 k 个字母。实际上，Google 搜索摘要的长度就是以字母数量来限定的，而不是以单词的数量计算的。

我们之所以选取并详细讲解这道极具 Google 特色的面试题，是出于两点考虑。首先，Google 把这道原本并不算太复杂的面试题变成了一个开放式问题，解决好开放式问题是在顶级大公司立足的根本。其次，有很多在限定区域内寻找目标数量的问题和这个问题很相似。比如要在城市里找到餐馆最密集的地区，或者在某一个时刻打车的人最密集的地区，就可以使用类似上述算法的解决方案。特别是每一个餐馆因为大小不同、档次不同，可能要给予不同的权重。与此类似，打车的人因为出行的距离不同、加价不同可能也要给不同的权重。于是这些问题也就都变成了开放式问题。

11.8 寻找和等于 k 的子数组问题

这是硅谷的公司经常考到的一道面试题，考的知识点是动态规划。我们不妨先来看一下问题。

例题 11.8 子数组之和问题（AB、FB） ★★★★★

给定一个数组，寻找其中连续的子数组，使其元素之和等于给定的常数 k。

例如给定的数组是 [5,2,7,0,0,8,7,1,1,2,5,6]，$k=9$，符合条件的子数组有以下五个：

[2, 7]

[2, 7, 0]

[2, 7, 0, 0]

[7, 1, 1]

[1, 1, 2, 5]

解决这个问题最直观的方法就是采用两重循环，一重循环确定子数组的起始位置，另一重循环确定它的结束位置。这样算法的复杂度显然是 $O(N^2)$。通常直接使用多重循环的算法都不会是好算法，这个问题也不例外。

接下来我们就来看看上面的笨办法哪里出了问题，或者说哪一部分有可以省略的重复计算。在用两重循环寻找子数组的起始和结束位置时，像最后的那个元素 6 就有 11 次的运算，不论它之前的和是否已经远大于 $k=9$ 这个值了。其他数平均进行了 $N/2$ 次加法运算，这其实就是浪费。要想降低整个算法的复杂度，就要设法杜绝这些重复的计算。

我们换一个角度来考虑这个问题。假如从第 1 个元素累加到第 i 个元素的和为 Sum_i，从第 1 个元素累加到第 j 个元素的和为 Sum_j，如果 $Sum_j-Sum_i=k$，那么从第 $i+1$ 到第 j 个元素就形成了一个和为 k 的子数组。反过来，如果 Sum_j-k 恰好等于前面的某个 Sum_i，其中 $i<j$，则我们就找到一个和为 k 的连续子数组，如图 11.12 所示。

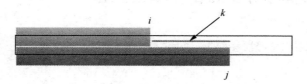

图 11.12　检查 Sum_j 与 k 的差是否为前面的某个 Sum_i

当然，还有一种情况是从第 1 个元素加到第 j 个元素的和本身就等于 k，这种情况我们也要算到结果中。

利用上述关系，我们可以从 1 到 N 扫描数组，计算截至每一个元素 $element[j]$ 时

的部分和 Sum_j，并将其存在一个哈希表 Sum 中。如果发现 Sum_j-k 是到前面某一个元素的部分和，就说明发现一次合乎条件的结果。当然，我们可能会遇到 $Sum_i=Sum_m$ 的情况（其中 $i \neq m$），即从第 1 个元素加到第 i 个元素的和与加到第 m 个元素的和相同，在哈希表中这个数值 Sum_i 对应的位置就应该记录下来，有两个位置的部分和都是这个数值。如果有多个部分和等于 Sum_i，就记录实际的数目。

由于在哈希表中查找 Sum_j-k 的时间是 $O(1)$，因此这种算法的复杂度为 $O(N)$。下面是该算法的伪代码。

算法 11.4　寻找和为 k 的子数组个数

```
1   int FindSubarraySumEqK {
2   // 数组存于 element 中，长度为 N
3   // result_number: 找到的结果的数量，初始值为 0
4   // current_sum: 从第 1 个元素到当前元素之和，初始值为 0
5   // Sum: 哈希表
6   for (j = 0; j < N; j++) {
7       // 将当前的元素累加进 current_sum 中
8       current_sum += element[j];
9       // 如果累加结果等于 k，发现的符合条件的结果数量增加 1
10      if (current_sum == k)
11        result_number ++;
12      // 如果 current_sum - k 是之前的某个或者某几个元素累加的结果
13      // 则把相应的数量累加到结果中
14      if (Sum.find(current_sum - k) != Sum.end())
15        result_number += Sum[current_sum - k];
16      // 将 current_sum 加入哈希表 Sum 中，如果它已经在表中，我们将计数增加 1
17      Sum[current_sum] ++;
18    }
19  }
```

对于上面的数组 [5, 2, 7, 0, 0, 8, 7, 1, 1, 2, 5, 6]，累加出的部分和分别是 5,

7, 14, 14, 14, 22, 29, 30, 31, 33, 38, 44。将它们加入哈希表 *Sum* 中，哈希表的内容如表 11.10 所示。

表 11.10　部分和的哈希表

部分和	5	7	14	22	29	30	31	33	38	44
出现的次数	1	1	3	1	1	1	1	1	1	1
部分和 − 9	−4	−2	[5]	13	20	21	[22]	24	[29]	35

接下来再计算部分和减 k（该例子中 $k=9$）的值，分别是 −4,−2,5,5,5,13,20,21,22,24,29,35。其中 5、22、29 都能在哈希表中找到（在表 11.10 中用 [ ] 标注出，其中 5 被找到 3 次），因此和等于 k 的连续子数组有 5 个。

解决这个问题的关键有两个。第一个是从寻找和等于 k 的连续子数组变成寻找从头到 i 部分和等于 $Sum_i−k$ 的子数组。后一种子数组之所以容易找，是因为它们总是从第一个元素开始累加。第二个关键之处在于用哈希表以部分和为索引存储相关信息，这样只要 $O(1)$ 的时间就能知道某个要找的数是否是前面已经见到的部分和。

这个问题还可以扩展为输出所有符合条件的子数组，而不仅仅给出数量。解决的办法是在哈希表的数据项中记录部分和对应的子数组右边界的位置。比如在表 11.10 中，部分和为 14 的一项中，数据部分要记录 {3,4,5} 这三个右边界，同样其他各项的数据部分分别记录各自子数组的右边界。

思考题 11.2　倒装句问题

对于一个英语句子，比如：

We the People of the United States do ordain and establish this Constitution.

如何只使用 $O(1)$ 的额外空间，将它按照词倒装过来，即输出：

Constitution. this establish and ordain do States United the of People the We

（★★★☆☆）

提示：分两步实现倒装，先把整个句子按照字母倒装，再把每一个词倒装回来。

●— 结束语 —●

对于大部分计算机行业的从业者来讲，掌握计算机科学的精髓无疑能把工作做得更好，完成别人完不成的任务。通常，大家是在没有压力的情况下工作，有很长时间思考问题，找出最佳方案。但是在面试这种特殊的场景下，会要求一个人能够在半小时左右（不会超过一小时）想出一个令对方满意的答案。这种时候很多人会发挥失常。坦率地讲，我并没有什么减压的好办法，能给出的无非是这样两方面的建议。

首先，平时要下功夫掌握好计算机科学的精髓，搞懂这本书中给出的例题和思考题。这些问题都搞懂了，遇到同等难度的问题就不至于慌了神。

其次，临场发挥时要注意下面三个技巧。

第一，做好沟通，先要把问题搞清楚，在此之前不要急于回答。在面试中，比答不上来更糟糕的表现是问题没有搞懂。

第二，过于直观的方法常常是陷阱，过于复杂的方法常常会走偏。

我们在之前讲过中值问题，如果谁以为简单排序就能解决问题，显然是掉进了陷阱。在前面讲到的区间合并问题和天际线问题中，如果采用简单的循环，复杂度就太高了，这说明完全找错了方向。

第三，回答好开放式问题。

很多开放式问题看似简单，其实如果把各种情况考虑周全，就会变得很复杂。对于没有绝对对与错之分的开放式问题，永远要立足于找到更好的答案。

索引